# 绿色建筑技术与造价

张连波　袁流潇　王明明　**主编**

吉林科学技术出版社

**图书在版编目（CIP）数据**

绿色建筑技术与造价 / 张连波，袁流潇，王明明主
编 . -- 长春：吉林科学技术出版社，2020.1
ISBN 978-7-5578-6408-8

Ⅰ．①绿… Ⅱ．①张… ②袁… ③王… Ⅲ．①节能—
建筑设计②建筑造价管理 Ⅳ．① TU201.5 ② TU723.3

中国版本图书馆 CIP 数据核字 (2019) 第 285673 号

## 绿色建筑技术与造价

| | | |
|---|---|---|
| 主　　编 | 张连波　　袁流潇　　王明明 | |
| 出 版 人 | 李　梁 | |
| 责任编辑 | 端金香 | |
| 封面设计 | 刘　华 | |
| 制　　版 | 王　朋 | |
| 开　　本 | 16 | |
| 字　　数 | 280 千字 | |
| 印　　张 | 12.75 | |
| 版　　次 | 2020 年 1 月第 1 版 | |
| 印　　次 | 2020 年 1 月第 1 次印刷 | |
| 出　　版 | 吉林科学技术出版社 | |
| 发　　行 | 吉林科学技术出版社 | |
| 地　　址 | 长春市福祉大路 5788 号出版集团 A 座 | |
| 邮　　编 | 130118 | |
| **发行部电话 / 传真** | 0431—81629529　　81629530　　81629531 | |
| | 81629532　　81629533　　81629534 | |
| 储运部电话 | 0431—86059116 | |
| 编辑部电话 | 0431—81629517 | |
| 网　　址 | www.jlstp.net | |
| 印　　刷 | 北京宝莲鸿图科技有限公司 | |
| 书　　号 | ISBN 978-7-5578-6408-8 | |
| 定　　价 | 55.00 元 | |

# 前　言

　　绿色建筑技术作为构建和谐社会、实现健康、舒适、节能、环保等可持续建筑目标的新型应用前沿技术，在节能减排日益重视的今天和未来必将得到巨大的发展，然而由于其内容涉及建筑学、建筑环境学、建筑环境与设备工程学、给水排水工程学、建筑材料学等众多专业面，不同专业背景人员对其理解和掌握关注的重点有很大区别。实际上建筑环境与设备工程专业作为建筑环境技术和绿色建筑技术实施的主导专业，在其技术应用层面有其独特的优势。

　　本书编写重点从技术角度出发，利用建筑环境学和建筑热工等基本理论知识，对绿色建筑技术的应用及评价展开详细的编写，本书编写的主要特点体现在以下几个方面：（1）紧密结合绿色建筑技术应用和评价实例展开编写，避免空洞的技术介绍和理论分析；（2）紧密结合《绿色建筑评价标准》和绿色建筑评价标识的内容展开系统的实例应用研究，研究内容具有实用性和可操作性；（3）紧密结合建筑节能、水资源再循环利用技术及模式、材料再循环利用模式等展开技术应用介绍和剖析，避免编写内容的不系统性和空泛性；（4）编写时不过分强调绿色建筑应用技术的先进性和高科技性，而着眼于成熟技术的组合和适宜技术的联合应用，有利于技术在工程实际中的应用和推广发展，具有较广的应用面。

　　本书从七章内容对绿色建筑技术与造价进行全面的阐述与分析，希望能够有助于相关工作人员的项目开展。

# 目　录

# 第一章 绿色建筑概述

## 第一节 绿色建筑研究现状

### 一、国外现状

国外专家学者针对绿色建筑发展的研究近年来成果丰硕。LOWE. R（2006）提出，绿色建筑的健康发展离不开政府政策的支持，政府所指定的政策，不仅仅要就绿色建筑的发展策略进行完善，更要全面地考虑旧建筑改造、既有建筑革新发展。Karkanias. C（2010）就希腊绿色建筑的发展进行了研究，从绿色建筑推广执行策略的影响因素的角度指出，政策激励、基础信息不足以及政策环境不稳定对绿色建筑的推广发展造成很大的影响。Alain Lecomte（2012）于第八届绿色建筑大会的开幕式上，正式就法国绿色建筑的发展现状、政策措施及未来发展方向进行了介绍。其指出，法国已经于 2007 年就将应对气候变化与可持续发展政策上升到优先国策的地位，针对国家、地方、企业、工会和行业协会的代表提出的环境问题，可持续发展部长决议启动一个持续几周的论坛，推动法国公民意识到绿色建筑发展的重要性与必要性。

### 二、国内现状

对绿色建筑的研究，国内学者主要从以下几个方面进行：

第一，绿色建筑发展现状或对策的研究。近期比较代表性的研究有：曹荷红、郑雪（2017）在《绿色建筑发展策略分析》中就绿色建筑的概念及发展现状进行了介绍，对绿色建筑存在的问题进行了归纳总结，并分析了绿色建筑发展的相关政策，对住宅绿色建筑提出了几点发展建议。肖大威、许吉航（2017）在《绿色建筑发展之路的探索》中对绿色建筑的内涵、绿色建筑发展的不同阶段进行了阐述，指出当今绿色建筑理论与技术有一定局限性，只关注节约资源，忽视了以人为本，未能正确认识智能化所带来的巨大效益，在全寿命周期的理念中欠缺与时俱进的理性。吴枫、宋籽晞、王倩（2017）在《影响绿色建筑发展的因素解析》一文中对影响我国绿色建筑规划发展的因素和影响绿色建筑发展的因素进行了分析，总结出若干原因，并应用层次分析法确定影响因素的重要程度，得出结论：绿色建筑的消耗费用是影响发展的关键因素。武文杰、李素芳在《国内外绿色建筑发展概述及我国绿色建筑分析》一文中介绍了国内外绿色建筑的发展情况，并针对我国发展现状进行了分析，针对 5 点问题提出了解决方案。程彦、黄俊璋（2017）在《绿色建筑政策的发展与比较》中论述了绿色建筑评价体系在国内外的发展，并进行了比较，介绍国内各省执行相关政策的情况，以及政策对绿色建筑发展的推动作用。

第二，绿色建筑发展经验借鉴研究。近期比较有代表性的有：丁勇、洪玲笑（2017）在《重庆地区绿色建筑实施现状与问题思考》一文中通过对重庆地区绿色建筑的研究和技术途径的梳理，总结出了当地的技术体系，并对多个公共建筑项目进行了实地调研考察，提出了对评价体系的反思，并从几个方面对建筑实施问题进行了归纳总结，针对问题提出了相对应的建议。朱滨、何中凯（2017）在《新加坡绿色建筑考察与启示》一文中较为系统地介绍了新加坡建筑在政策、标准以及典型绿色建筑项目等方面的主要特点，并对其与我国绿色建筑进行了对比和分析。肖忠珏（2017）在《天津市绿色建筑激励政策研究》一文中从研究绿色建筑的发展机理展开，分析推动绿色建筑发展的动力机制，构建本市的绿色建筑发展激励措施和对策建议。天津生态城市绿色建筑研究院（2015）在《中新天津生态城市绿色建筑探索与实践》一书中较为系统的就天津生态城绿色建筑标准编制、建筑设计、绿色运营、建筑评价、产业发展等方面的探索和研究行了阐述，并介绍了与之相关的一系列其他研究的进展。尹波、许杰峰（2016）在《海南省建筑节能与绿色建筑工程实例集》一书中，对海南省建筑节能、绿色建筑以及太阳能光热应用等方面的案例进行了梳理，筛选除了 12 项案例，从项目概况、技术应用策略、节能效果分析以及经验总结等方面进行了阐述和分析。

第三，绿色建筑技术方面研究。近期有代表性的研究有：师璟璐（2017）在《建筑设计中的绿色建筑设计浅谈》一文中结合绿色建筑的要求和设计内容，详细阐述了在设计过程中的几个设计要点：清洁能源的利用、延长使用寿命、宜居性、优化整体设计、绿色建筑的绿化。黄继欧、刘城华（2017）在《浅谈绿色建筑设计的相关要素及其措施》一文中在分析了绿色建筑内涵和绿色建筑设计特色的基础上，详细阐述了绿色建筑设计。马飞（2017）在《绿色建筑理念在建筑设计中的应用》一文中针对在现代化建筑设计中融入绿色建筑理念进行一系列分析，讨论绿色理念与科学合理的建筑设计两者相结合所带来的改变。党宏伟、刘琦（2017）在《绿色建筑设计要点及设计方法探究》一文中结合绿色建筑的含义，介绍了绿色建筑的设计要点，从设计工艺、建筑材料、节能技术、土地资源、水循环系统等方面，阐述了绿色建筑的设计方法。

第四，从政府层面对绿色建筑方向的一些研究和介绍。住房城乡建设部前副部长仇保兴同志在此方面有许多相关的论述，中国城市科学研究会每年会针对国家绿色建筑行业发展情况编写系列报告，报告中包含了当年行业的发展情况，科研方面的突破，各省在当年的具体发展情况，当年的优秀案例等等。

## 第二节 绿色建筑发展相关理论

### 一、绿色建筑概述

#### （一）绿色建筑起源

1970 年以前，全球经济繁荣，市场的主流是鼓励消费刺激建设，甚至打出"未来主义建筑宣言"，提倡的是大体量、多功能的建筑，把未来的都市比喻为一个大的工厂，各个建筑如同巨大的机器一般，建筑物之间用步道和车道来连接。一个典型的案例，19 世纪中期伦敦的世博会，主办者用钢材和玻璃建造起了一座水晶宫，建成后该建筑轰动一时，但是由于许多设计上的弊病，如夏季室温无法控制、对周围建筑产生大量反射光线等，水晶宫最终成了一个只能观看的展品。

到了 20 世纪 70 年代由于全球石油危机，经济衰退迅速，为了节约能源，各国开始推行各种强制性的节能措施，而建筑业，这个高能耗产业首当其冲，开始注意到"节能设计"的重要性。70 年代两次能源危机唤醒了人们的节能意识，许多环保组织孕育而生，在"节能设计"思潮的带动下，产生了两个思想脉动，一种是"风土建筑"，另一种是"生态建筑"。这波"生态建筑"的脉动，就是日后"绿色建筑"的先行者。

1980 年以后人们对建筑相关行业在造成地球能源、资源、环境危机方面的认识愈加深刻，基于此，世界环境保护组织首次提出了"可持续发展"的口号，呼吁全世界重视地球环境危机；第十四次国际建筑师协会会议以"建筑、人口、环境"为题，提出了相应的问题；世界环保、发展会议共同倡导可持续地球高峰会议聚集了有史以来最多的国家政府代表及国家元首，共同探讨地球环境危机问题，并签署了两项公约，发表了《里约热内卢宣言》，提出 21 世纪议程；十八次国际建筑师协会会议发表了《芝加哥宣言》。至此掀起了绿色建筑发展潮流。

尽管各个国家对此定义不同，日本称之为"环境共生建筑"，欧洲称之为"可持续建筑"，北美称之为"绿色建筑"，在发展的过程中，绿色已经成为生态、环保、可持续的代名词，所以大多国家沿用了"绿色建筑"作为通称。

#### （二）绿色建筑的概念界定

绿色建筑的概念起源于 20 世纪 80 年代，90 年代初《绿色建筑——为可持续发展而设计》一书中两位作者明确提出，他们的观点是：能源的节约、适应气候的建筑、再生利用材料资源、尊重用户、尊重环境、整体设计观念。

到现在为止，绿色建筑的含义在国际上也并未通用，专家学者对此有其不同的理解与解释，比如，马来西亚绿色建筑师杨经文指出："绿色建筑的发展一定是以对自然生态环境有益，与生态环境化解矛盾的形式发展的建筑产业，其一方面强调对绿色建材的使用，另一方面强调对绿色环境的优化，即绿色建筑从发展伊始就必须致力于对自然系统的修复与融洽相处的设计，是一种积极的建筑发展行为。"但是大部分专家学者主要还是是从建筑物的生命周期来定义。

根据 2006 年由建设部发布的《绿色建筑评价标准》定义绿色建筑为：建设与自然和谐共生、保护环境、节约资源，减少污染，提高建筑物使用空间，高效使用建筑物。相关部门的工作人员解释说，一般的住宅或者公寓，只要在相应指标上有所提高，主要包括在施工上节能，注意对环境的影响以及对建筑材料循环利用等，基本都可以达到绿色建筑的标准。

## 二、绿色建筑发展相关理论

### （一）可持续发展理论

最初由生态学提出可持续发展的概念。Ecological Sustainability，即生态持续性，强调平衡自然资源与开发利用。目前关于可持续发展的理论国内外众说纷纭，其观点的内核相似，但在具体的表述与阐释上存在一定的区别，现从以下几个角度进行总结：第一，全面发展的人本论。该观点提出，可持续发展是人类全面发展的基本着力点，然而当下人类却以牺牲环境为代价，即实行消耗式发展策略，对生态环境造成了巨大的伤害，非可持续性发展的方式最终将会伤害全人类的利益，于是可持续性发展理论才是人类利益维护者。第二，环境保护论。该观点主要认为可持续发展本质上是资源的可持续利用，即生态系统的永久发展，环境保护理论主要强调的是环境保护的重要性。第三，三位一体理论。三位一体理论是指的经济、社会、自然生态的全面、协调、统一的发展理论。第四，经济核心论，经济核心论目前越来越遭到生态学专家的批评，但是在实际的发展过程中，该理论却是被应用最多的理论，经济核心论认为经济发展是可持续发展的核心理论，可持续发展应当服务于经济发展，可持续发展的目的在于追求经济发展的净利益最大化。以上四个角度的学者观点是从不同的角度出发，阐释了可持续发展的内核，但随着人类社会对自然、经济认识的加深，越来越多的学者提出，可持续发展理论不应该是一个片面的、局限的发展理论，而应当从更高的角度，总结其发展所带来的人与自然的综合性与总体性发展需求，强调经济发展、生态保护、资源利用三大系统的和谐统一，最终实现人与自然的和谐发展的社会发展理论。

### （二）循环经济理论

循环经济本质上是一种生态经济，其发展不仅仅是依靠着经济学基础，而是更多地考虑到生态学规律。简言之，循环经济的发展理论就是将经济发展基础奠定在生态系统稳定，生态环境较好或更好，以经济系统修复生态系统，生态系统支持经济系统发展为基础，支持经济子系统，社会子系统，环境子系统的发展系统。

循环经济是与传统经济发展模式不同的经济模式，其最大的区别在于，传统经济强调"资源——产品——污染排放"的单向流动的线性经济，其主要强调经济发展给社会生活带来的巨大便利与福利，而完全忽略不计人类社会发展给原本稳定、可持续的自然环境发展所带来的巨大破坏，在传统经济发展的过程中，人类大量地掠取自然界一切能够为其所用的自然资源，将污染的、废弃的大量工业、生活污染排放到水系、空气和土壤中而造成生态环境的破坏。循环经济则刚好相反。其认为应该将经济活动组织成一个反馈式流程，具体包含"资源——产品——再生资源"，更加注重能源的多次利用与回收再用，如此大大降低了对自然资源的消耗的同时，也能够满足人类社会经济发展更多的能源需求，使得人类的经济发展对环境的影响降到最低水平。解决了长久以来人类与环境发展的矛盾。

## （三）生态经济理论

绿色建筑的发展是生态经济的延展，生态经济是将人类的生存环境与自然生态环境相协调，绿色建筑从某种意义上而言，是现代人类生活方式与自然界的最佳和谐模式。生态经济被认为是一个比较边缘的学科，其一方面延伸了生态学的研究范围，另一方面是经济学发展的创新。生态经济学的发展要求遵循合作原则。生态经济的发展是经济社会发展与生态社会发展的合作共进，二者其实并不矛盾，早期部分经济学家认为，经济的发展如果更多地考虑到社会生态，那么将会增加经济发展的成本，降低经济发展的效率，这样的疑问在现在的中国比比皆是，很多企业主在发展的过程中也有这样的疑虑，而在绿色建筑的发展与推广中尤其如此。但实际上，生态经济的发展就是致力于解决生态发展与经济发展的矛盾，促进二者协调统一、共同进步发展的重要学科。

## 三、绿色建筑评价

以我国为例，现阶段我国主要运用《绿色建筑评价标准》（该标准为城市建设部、住房部共同颁布，下文简称标准）；HK-BEAM（中国香港）ABRI＆AERF 提出的 EMGB 评价系统等三套常见的系统。其中，在 2006 年前颁布的《绿色建筑评价标准》使用范围最广、影响面积最大。1994 我国颁布了《国家重大科技产业工程——2000 年小康型城乡住宅科技产业工程》；1996 年颁布了《中华人民共和国人类居住发展报告》。上述报告充分体现了早期我国对绿色建筑发展的重视程度，并形成政策。上述这些政策均以优化居民居住环境质量为基本切入点。我国正式步入绿色建筑是在《标准》颁布之后，同时基于我国特殊的国情，形成评价体系。住房城乡建设部及科技部，合作共同签订了"绿色建筑科技行动"，这被称为绿色建筑发展的关键时期。2007 年，住房城乡建设部出台了管理办法、评价细则，至此我国基本形成评价体系，奠定良好基础，对绿色建筑的发展具有重要裨益。

# 第三节　绿色建筑发展现状及问题

## 一、绿色建筑发展的现状

### （一）绿色建筑和建筑节能需求与日俱增

2015 年 12 月 10 日，绿色建筑评价项目公告显示，当前，我国绿色建筑标识项目已多达 3636 项，仅仅 215 年增长率就达到 31%。近年来，全国各地掀起规范条例，规范绿色建筑发展，促进了该产业的良序发展。首都、江苏、上海于 2013 年后纷纷推出绿色建筑行动方案，其中江苏省的发展速度尤为快速。我国的绿色建筑之快速发展关键在于需求的增多，即对建筑节能、绿色建筑提出较高的要求，需求的发展受到了广泛关注。当前，因为炒房问题造成的诸多社会问题与日俱增，国家提出："房子是用来住的，不是用来炒的"奠定了我国房地产产业未来发展的基本基调，根据国家统计局的调查数据，2015 年我国建筑行业总产值为 18 万亿元，2016 年国家进一步加速了基础设施建设项目的进展，未来建筑行业将会持续发展，但是发展模式必须有所转变，单就建筑类型上而言，绿色建筑因为其具备环保、有利于居民生活身体健康等特点，是未来我国建筑行业发展的重要方向。但是，建筑行业耗能占到我国社会能源总消耗量的 34%，由于建筑行业发展所带来的资源的消耗、环境的污染等问题持续受到政府与社会公众的普遍关注，建筑行业被定位我国重要的节能减排对象。"十三五"规划中明确指出 2020 年，新建绿色建筑总面积应占新建建筑总面积的 30%，这一数据相较 2015 年增长了 15%。相关机构预计，2020 年，我国竣工完成的建筑面积将达到 58.54 亿平方米，预计将有 17.56 亿平方米为绿色建筑（新增）。这充分说明我国绿色建筑具有广阔的发展前景。

### （二）市场集中度较低

虽说当下我国建筑产业发展势头良好，但是客观存在市场集中度偏低，存在诸多细分行业，比如工业化建筑、风景园林、建筑节能等产业均从绿色建筑中被细分出来。根据业内专家分析，当下整个市场不断扩大绿色建筑规模，而上述细分产业潜在发展空间大，市场增量空间大。从历年统计数据可以看出，绿色建筑评价标识项目数量逐年递增，2011 年开始，其增长速度加快，且高星级项目数量逐年增长比较明显。这一快速增长趋势在未来随着我国政府与地方政府绿色建筑发展推进政策的推动和绿色建筑规范化发展政策的实施出现更大幅度的增长。

### （三）各省市绿色建筑发展规模不均衡

虽然绿色建筑发展量排名前十位的省市发展速度都比较快，但是就其体量和发展程度而言，发展的差距还很大，发展规模很不均衡。

## 二、绿色建筑发展中的问题

### （一）绿色建筑地域发展还不平衡

从地域分布情况分析，我国绿色建筑评价标识项目主要集中在东部沿海地区，比如山东、江苏、河北、上海等地，相较而言经济欠发达的中西部地区较小，绿色建筑发展较为缓慢，总体发展并不平衡。即便是在同一省份的不同地区，其绿色建筑的发展水平和推广程度也存在着较大的区别。以江苏省为例，江苏省目前绿色建筑的推广主要集中在东南部经济发展较快的地区，而中西部经济发展较慢的地区绿色建筑的发展还很落后。不同地区间的不平衡趋势将有所减弱，特别是国家及各地区陆续推出各类政策，在此背景下中西部地区加快标识项目，因而各地区的差异将逐渐减弱。但是需要警惕的是，绿色建筑的发展与推广是未来的发展趋势，中西部在发展过程中必须协调进行，避免出现发展的两极化问题，导致后续一系列的发展问题，给绿色建筑的发展进步带来地区来地域两极化发展。

### （二）绿色建筑运行标识项目数量少

虽然我国绿色建筑发展速度在不断的加快，但是就其总量上和绿色建筑评价标识项目的标识类型分布看，目前我国虽然绿色建筑设计标识的数量比较多，而实际运行的项目及其运行的效果仅仅占据总量的 6% 而已。造成这一问题的原因是多方面的：首先，目前我国绿色建筑的国家认定标准与地区认定标准不统一，在规范化管理与发展的过程中，有的申报单位对政策的了解较少，实际建筑发展过程中存在的问题难以做到有效地解决。特别是住宅建筑项目存在诸多问题，比如项目主体逐渐以物业管理单位取代建设单位，由于管理水平偏低，部分物业管理不够资格申报运行标识或者对运行标识"知之甚少"不知道是否需要申报标识。

### （三）绿色建筑能力建设有待加强

建筑行业在施工时环境污染大，且需要消耗大量能源、资源。现代人逐渐意识到节能环保的重要性，在此背景下绿色建筑应运而生，并成为热门行业。然而一些项目虽然花费了巨额资金建设"所谓"的绿色建筑，由于未能合理设计、管理，所以并未获得预期环保效果。发展绿色建筑需要从绿色建筑设计、咨询、评审、运营管理等各个方面加以完善，具体来说，有以下几个重要的内容：第一，绿色建筑设计师职业认定标准，现在绿色建筑的发展设计多数还是由普通建筑师在从事、完善，专业于绿色建筑设计的设计师非常少，也没有相应的资格认定和考核标准，所以从绿色建筑设计伊始就存在很多的问题。第二，绿色建筑的发展历史较短，从业者的发展经验较少，很多绿色建筑项目都是由传统的建筑类企业进行的转型发展，现在我国绿色建筑发展市场处于初期阶段，行业内的认定标准尚不完善，相关项目负责人大多以编写和整理申报材料为主要工作内容，在绿色建筑建设过程中的参与极少，所以在绿色建筑发展施工过程中的需求难以进行有效的满足。第三，绿色建筑专业评定机构和咨询机构服务体系不完善，当前我国绿色建筑行业内的发展主要是以完成咨询机构的发展评定报告为主，至于绿色建筑建设单位具体在发展过程中的问题，其很少能够提出有针对性的建议，进而影响了绿色建筑的发展。

### （四）既有建筑绿色改造工作开展较少

绿色建筑的发展应当分为两个方向：一个方向是基于新建建筑推广绿色建筑。另一个方向即改造现有绿色建筑项目。当下我国的实际发展情况是：主要以开发建设新的绿色建筑项目为主，既有建筑的绿色改造工程进行的很少。实际上，针对我国既有建筑的绿色改造工作更为迫切。目前我国既有建筑面积目前已超过 560 亿平方米，由于过去建筑发展理念的局限性，这些建筑存在着严重的建筑光污染问题、建筑噪声问题、垃圾处理与堆填问题、资源消耗过高等问题，针对这些绿色建筑的改造工作显得尤为重要，必须对该工作内容进行有效的评定，在严格普查的基础上，针对性地展开工作，如既有建筑的节能改造工程、棚户区改造工程等等，从根本上对我国建筑产业污染严重、消耗较大的问题进行有效解决。当前，我国已经颁布的《既有建筑绿色改造评价标准》GB/T51141—2015 的发布就是对该问题的集中对策体现，说明我国政府和地方政府已经开始意识到这一问题的严重性。

### （五）绿色建筑信息化管理与大数据分析能力尚未形成

绿色建筑发展需要完善的管理体系进行配合。当下我国网上评审、申报绿色工作尚未普及，仅有个别地区开展相关工作，其采集、整理数据依然停留在人工阶段，这样大大降低了绿色建筑产业发展的效率。比如，绿色建筑发展网站的官方数据公布速度较慢，企业在申报和资料查询的过程中难度较大，一些政策的推进情况并不熟悉，导致在企业绿色建筑申请认定中 2017 年可能还是采用的 2010 年的认定标准，严重的滞后性大大增加了企业在管理中的难度，降低了发展效率。再比如，地方政府在既有绿色建筑改造中，判断标准和改造标准不明确，信息公开较慢，使得居民产生较多的误会，导致绿色建筑信息登记效率较低，使得居民对此信任度降低，增加了绿色建筑推广的难度。

## 三、绿色建筑发展困难的原因

### （一）支持绿色建筑发展的法律法规体系尚未建立

绿色建筑的发展并非一朝一夕或者单靠几个企业推动所能实现的，需要完整的法律体系与规则相适应才能切实地发挥作用，目前我国绿色建筑推广力度大，但是在具体的政策指引方面还存在滞后性，尤其是地方政府在推广中，由于考虑到当地的经济发展情况和GDP 发展往往会在支持上和切实的发展政策推动上有滞后性。目前，已经仅有浙江、江苏两省颁布了绿色建筑发展条例，两省在发展绿色建筑方面取得较好成效。天津市将"绿色建筑"引入新修订的《天津市建筑节约能源条例》之中。制定、健全法律法规推动绿色建筑发展，总之这些对发展绿色建筑均具有一定裨益。

### （二）绿色建筑市场氛围尚未形成

绿色建筑发展与推广需要健康的市场氛围，而当前我国绿色建筑的发展市场氛围较差，还没有形成完整的发展体系，有很多的企业发展绿色建筑往往仅仅是为了申报后能够获得财政奖励，作为一种营销的噱头，这种情况下，绿色建筑产业的发展逐渐进入畸形，使得绿色建筑的发展似乎只是一种企业资源的争夺，这样的社会氛围严重破坏了绿色建筑发展的初衷，阻碍了社会各界人士对绿色建筑实质内涵的正确理解，如果长此以往，会使得消费者对绿色建筑产业的未来失去信心，市场进入迟滞的发展状态。

### （三）绿色建筑评价标识管理制度有待完善

绿色建筑发展是以最大限度地在建筑的全寿命周期内，最大限度地降低资源的消耗，实现建筑发展节约用地、节约用材、节约能源、节约建材的目的，最大程度的保护环境、保护生态、降低污染，实现这些目标需要多方面配合、协作，健全标识管理制度，评价绿色建筑，显然就我国实际情况分析，当前尚未形成行之有效，可行的绿色建筑标识。设计标识管理项目并不科学准确，给市场发展带来极大的约束，使得其标识难以发挥应有的作用，甚至会造成市场的混乱。

### （四）绿色建筑标准体系的执行办法有待明确

绿色建筑的标准体系是一个系统的、完整的、全面的对绿色建筑发展的引导、规范体系，当前我国绿色建筑的发展缺乏完善的标准体系的支持，存在着一系列的问题：第一，有的地区为了获得国家对绿色建筑发展的优惠条件或者奖励政策，在具体的认定标准上，可能存在一定的弄虚作假，降低个别指标的问题，使得完整的标准体系在执行的过程中存在差异，大大降低了发展的效率。第二，发展绿色建筑应以评价标准作为主要标准。正如上文所述当前我国已经形成了诸多施工、设计标准，但是这些标准并未发挥预期的作用，尚未能理清与其他标准的关系。第三，绿色建筑的发展标准与地方的地区特色应当相适应，并非是全国一个样，地方政府需要根据当地的地方特色提出绿色建筑发展的相应对策，但是就目前的实际情况而言，地方政府还没有形成完善的绿色建筑标准体系的执行办法。

# 第四节 国际绿色建筑实践及启示

## 一、国际绿色建筑发展概述

2000 年以后，绿色建筑发展进入一个新的时期。世界各国绿色建筑的发展情况虽然并不一致，但是，都形成了兼具可操作性强、更新及时、配套完整等特点的评价体系。其主要目的在于通过客观地评估技术实施情况，对绿色建筑的节能、节水、环境保护等效果进行评价，从而达到指导绿色建筑设计实施的目的，为建设的参与者提供理论依据。

### （一）国际绿色建筑发展情况

国际绿色建筑发展的总体情况呈现出了以下几个方面的变化：1. 从注重单项绿色技术的应用到重视整体建筑性能提升的变化：由于各国绿色建筑的单项技能不断创新及大量应

用，随着后期对项目评估的不断累积，大家意识到单项技术的应用并不能达到预期的性能目标，于是改变了思路，从整体性能目标入手，选用适宜技术、设备及产品以求达到最优目标，以此类推，扶植上、中、下游产业链，从而更进一步带动了整个产业链的升级；2. 从存在可持续到全生命周期可持续的变化：随着项目实施经验不断增加，从业者发现项目实施的全周期都对环境产生着影响，因此提出了这个更进一步的概念；3. 从单一领域到多领域综合发展的变化：建筑与城市相互联系，建筑是城市的重要组成部分，相互依存，从发展进程来看绿色建筑是城市可持续发展的必要途径，城市可持续发展是绿色建筑发展的必然结果。

## （二）国际绿色建筑技术发展情况

绿色建筑理念广为人知以来，世界各地的从业者进行了大量探索，从技术方面来说有两种发展方向：高技术发展方向和低技术发展方向。

高技术发展方向以通过大量采购如高效集热器、蓄热器、可再生能源系统等建筑设备来达到建筑与环境的融合，特点是方式灵活，但设计复杂、对工业化水平和施工技术要求高、成本高，相对而言较适合规模较大的公共建筑。长期以来备受发达国家建筑师青睐。

低技术发展方向是采用非机械手段，更加突出因地制宜，利用风、光、热、湿度、地形、植物等自然条件，通过优化设计来实现性能目标。他的特点是设计技术含量要求高、技术灵活要求低、节能效果显著、成本低廉。

## 二、美国绿色建筑实践

## （一）美国绿色建筑发展探索

20 世纪 70 年代的经济大衰退促使美国国会通过了能源政策立法，这其中就包括了能源部和城市发展部针对建筑和设备节能的激励政策，同时各州也制定相应标准，种种政策落实到具体的工程实施中，促使美国的建筑节能走向正轨。在此基础之上，80 年代末 90 年代初，绿色建筑概念逐步形成。美国环境保护署对绿色建筑进行了定义。绿色建筑扩展并补充了传统建筑中经济、实用、耐久和舒适能性能的要求，还增加了资源、能源的节约、环保等方面优势，从而得到美国社会的广泛关注，制定相关规划和政策的地区不断增加，建筑比重逐年上升，从发展来看，分为三个阶段：

1. 启动阶段：以 1993 年成立美国绿色建筑委员会（USGBC）为标志，这是一个第三方独立机构，1998 年该机构制定了绿色建筑评价系统——LEED（领导型的能源与环境设计），并开始进行评估。在此机构的推动下，绿色建筑理念逐步推广，随之而来的是政策关注点的改变；2. 发展阶段：以 2005 年《能源政策法案》的颁布为标志，该法案体现了国家的能源发展战略，法案中对建筑节能的关注是前所未有的；3. 扩展阶段：以 2009 年奥巴马签署的《经济刺激法案》为标志，该法案中有超过 250 亿美元的资金用于推动绿色建筑发展，并使之成了能源改革和经济复苏的重要组成部分。

## （二）美国绿色建筑发展政策特点

1. 法规体系完善，政策基础良好：联邦政府出台能源法案和总统令等系列政策法规，各州提出发展目标，制定强制标准；2. 配套制度完善，保证各项工作顺利展开：结合相关政策建立配套制度，出台多项激励政策，编制强制标准建立认证制度；3. 强调经济激励，注重调动市场积极性：通过各类能效合同、建立公益基金、现金补贴、税收抵免、抵押贷款、加速折旧等方式推动；4. 强调第三方机制，确保评估公平公正：重视第三方机构进行认证，如 LEED、NGBS、能源之星等评价体系；5. 强调全寿命周期成本分析：在召开国会大厦节能计划和支持可再生能源时强调，以此确定合理的措施和技术。

## 三、英国绿色建筑实践

### （一）英国绿色建筑发展探索

发展分三个时期：1. 20 世纪 60、70 年代：在 1972 年联合国召开环境问题第一次会议发表《联合国人类环境会议宣言》的背景下，剑桥大学的 J. FRAZER 和 A. PIKE 等人研究了"自维持"住宅，其主要内容是建筑材料的热性能、暖通设备能耗效率和可再生能源等技术问题，为绿色建筑的发展奠定了基础。70 年代能源危机后，建筑界开始关注节能问题，建设了一批低耗能住宅，采用了被动式太阳能技术，探索了保温、采光、太阳辐射、建筑蓄热能力等技术，虽然不是严格意义上的绿色建筑，但却为绿色建筑积累了经验；2. 20 世纪末世界环境与发展委员会（WCED）提出《我们共同的未来》报告。英国建筑研究院（BRE）随之于 1990 年发布了世界上第一个评价体系 BREEAM，进入了一个新的发展阶段，1994 年政府制定了《可持续发展战略——英国的战略选择》，创造了适于发展的社会环境，1997 年与欧盟签订了《京都协定书》宣布 2016 年前使本国所有新建住宅达到零排放，2019 年所有非住宅达到零排放，并制定相应的鼓励政策；3. 21 世纪以来进一步确立战略思想，自 2001 年起，大量拨款提高家庭用能效率，要求能源公司提供节能设备和产品，并制定了全球第一部《气候变化法案》，用法规的形式对节能减排的成效做了规定，从此进入了稳步发展时期。

### （二）英国绿色建筑发展政策特点

英国的绿色建筑发展呈现出了以下几个特点：1. 政策法规体系完善，责任明确：英国自 20 世纪 90 年代建立了健全的建筑节能和绿色建筑相关的政策法规体系，这就为绿色建筑的发展提供了强大的法律支持；2. 创新采用打分制的强制执行的标准：首次采用打分制的方式编制了一个必须强制执行的标准《可持续住宅规范》，改标准的出台意味着绿色建筑真正意义上得到了立法的认可；3. 开发了完备的评价工具支持评价体系，英国开发了完备的绿色建筑评价工具作为实施绿色建筑评价体系的支撑；4. 及时更新评价体系，以BREEAM 为例，其根据建筑标准和法规的变化、业内新技术的发展和常规技术的提升，每年 8 月更新一次。

### 四、日本绿色建筑实践

#### （一）日本绿色建筑发展探索

岛国日本资源匮乏，能源安全问题一直是政府工作的重中之重。近年来全球变暖，环境问题日益尖锐，在日本，40%的二氧化碳排放量都与建筑有关。

为推广建筑节能，日本的行业标准不断更新，从《旧节能基准》《新节能基准》到《下一代节能基准》都对行业提出了严格要求。日本建筑环境与节能协会（IBEC）从1998年开始实施"环境共生住宅认定制度"，2000年颁布《住宅品质确保促进法》，2003年政府出台《病态建筑法》，从提出"住宅性能标识制度"到限制挥发甲醛建材和对机械通风进行强制规定，逐步改善室内环境；2001年日本可持续建筑协会（JSBC）开展了建筑环境性能效率综合评估系统（CASBEE）的研发并于2003年颁布针对新建建筑的评价标准，正式开始了评估工作，并在发展的过程中不断完善体系；2005年颁布《自立循环型住宅设计导则》旨在衡量住宅节能程度，2007年IBEC成立了"健康维持增进住宅研究会"针对健康资本开展研究，2009年以后JSBC开始研究"全寿命周期减碳住宅"。2012年7月政府制定了"低碳住宅与公共建筑绿线图"，提出了节能减碳目标和实施手段，同年12月出台了《低碳城市推进法》，第一次以立法的形式对认证、建设低碳建筑、低碳城市提出要求，体现了日本对绿色建筑的关注点从单体转向了区域规划和城市建设。

#### （二）日本绿色建筑发展政策特点

日本绿色建筑发展政策有以下几个特点：1. 以立法为基础引导行业发展：日本政府很早以来就一直坚持不懈的通过法律法规、制度政策等引导全国的建筑节能工作与绿色建筑推广，其中既有法律的强制性规定，如新修订的《节能法》的相关条款，又有大量经济、金融引导政策与补贴制度；2. 多样的评价体系作为行业发展的技术支持：在绿色建筑认证方面，日本有几种并行但又相互补充的评价体系，使各类建筑可以针对自身特性申请不同的认证，对个人而言可以据此获得来自政府的各类经济与金融优惠；3. 政府、学术界、产业界多管齐下合力推广评价体系：在科学合理的绿色建筑评价体系基础上，通过政府、学术界、产业界等积极推动，并以2005年名古屋世博会为契机促进地方评价工作，同时，目前已有22个省市强制推行自评上报制度，使评价工作得以迅速铺开。

### 五、新加坡绿色建筑发展实践

#### （一）新加坡绿色建筑发展探索

同日本有相似之处，新加坡的自然资源也十分匮乏，大量水、电、建筑原料等都依赖于进口，同时建筑业的消耗又十分巨大，所以可持续发展不得不成为新加坡国家发展的重要议题。

第二次石油危机对于新加坡这样依靠进口能源的国家来说影响巨大，1980年新加坡建设局（BCA）通过出台《建筑节能标准》来推动建筑行业节能，由此开始了新加坡长达几十年的节能建设之路。2004 年在国家环境署支持下 BCA 开发了评价标准—绿色标志，并于次年 1 月开始推行绿色标志认证计划，以此提高全社会的认识，截止 2013 年 5 月，新加坡通过绿色标志认证的项目共 1574 个，建筑面积达 4690 万平方米，占全国建筑总面积的 20%。同时，该国制定了绿色建筑的发展目标和规划，即：30 年实现新建建筑中 80% 为绿色建筑，比 2005 年的能源效率提高 35%，通过出台"第一期绿色建筑总蓝图"和"第二期绿色建筑总蓝图"推动绿色建筑发展，政府带头建设，对高星级项目给予奖励，同时加强培训推广，同时制定"第三期绿色建筑总蓝图"。

## （二）新加坡绿色建筑发展政策特点

新加坡绿色建筑发展政策呈现以下特点：1. 政府带头，强制自身投资的公共建筑首先通过绿色标准，另一方面针对不同对象采取不同措施，制定最低性能标准满足其他类型建筑推广；2. 重视理念推广，政府在推广过程中一直都强调向社会大众推广绿色建筑，同时积极研究明确绿色建筑在投资收益方面的优势；3. 注重专业认证和培训，规范市场准入机制：新加坡建立了完善的社会和高校培训机制，并制定了相关职业认证机制；4. 完善配套机制：新加坡在完善评价系统的同时建立了相关配套制度，为开发商和业主在建设和改造工程项目时选用绿色建材、家电等相关产品提供了依据，这样可以在发展绿色建筑的同时带动上下游产业链的发展和"绿色"升级，改善环境，缓解资源、能源压力。

## 六、国际绿色建筑发展实践的启示

在对美英日新等国家的绿色建筑政策法规及评价体系的梳理下，我们可以看出，这基本代表了目前国际上几类典型的绿色建筑发展情况。这些国家采用了不同的发展方式，均进入了一个较为成熟的实施阶段，其中，美英日等国主要通过完善法律法规体系的方式来发展，而新加坡则倾向于采用专项行动渗透法规体系来加速发展，但从本质上来说，这些方式都离不开政府的主导。

## （一）完善顶层设计

从国家层面出台相关的发展规划和政策措施，需要先进行顶层设计，提出科学、可行的方向和合理的发展目标。例如，新加坡制定的第一期、第二期"绿色建筑总蓝图"，日本的低碳住宅与公共建筑路线图等，都是基于分析经济条件、技术支持和环境、资源危机的基础上，研究提出的较长时期的规划，并围绕规划制定配套政策制度，同时根据发展情况及时调整配套制度，以保证少走弯路，这就起到了很好的引导作用。

## （二）政府带头示范

很多政府在推行一样新的强制政策时，都会先拿自己的项目开刀，自己的政策自己带头执行能起到很好的上行下效的作用。因为各国政府对自身的投资项目会加以严格的政策约束，以期更好地达到一个宣传的良好形象，如美国《能源独立草案》要求 2015 年以后新建和改建的联邦政府大楼减少 35% 的能源消耗，到 2030 年实现零消耗；新加坡"第一期绿色建筑总蓝图"提出由政府带头建设，2007 年 4 月起，5000 平方米以上政府投资工程与重大搭建扩建工程必须获得绿色标志认证级。上述这些国家都通过带头示范，成功的加速了对绿色建筑的推动。

## （三）以培育市场为目的的政策激励

大多数国家制定了相应的政策激励市场，并且取得了良好的效果，如：税费减免、财政补贴、设备加速折旧、优惠贷款、快速审批、建筑面积奖励等等，根据不同的实际情况单独或者组合使用。

## （四）不断完善体系

国外绿色建筑的标准体系中，除了评价标准，更多的是一些强制或推荐的设计规范、标准等。只有同时建立评价标准和建设标准，才能以评价标准引导，建设标准提供支持，促进绿色建筑的实施。

我国现有的评价标准自 2006 年出台到 2014 年第一次修订，用时 8 年，而国外的评价标准体系平均 1~2 年调整一次，以更好地适应社会的发展。

## （五）善用第三方机制

不少国家和地区通过完善的第三方机制实现社会监管，如美国、日本和新加坡，他们制定了绿色建筑、绿色建材、节能建筑设备、绿色家电等一系列认证制度，为开发商在设计建造、业主在使用维护过程中选择相关材料和用品提供了全面的质量监督。

# 第五节　绿色建筑发展的对策及建议

通过对国际绿色建筑发展情况及国内相关案例的研究，发展绿色建筑最主要和最根源的动力还是需要由国家来主导，其次才是其他各方面的积极配合，所以下列对策的提出，都是基于以上这一原则。

## 一、政策层面的对策与建议

## （一）合理规划布局

从国家层面出台绿色建筑发展规划和相关政策，制定科学合理的顶层设计，提出合理的目标和科学可行的方向。例如，新加坡制定的第一期和第二期"绿色建筑总蓝图"，日本制定的低碳住宅与公共建筑路线图等，都是在分析了本国的技术支持、经济条件和面临的环境问题资源问题的基础上研究提出了较长时期的发展规划，并围绕规划制定相关政策，这对绿色建筑的发展起到了引导作用。

## （二）加强政策引导

数据显示，房地产产业飞速发展，其产业链条大，同时刺激下游产业发展。其中建筑用钢、建筑水泥分别占全社会钢材、水泥总消耗（消费）的50%以上。在我国发展绿色建筑将驱动节能服务、新型能源、建材等各领域的发展，届时将形成超大规模的绿色市场。上述充分说明发展绿色建筑不仅是人类社会与自然社会寻求和谐发展的出路，更是促进建筑产业健康发展的重要举措。绿色建筑发展政策的实施可以促进绿色建筑市场不断扩张同时刺激企业进一步探索绿色建筑技术，这对于绿色建筑技术的发展、住宅的产业化是一个良好契机。中央和地方政府在绿色建筑发展中必须要对绿色建筑运行监测进行规范化、科学化、标准化改革，今后绿色建筑必将更加注重效果和质量。对于建筑和耗能系统性能效果以及室内舒适度水平的检测必将从严要求，因此对绿色建筑技术及规范要尽快明确和出台，而对从事绿色建筑检测单位的要求也会提到一个新的高度要求。目前的补贴按《意见》规定，在竣工后，若通过专家评审，就能获得。笔者建议在竣工验收阶段，增加绿色建筑专项验收，同时对二、三星级建筑开展运行检测工作，让绿色建筑真正绿色运行，避免产生一批图纸上的绿色建筑。

## 二、组织层面的对策与建议

### （一）优化宣传推广策略

政府要发挥引导宣传作用。政府是公信力最强的单位，任何新事物的推广如果有政府的支持与宣传，将会获得事半功倍的效果，于是在绿色建筑宣传推广的过程中政府的作用非常突出。政府对绿色建筑推广与宣传一方面是通过政策的引导完善进行的，政府出台符合绿色建筑发展本身的政策措施，以政策鼓励的形式推动绿色建筑的发展，能够吸引企业、组织对绿色建筑的发展兴趣，更增强其发展信心，目前，各省自治区出台绿色建筑发展的政策已经有相当规模，比如：青岛市《关于组织申报2011年度青岛市绿色建筑奖励资金的通知》；武汉市《武汉市绿色建筑管理试行办法》；广州市：《广州市人民政府关于加快发展绿色建筑的通告》；上海市：《上海市建筑节能项目专项扶持办法（草案）》；陕西省：《关于加快推进我省绿色建筑工作的通知》；湖南省：《湘潭市可再生能源建筑应用城市示范工作实施方案》；海南省：海南住建厅启动绿色建筑管理工作；湖北省：宜昌市打造新能源示范城节能建筑按面积补贴；宁夏回族自治区：发布绿色建筑发展"十二五"规划等等，另外广东、重庆也专门颁布了相关条例，这一系列政府支持与发展规划的制定本身就是绿色建筑发展与推广的最佳广告。

企业要积极参与到绿色建筑推广与发展的宣传当中。尽管当前已经从政策层面鼓励、驱动绿色建筑，然而遗憾的是绝大多数地产商并未真正领略绿色建筑的内涵，仅将其视为营销概念，并未将该标准管贯彻于实际开发各环节中。受制于开发成本等因素，当前包括商品住宅项目在内的各类绿色建筑项目，主要以中高端定场定位为主，现阶段"绿色住宅"总体为改善需求类产品，尚未形成刚需，与购房者的实际要求还存在距离。在当前绿色建筑产业的发展中，还有少部分的企业停留在住宅开发销售宣传方面的现象并不少见，对于住宅来说，由于住宅开发销售结束后，开发商就基本不对其负责，改善情况不容乐观。因此可同时考虑开发商和物业管理团队，按照开发商施工结束后对绿色建筑的投资部分进行奖励。目前已经参与到绿色建筑发展与推广中的企业已经有很多，比如：远洋地产助力老北京四合院焕发"新绿色"；方兴地产重庆首个项目动工，预计三年内完工；万科城花新园绿色三星住宅 8 月开盘；保利地产今年计划进军绿色房企行业；三个万达广场获绿色建筑运行标识；绿地集团启动郑州生态新城建设项目，总投资约 60 亿元；朗诗绿色人居馆开放，引领绿色居住革命；海上世界将崛起城市综合体，招商地产斥资 600 亿元改造；能恒置业：绿色建筑将是房产的发展趋势；运达地产：做绿色建筑得结合消费者需求；招商地产：绿色低碳开发之路等等，但同时，也应当警惕及时对企业绿色建筑的发展进行规范与审查，避免绿色建筑的发展与宣传只是面子工程。

## （二）建筑信息化助推绿色建筑

国民经济保持良好的发展势头，加之不断推进发展的城市化发展，在此背景下，建筑业如沐春风快速发展。当下建筑业的发展核心在于践行低碳模式。未来建筑业将朝着以信息化为技术支撑的绿色建筑发展。作为支柱性产业，建筑业在国民经济发展中扮演着日愈重要的角色。同时作为传统产业，急需引入高新技术。总之发展绿色建筑任重而道远，未来仍面临诸多未知数。建筑行业应有机协调自然资源、建筑以及环境，充分发挥科技手段的作用。从建筑业本身发展来看，其关键在于把握产业走向，掌握前沿技术，只有这样才能真正助推绿色建筑发展。绿色建筑的发展离不开各类行之有效的配套措施，政策，更要贯彻实施相关政策。绿色建筑关乎每一个"普通人"利益，属于民生问题，不可浅尝辄止，停留于"绿化建筑"或者过分拘泥于"概念建筑"，应明确绿色建筑包含各类问题，比如消除噪声、夏季防热、冬季保温等等。绿色建筑同时兼具高产出、高投入的特点，具有前瞻性强、适应性、灵活性等优势，有助于具体落实发展，适应未来发展趋势。所以从本质强调应合理运用信息化工具，把握优化设计原则，全局掌控，并将"绿色"渗透于建筑的各个环节之中，减少环境压力，积极推进节能环保等相关理念。

因而可以说信息化建筑施工，是实现绿色建筑的前提条件。

业内人士认为"绿色建筑"强调其能性、集约性、生态性，应将"治本之策"贯穿于顶层设计，做好防治污染相关工作，同时充分发挥高新技术、信息化的优势，促进基础建设行业之发展。实践证明信息技术具有丰富的内涵、支撑点，比如云计算、物联网、BIM等等，其关键在于精细化项目管理、集约化企业经营，强调建筑过程的低排放、高效、低碳化，遵循可持续发展的基本理念。结合城市科学的发展观，实现协同化、互联网、智慧化建筑。总之应全面将"绿色"引至各个环节之中，控制能耗，将"低排放、高效、低碳"的基本理念渗透到每一座建筑物之中，创设可持续发展的生活环境，打造绿色建筑。建筑业在未来的发展中应基于信息化深刻贯彻国家两化融合整体之战略，推进产业发展。这将是整个建筑行新的发展航向，其必将拥有广阔的发展空间。对于施工企业而言"高能耗建筑施工"无疑是最大的发展瓶颈，因而解决该问题一定可惠及整个产业及其从业者，让全社会都能从中受益。积极推广绿色产业，以信息化为"芯"必能如虎添翼，屡创佳绩。

## 三、企业层面的对策与建议

### （一）研发绿色建筑技术

数据显示，建筑业是吸收就业人口的重要行业，对全球年 GDP 增长率的贡献约10%，但是与此同时，其造成的暗中的自然资源消耗、环境气候恶化、废弃物排放、光污染、噪声污染尤为严重，而这些污染往往在建筑建设施工过程中呈现最为明显，于是积极发展绿色施工技术尤其重要。绿色建筑的规划尤其重要，从建筑，从生态环境，交通，水资源，信息化等等树立了目标，这是在生态城包含前期的规划，还有控制详细规划，如果没有大的原则引导完整的规划，就没有办法改变之前大的原则和方向，以及后面专项规划现在常规的可能是市政规划和交通规划比较齐全，相对来说能源规划和水的规划，绿色建筑的规划是比较稀缺的，总体规划必须要考虑要绿色生态的理念，这是控制性规划就是要把规划指标落到每一个单元，落到每一个街区，落到大的区块里面，这是专项规划，绿色建筑，市政和能源，以及交通各方面都要有专项规划，要把细化的目标落到具体的规划或者是项目中，甚至是落到土地控制指标中。因为前面除了规划以外后面这个项目怎么有序的推动以及怎么样监管这是非常重要的，如果没有这样过程的监管很多后面项目中都可能是没有纳入到控制性指标的话很多引导性指标都被放弃了，根本无法执行规划，所以需要政府各个部门而不是一个部门的，建设部、交通、水务、环境协调合作。其次，节约、环保、好用等都是设计绿色的关键之所在。"简单化原则"，极易将绿色切换设计院理解成如下分担流程"规划—建筑—结构—暖通—给排水—强弱电"流程。分析发现当前设计业体系并未以绿色建筑划分节地、节水、节能、节材来，那么，如何关联的问题就存在于两者之间。而在具体项目的设计中，不要做技术堆砌是最重要的。比如，北京市办公楼每年的平均能耗水平是 $124kw \cdot h/m^2$，而要将该阶段的能耗水平每年控制在 $102.5kw \cdot h/m^2$，在设计建筑时，应妥善做好照明用电、采暖空调、功能布局、围护结构等相关工作。假设希望每立方建筑物的每年能耗降至 $69kw \cdot h$ 以下，在后续使用中应引入智能化设计，实现部分负荷自控智能管理，同时可结合行为节能、教育影响以及管理制度等，使智能化设计得以充分发挥作用。总之绿色建筑设计应合理设定节能目标，而非简单的堆砌技术，打好基础，优化设计、建筑，这些都有利于降耗、增效。同时可结合绿色运行管理，进一步实现节能。通过组织技术设计上述三个步骤，回归绿色本质，实现绿色建筑。

### （二）强化施工过程节能环保

中国每年施工废渣 4000 万吨，换言之即城市垃圾中约有 30%~40% 为建筑垃圾。粗略统计框架结构、全现浇结构等施工损耗情况发现，一万平方米建筑物施工会形成500~600 吨建筑垃圾，拆除每万平方米旧建筑物，可形成建筑垃圾 7000~12000 吨。数据还显示我国每年拆除大量老建筑物，其占比达总建筑面积的 40% 以上。这意味着，每年将形成大量建筑物垃圾，这些建筑垃圾没有经过任何有效处理直接填埋或露天推放于乡村、郊外，造成严重的污染问题，建筑垃圾在城市固体废物中占据非常高的比重。毋庸置疑人类通过建筑施工活动、建筑业获得了更舒适、宜居的生活、工作环境，但同时在"肆无忌惮"破坏着人类共同的母亲——自然。2006年2月初，联合国环境规划署发起"可持续建筑和建造倡议（SBCI）"，目的在于使产值数十万亿美元的建筑业能够变"绿"。绿色施工越来越成为建筑业不能不面对的现实选择。

所以，绿色建筑节能应具体体现在使用节能、节能管理，而这就需要引入科学的方式，真正践行绿色施工，这主要通过以下几种方式表现：首先，绿色建筑不仅仅是自身的绿色，还需要将对周围的环境的不良影响降到最低，如空气质量、水源质量；其次，在建筑材料的使用中，应尽可能选择那些可循环、重复利用的材料，合理利用废料、边角料，准确计算材料用量，减少浪费，同时还要保证所选材料的功效足以满足施工过程中的需要；最后，注重施工场地周边的人文环境，在施工中应合理保护当地历史文物、建筑物，尊重当地宗教信仰、风俗习惯，切忌以牺牲人文环境，换取所谓的经济效益。绿色施工管理是社会发展的客观需要，它符合建筑行业的发展规律，是实现可持续发展的前提条件。基于此广大施工单位应秉承绿色施工管理的基本理念，从各个环节入手，比如合理选择施工材料、优化施工技术，基于"绿色"建筑的理念，合理设定施工方案，优化管理水平。

## 四、社会层面的对策与建议

### （一）公用建筑绿色先行

"十三五"高度重视转型发展、节能减排，在此背景下，建筑界应积极履行"绿色低碳"这一使命。政府应当身先士卒，将政府办公楼选择绿色建筑代替传统建筑。首先，新建办公楼项目优先选择绿色建筑，在招标过程中将绿色建筑评价标准引入招标需求，从而选取最佳项目。其次，对旧办公建筑进行绿色革新，将绿色建筑理念引入到办公楼改进当中，充分利用地源热泵可再生能源空调系统、中水收集处理系统、雨水收集处理系统、太阳能光伏发电与热水系统、污水源热泵热能回收系统等多项建筑节能技术。再次，学校是绿色建筑项目发展的重要阵地，未来学校的建设与改造过程中也应当加入绿色建筑项目理念，积极发展绿色建筑。

### （二）公众理念绿色倡导

消费者是绿色建筑发展与推广的主动因素。提到绿色建筑，大多数人首先联想到的就是能够为业主提供冬暖夏凉、四季如春生活环境的绿色科技住宅，南京的朗诗绿色街区、城开御园以及骋望郦都都是此类住宅建筑的代表。"满足绿标科技含量的并不一定都是绿色建筑"但事实上，绿色建筑与人们印象中的绿色科技住宅在概念上仍然有很大的区别。无论政府、企业做出多少努力，一旦消费者不能够理解绿色建筑发展的深刻意义，不能够真正地去主动地了解绿色建筑的发展，那么绿色建筑的发展也就仅仅是政府和企业的口号而已。所以要积极推进消费者对绿色建筑发展的认可，推动绿色建筑发展的必要性和紧迫性宣传教育，加强环境宣传教育能力的标准化和现代化建设。目前，达成房贷优惠的条款中并不包含购买"绿色建筑"，仅可结合资产、诚信评估两个层面考量房贷优惠。换言之即假使后续健全贷款利率优惠政策，也会存在幅度大小的问题。目前来看，很难做到优惠幅度大于因为实施绿色建筑而形成的成本涨价幅度。在住房体验没有显著区别的情况下，很难驱动消费者主动选择"绿色建筑"，消费者购买是驱动开发商开发的关键，所以如果消费者没有购买的能力，欲望，那么将不利于普及"绿色建筑"。所以，从根本上转变消费者对住宅消费的认识与需求才是绿色建筑发展的应有之道。

# 第二章　绿色建筑评价

## 第一节　绿色建筑评价体系发展概述

### 一、绿色建筑

#### 1. 绿色建筑概念和内涵

近年来，绿色建筑的呼声日益高涨，那么，真正的绿色建筑究竟又是什么呢？大卫和鲁希尔·帕卡德（David and Rusel Packard）基金会曾经对于绿色建筑下过这样一个定义：如果一栋建筑自身所引起的生态环境负荷比传统建筑所造成的周边环境负荷要小，则其就能够被叫作绿色建筑。从此可以看出，我们传统的"现代建筑"对于人类所生存的环境已经造成过多的负担，需要我们通过设计与建造方式的改变来应对21世纪的环境问题。在《大且绿——走向21世纪的可持续建筑》一书中是这样描述绿色建筑的：绿色建筑注重资源节约化和用户舒适的生活条件需求，是一种能够将生态环境负荷降低到最低水平的建筑，营造出健康的生活环境。我国2006年发布的《绿色建筑评价标准》中是如此定义绿色建筑概念的：绿色建筑关注建筑的全寿命周期，在保护生态环境和减少生态环境污染的基础上，能够最高限度地节约能源、节约土地、节约水资源与材料资源，而给予居住者的是良好舒适的生活环境，并且可以与自然环境相互协调发展。绿色这一色彩是大自然赋予植物的生命之色，昭示着大自然生机盎然、异趣横生的生态系统。在"建筑"前面冠以"绿色"，意味着建筑应像自然界绿色植物一样，具有环保健康的特性。我们可以如此理解绿色建筑：在不影响建筑使用功能和不增大周围室外环境负荷的基础上，从建筑全寿命周期的角度考虑节约能源、节约土地、节约水资源与材料资源，与自然界和谐共生的建筑。

从狭义角度看，绿色建筑即生态建筑、可持续建筑，其在建筑设计、建筑施工和运行阶段都可以约能源、节约土地、节约水资源与材料资源。从广义角度看，绿色建筑是在可持续发展思想的指导下发展起来的，其中包括了人类发展与生态环境发展相协调的含义。除了绿色建筑以外，那些现代发展起来的建筑，如可持续发展建筑、生态建筑以及环保低碳建筑等都与绿色建筑具有一样的概念，而智能建筑与节能建筑则能够被视作是依据绿色建筑理论发展而来的综合建筑项目。

绿色建筑的内涵包括四层含义：①建筑全生命周期。针对的是建筑初始到拆除的这一时间段儿，其包括建筑材料原始开采以及加工运输过程、施工阶段、建筑运营维护阶段与最后废弃物处理和可再循环利用阶段这几个方面的内容。②最高限度地节约能源、节约土地、节约水资源与材料资源，维护生态和降低污染。建筑施工时要注意节能、节水、节地、节材和可循环材料的利用，应该尽量降低 $CO_2$ 的排放，做到"少费多用"。③满足建筑根本功能需求。满足居住者舒适的生活条件需求，营造出健康的生活环境。④与自然和谐共生。发展绿色建筑的终极目标是与人类、自然界和谐共生，这是绿色建筑的价值理想。

### 2. 绿色建筑与建筑节能

建筑节能在通常意义上指的是在建筑原材料开采加工阶段、建筑建造阶段及建筑运营阶段中，合理、高效地利用资源，在不影响建筑根本功能的前提下，尽量地减少建筑能耗，来为用户提供良好的居住环境并且达到资源节约化的目的。目前节能建筑主要考虑的是在采暖、空调能耗；用能设备、系统能耗；公共场所、部位照明能耗等。从这里能够看出，建筑节能和绿色建筑不但有关系又有不同点。建筑节能针对的主要是既有高耗能建筑的节能改造，而绿色建筑在满足节能要求的同时，更多地关注现代人的生活需求和对生态环境负荷问题。绿色建筑是在建筑节能的基础上发展起来的。

### 3. 绿色建筑发展问题分析

我国在 20 世纪所完成的建筑项目大部分是非节能、高耗能的建筑，占城镇建筑面积的 80%。在进入 21 世纪以来，我国政府机构、科研单位已在绿色建筑领域内开展了多方面多角度的探索研究。当然我国的绿色建筑发展在一定程度上还是取得了明显的成效，但不可否认的是在社会、市场、技术、政策方面依然存在不足。因此，需要在今后的工作当中侧重关注并逐渐解决。

（1）如今人们对绿色建筑这一新型建筑依旧缺乏足够的认识。尽管近年来绿色建筑事业发展迅速，然而社会普及度还是不是很高，人们未充分认识到绿色建筑的意义，对绿色建筑含义理解不深，推广意识不强，对绿色建筑有关内容懂得不多。所以，应该加大绿色建筑公众宣传力度。

（2）市场上供给与需求脱节。由于公众对绿色建筑缺乏认可、开发商为获得利益而蓄意炒作、伪绿色建筑误导、绿色建筑冷拼和成本太高一些原因，引起了市场上供给与需求脱节，抑制了绿色建筑事业的发展，所以应该加强公众宣传及政策扶持引导。

（3）缺乏完整精细的技术支撑体系。当代的绿色建筑是种较为繁杂的系统建筑项目，其跨越了多个专业、针对建筑多个阶段，进行多方面的绿色设计，在这里强调多学科的配合和因地制宜。所以应该根据不同地域和气候特征、不同资源蕴含量、不同人文、不同的经济条件，选用适宜的技术，建立起完整精细的技术支撑体系。

（4）相关评价体系有待完善。目前的绿色评价体系具有以下几个问题：①目前的绿色评价体系里面的评价方式不能跟上技术不断更新的脚步；②目前的绿色评价体系内有一些定量指标难以对不同地域和气候特征、不同资源蕴含量、不同的经济条件、不同的建筑类型做到"因地制宜"；③"全程控制"较难做到，目前的评价体系难以在全过程控制方面评价一个项目是否满足绿色要求；④某些评价指标的合理性和可操作性具有潜在的上升空间。所以，针对上面所介绍的一些问题，研究建立科学完善的评价体系指引。

（5）缺乏有效的监管、强制或激励政策。若缺乏有效的监管系统，那么任一环节未实行绿色建筑建设原则，最终都将导致绿色建筑名不副实，因此应加强监管制度和体系的建设。

虽然目前阶段绿色建筑领域内还存在着这样或那样的缺陷不足，但能够想象到，在相关机构、科研部门、房地产以及社会各界人士的不懈努力下，绿色建筑的发展形势会一片大好。因此，绿色建筑事业若要得到迅速的发展，必须加大绿色建筑公众宣传力度、加强公众宣传及政策扶持引导及加强监管制度和体系的建设，而这些都必须建立在具有科学完善的绿色建筑评价体系的基础上，而对绿色建筑评价体系进行深入的研究显得十分地必要。

## 二、绿色建筑评价

### （一）绿色建筑评价概述

对于一个特定的建筑，要想知道它是否"绿色"，又取决于什么呢？"绿色"的程度又如何呢？这就需要明确绿色建筑的评价标准。所以，依照现如今人类对绿色建筑的认知水平和相应辅助科学发展情况，划分建筑的绿色程度，确定建筑绿色等级，对绿色建筑在建筑业内的积极引导和大力发展起到关键作用。绿色建筑评价具有较深层次的含义，评价绿色建筑这个过程中，对于数量不少的技术类定性或定量指标，怎么分层次系统化地处理计算这些糅杂在一起且相互影响制约的指标，是制定绿色建筑评价标准时首先应考虑的关键点。建筑是使用寿命比较长的产品（一般为50~100年，甚至更长），在其全生命周期中，各种因素此消彼长，交替出现，在不同时期表现出不同特征。因此，应该以建筑全生命周期理论为基础，来对绿色建筑进行评价，才能得出较为准确的结论。

### （二）绿色建筑评价关注的内容

#### 1. 资源消耗

通过调查得知，人们在大自然中所获取原料的一半多是被用在建筑领域内的，而此些建筑在全寿命周期内又将近消耗了全世界范围内总能量的1/2。制定绿色建筑评价系统时，要选取科学的、能代表其能耗水平的评价指标。

#### 2. 环境负荷

建设项目从设计、生产到运营维护、更新改造乃至废弃、回收、处理的整个生命周期都对环境造成了不同程度的影响和负荷。绿色建筑评价标准规定了在建筑建造过程中选择合适的建筑结构材料，选择对资源消耗和环境影响较弱的建筑结构体系与施工方法，最大限度地减弱建筑在全寿命周期中对生态环境造成的负荷。

#### 3. 室内外环境质量

项目建设的目的就是为人类创造舒适、高效的生活和使用空间，对建筑物室内外环境质量的要求同样是评价标准关注的重要内容，包括良好的采光条件、空气洁净清新、低辐射和噪声污染等方面。

### 4. 经济投入

建筑施工与建筑运营等阶段中，一直都和经济息息相关。人们在关注资源消耗、环境影响、生活质量等几层方面时，经济是实现上述目标的基础。要想使绿色建筑获得业主和居住者的喜爱，并将之宣传推广，关键是要降低绿色建筑的建设费用和使用费用，降低经济投入。

## 三、国内外绿色建筑的发展及评估体系

### （一）国外绿色建筑的发展及评估体系

真正的绿色建筑概念的提出和思潮的涌现是第二次世界大战之后的事情。第二次世界大战以后，欧美各国的经济水平得到了大幅度的提高，建筑的高能耗引起世界各国的普遍关注，绿色建筑的理论研究和设计实践也成为业界的热点。20 世纪 60 年代是人类生态意识被唤醒的时代，也是绿色建筑概念的孕育期。1969 年美籍建筑师鲍罗·索勒里（Paolo Soled）第一次把建筑与生态两个相互独立存在的名词结合在一起，描绘出了新型生态建筑的大致轮廓，让人们更加深刻地理解到了建筑的本层含义，由此人类建筑产业里面孕育出了生态建筑这一理念。

1970—1990 年，绿色建筑概念正逐步形成，其内涵和外延不断丰富，绿色建筑理论和实践逐步深入和发展。20 世纪 90 年代初，英国率先制定了世界上第一个绿色建筑评估体系 BREEAM（Building Research Establishmem Environmental Assessment Method）。建筑领域内涉及有关绿色设计的理念和原则的著作很多，比较有影响力的观点是 1991 年 Brenda 和 Robert Vale 在其一起撰写的《绿色建筑：为可持续发展而设计》和 1995 年 Sim Van tier Ryn 和 Stuart Cowan 合著的《生态设计》。于 20 世纪 90 年代中期，美国绿色建筑委员会（USGBC）发布了能源及环境设计先导计划 LEED（Leadership in Energy and Environmental Design）。1999 年 11 月世界绿色建筑协会 WGBC（World Green Building Council）在美国成立。

进入 21 世纪后，在世界范围内，绿色建筑形成了蓬勃兴起和迅速发展势头，绿色建筑评估体系逐渐完善。各国相继推出了适合于其地域特点的绿色评估体系。

### 1. 英国建筑研究组织环境评价法

BREEAM 系统的基础是根据环境性能评分授予建筑绿色认证的制度，可以评估单体建筑或某一建筑群。BREEAM 从以下九个方面对项目进行测评：原料选择及对环境影响、能耗和 $CO_2$ 排放、水消耗和渗漏、绿地利用、环境的健康舒适度、场地规划与运输时 $CO_2$ 排放、场地生态、空气和水污染、政策规程等。各部分分数累加得到最后的分数，对建筑给予四个级别的评定：通过、良好、优良、优秀。BREEAM 最明显的地方是在全寿命周期内对环境的影响因素做了深入评估，这一评估方法比较简单直接。

### 2. 加拿大绿色建筑挑战

于 1996 年，绿色建筑挑战（GBC）在加拿大发起，当时共有 14 个国家参与。通过各国参与研究，最后制定了一套科学评估建筑物能量和环境性能的评价体系 GBTool。最新改进版的 GBTool 体系，主要从七个方面对建筑项目进行测评：室内环境质量、社区交通、环境负荷、资源消耗、经济性、服务质量与使用前管理，这七项内容构成了环境性能评价框架。GBTool 最后使用图表的形式来展现被评建筑的环境性能。

### 3. 美国能源及环境设计先导计划（LEED）

于 1994 年，美国绿色建筑委员会（USGBC）就开始开发自己国家的建筑环境评估体系；于 1995 年美国的能源及环境设计先导计划（Leadership in Energy & Environmental Design，简称 LEED）出台了，最初版本是 LEED1.0，颁布于 1998 年；到了 2009 年，LEED 又设计出了最新版本 LEED V3.0。主要对各种建筑项目通过 6 个方面进行评估，分别是：能源与环境、可持续的场地设计、材料与资源、有效利用水资源、室内环境质量与革新设计。根据测评分数给予建筑四个级别的评定，由高到低的 LEED 评价分别是：白金认证、金奖认证、银奖认证、认证通过。

### 4. 澳大利亚国家建筑环境评价系统（NABERS）

NABERS 是适应本国国情发展起来的绿色建筑评价系统，它的评估对象是已使用的办公建筑和住宅，是评估建筑运营对自然环境影响的系统。NABERS 力求衡量建筑运营阶段的全面环境影响，包括了温室效应影响、场址管理、水资源消耗与处理、住户影响四大环境类别。其评价采用实测、用户调查等手段，以事实说话，避免了主观判断引起的偏差。

### 5. 荷兰绿色建筑评价标准软件

Green Calc+ 是用于绿色建筑的环境负荷评价的软件包，它引入了一个环境指数来评价建筑的绿色程度，它包括了四个模块：水、材料、交通及能源。Green Calc+ 可以对单体建筑进行绿色评估、不同建筑进行对比、对小区进行绿色建筑评估、不同的小区规划对比分析、建筑部分或者某些产品的环境负荷比较、评估开发商的绿色建筑的预期指标等。

### 6. 德国绿色建筑评估体系

德国可持续建筑 DGNB 认证是一套透明的评估认证体系，以易于理解和操作的方式定义了建筑质量，主要从 6 个领域进行定义：生态质量、经济质量、过程质量、社会文化及功能质量、技术质量、基地质量。根据评估公式计算评分，给予建筑物三个级别的评定：50% 以上为铜级、65% 以上为银级、80% 以上为金级。DGNB 体系最突出的特点是它除了涵盖生态保护和经济价值这些基本内容外，更提出了社会文化和健康与可持续发展的密切关系。

### 7. 日本建筑物综合环境评价方法（CASBEE）

CASBEE 的评价对象有住宅、办公楼、学校、商店、医院和餐厅等。对建筑的不同阶段与不同的使用人员，CASBEE 体系开发了四种不同的工具：初步设计工具、环境设计工具、环境标签工具、可持续运营和更新工具。采用 CASBEE 对建筑进行评价时，包括两项内容：

"Q"和"L"。"Q"即建筑物的环境品质和特性，具体又由室内环境（Q1）、服务性能（Q2）、室外环境（Q3）三部分评价指标；"L"即建筑的外部环境影响，能源（L1）、资源和材料（L2）、建筑用地外环境（L3）三部分组成。各评价指标累加后，得到关键性参数——建筑环境效率指标BEE（BEE=Q/L），给予建筑物评价。CASBEE的绿色标签分为S（>3）、A（1.5~3）、B+（1~1.5）、B（0.5~1）、C（<0.5）五级。

## （二）国内绿色建筑的发展及评估体系

在我国传统的建筑文化中，就凸显出了一些绿色要素和绿色建造经验。而且我国的传统名居大部分是绿色的。20世纪80年代以后，我国开始提出建筑节能，但有关绿色建筑的系统研究还处于起步阶段，好多相关领域还是空白；21世纪初，为了推进住宅生态环境建设和提高住宅质量，我国政府研究、编制并发布了包括《中国生态住宅技术评估手册》升级版在内的几项评价办法。2006—2011年，在北京相继举办了第二届至第七届国际智能、绿色建筑与建筑节能大会暨新技术与产品博览会，探讨、交流并展示了绿色建筑在理论、技术及实践上的最新成果。于2007年，我国相关政府部门又颁布了绿色建筑评价管理办法与技术细则，发展起适合我国社会主义初级阶段的绿色建筑评价体系。

### 1.《绿色奥运建筑评估体系》（GOBAS）

2002年在各部门的组织下"奥运绿色建筑标准及评估体系研究"这一课题开始立项，2004年顺利通过专家验收。GOBAS由绿色奥运建筑评估纲要、绿色奥运建筑评分手册、评分手册条文说明、评估软件四个部分组成。GOBAS将评估过程分为规划、设计、施工、调试与管理四个阶段，根据四个阶段的不同特点和具体要求，分别从环境影响、能源消耗、室内外环境等诸多方面来评价。

### 2.《绿色建筑评价标准》

于2006年国家颁布的《绿色建筑评价标准》（GB/T50378—2006），是我国第一个关于绿色建筑评价的国家标准。该标准的出台意在降低我国现阶段建筑发展所造成的环境影响，意在规范绿色建筑的评价、推动绿色建筑的发展。在这几方面对绿色建筑在建筑领域内的推广具有社会意义。它以住宅建筑和公共建筑为研究对象，明确提出了绿色建筑"四节一环保"的概念，提出发展"节能省地型住宅和公共建筑"。该评价体系包括了六大类评价指标，分别是节地、节能、节水、节材、室内外环境及建筑运营等。每一级评价指标下面又都包括了控制项、一般项及优选项三种类型的分项指标。评价内容基本上包括了绿色建筑评价的所有要素，所包含的评价指标涉及建筑的全生命周期内的各阶段。在评价一个建筑是否为绿色建筑的时候，首要条件是该建筑应全部符合控制项要求，再按照符合一般项和优选项的项数进行评分，从而划分为3个等级：一星、两星和三星。

### 3.各国绿色评价体系比较

对主要的国内外评价体系进行比较分析，结论如下：

通过上述内容的介绍，我们发现世界各国所发展的绿色评价体系大都存在相同的地方。如各国绿色建筑评估体系都是以可持续发展理论为基础进行的研究；这些体系采用的都是将评价指标定量化的方法；都发展研制出了与自己国家相适应的评估软件；而这些评估软件自开发以来版本都一直在不断更新完善；都将项目的分层次研究、评价指标的具体评分与市场、国家政策的步调保持一致；基本上都得到了社会各界人士的一致好评；都提高了公众的环保意识；都对绿色建筑的评价起到指导作用。

但是由于世界各国对建筑和环境二者的关系认识还不够全面，评估体系存在着一定的局限性：例如某些评估因素的简单化；标准权衡的问题；评估体系是否具有一定的可操作度；评价过程具体的费用；评估工作烦冗；评价的灵活性弱等一系列问题。

BREEAM 采用了产品全生命周期的分析方法，但对建筑地域性相关问题的研究较为模糊，该评价系统的主要内容是对建筑进行评价，可操作性较容易。LEED 系统结构简单，操作容易，但是在对建筑在其全生命周期内对环境产生的影响的因素没有做出全方位准确的考察。

BREEAM 与 LEED 是针对相应自己国家的建筑和环境需要而设计的，缺少必要的适应性来适应爱他国家。

加拿大绿色建筑挑战（GBTool）描述了建筑物所有区域和全寿命周期内的所有阶段，具有很强的地方灵活性和适用性，但其内容十分细致，可操纵性十分复杂。

CASBEE 独创引入了建筑环境效率 BEE 这一指标值，让评价结果更加的简单清晰，但评价指标之间相关性的差距起伏问题会让该评价方法的公平性受到一定程度的影响。

绿色奥运建筑评估体系所针对的建筑主要是奥运园区内的建筑，其适用范围较小。因此，本书参考我国现阶段的绿色建筑评价标准，在此基础上对该评价体系的指标进行了补充完善、对评价指标的权重分配做了一定的科学研究。

# 第二节　绿色建筑评价体系的建立

## 一、绿色建筑评价体系建立原则

### （一）科学性原则

科学性是建立绿色建筑评价体系的重要原则，应从客观角度应用理论知识分析得到评价指标，注重理论和实际相结合，而凭人们主观性所确定的指标都是不可取的。按此要求，评估体系的建立一定要以科学和公正为基础，尽量避免评判时的主观色彩，因此必须要明确评价指标的概念和外延，避免指标间的重叠。一些具有含糊意义的指标，若不清楚其外延内容，也应该清楚其概念意思，避免模糊性。所以评价指标的概念必须清晰明确，具有科学内涵，才能保证评价的科学性和可靠性。

### （二）系统优化原则

评价指标体系由多个相辅相成的评价指标按照一定的层次结构组成的有机整体，设计指标体系时要选取能够全面地反映绿色建筑发展的各个方面的评价指标，在层次结构里面各评价指标代表了每一层次评价指标的隶属关系，进而对评价指标体系内部的指标进行横向与纵向的相关性分析，来达到对建筑的能耗水平进行评价的目的。确定评价指标体系时，要参照现阶段的科学技术和工业发展水平，保证有较强的可操作性。

## （三）可量化原则

对于一个具有多指标的评价体系，通常包含两种评价指标：定量指标和定性指标。对定性指标可以间接赋值量化，定量指标则直接量化，只有具有可量化性的指标才能应用于绿色建筑评价，这样才能确保实现定性、定量指标之间的可比性。

## （四）特殊性与普遍性原则

建立评价体系时应该考虑评价指标既具有共性又具有特殊性的两种特性。确立评价指标时的评价层次时，首先应该考虑普遍存在的共性指标。而对存在的一些特殊性指标进行分析时，要考虑其类型和与其他指标间的联系。总之，建立评价体系时应以普遍性与特殊性为原则。

## （五）动态导向性原则

评价指标体系的构建根据的是"事物在不断发展变化"这一理念，具有一定的相对性，因此必须依照地域、气候特征的不同、建筑类型的不同及经济技术水平的提高，及时地完善评价指标体系。

## 二、绿色建筑规划设计的指标内容

我们国家的国土面积960万平方公里，仅居于俄罗斯与加拿大之后，然而大约有1/4的土地属戈壁荒漠与严寒地带，难以为我们所用。我国能够被利用的土地面积仅占世界的1/10，我国人口总量却是全球的1/5。我国近些年来的经济水平的大幅度提升，对环境造成了极大的危害，引起了空气、水质、重金属、土壤等多方面的污染。建筑物在全寿命周期内需要耗费极多的自然资源，而且会引起较大的环境负荷。因此，节地与室外环境是进行绿色建筑评价的一个重要组成部分。

我国社会发展与经济增长的同时，人们的生活水平得到了极大地提高，从而人们更多地关注起居住环境质量。也就是说，建筑能耗的增加是必然趋势。为了降低能耗，对于住宅建筑，要加强建筑围护结构处理来提升隔热保温性能，提高空调系统的能效比，选用效率高的用能设备等；对于公共建筑除了上述内容外还应采取增进照明设备效率等措施。

我国可持续发展性战略的实施受到水资源缺乏的制约，因而节约水资源是实现绿色建筑的基础。要达到节水和水资源利用这一目的，应采取些必不可少的措施来提高水资源的利用率，例如：合理的水系统规划，减少渗漏，高效率节水设备，再生水利用，节水灌溉方式，雨水收集等。

为节约资源，从节材和材料资源利用两个方面采取绿色措施。主要是根据我国建筑工程的实际情况，针对钢筋混凝土是我国目前的主要建筑结构材料的现状，提出了多项措施。

人们待在居住空间内部的时间较久，所以建筑的室内环境对人的生理、心理健康以及工作效率非常重要。以人为本是绿色建筑的一条基本原则，创造和维持良好的室内环境是以人为本的最好体现，所以设计绿色建筑时就应该充分考虑室内环境。

从全寿命周期来说，运营管理是保障绿色建筑性能，实现节能、节水、节材与保护环境的重要环节。在建筑运营管理阶段，要从居住者、建筑及环境 3 个角度出发，在不危害自然环境的前提下，确保建筑给予居住者一个安全、舒适的空间环境。全面做到节能、节水、节材及绿化等工作，在工程实施时实现绿色建筑的各项设计指标。

## （一）住宅建筑评价指标内容

通过统筹考虑建筑全生命周期各个阶段的具体情况选取了以下评价指标。

### 1. 一级指标：节地与室外环境

（1）二级指标：控制项

$C_{101}$ 场地建设：场地建设不破坏当地生态环境。

$C_{102}$ 场地选址：建筑场地选址无洪涝泥石流等灾害，场地安全范围内无电磁辐射危害和危险源。

$C_{103}$ 人居居住用地指标：低层小于 43m$^2$、多层小于 28m$^2$、中高层小于 24m$^2$ 时、高层小于 15m$^2$。

$C_{104}$ 建筑布局：布局合理，充分确保建筑满足日照、通风与采光要求。

$C_{105}$ 住区植被：种植适宜的乡土植物，且选择少维护，耐久性强及病虫害少的。

$C_{106}$ 绿地率：新建住区其不低于 30%，旧区改造项目不低于 25%，人均公共绿地面积至少要不低于 1m$^2$。

$C_{107}$ 污染源：小区里面没有严重影响周围环境的污染源，例如经常有噪声传出的学校；会带来油烟、废气、噪声的餐饮场所等。

$C_{108}$ 施工污染控制：研制和采用保护生态的各种方法，来减少建筑施工带来的各类污染。

（2）二级指标：一般项

$C_{109}$ 公共服务设施：依照规划设定，通过建造综合类型的建筑，来达到和相邻地域一起享受的目的。

$C_{110}$ 旧建筑利用：充分利用还能够使用的旧建筑。

$C_{111}$ 住区声环境：周围环境噪声满足我国现如今实施的《声环境质量标准》的要求。

$C_{112}$ 住区热环境：小区室外每天的热岛强度均值要低于 1.5"C。

$C_{113}$ 住区风环境：要适宜人们冬季的室外行走以及夏季的自然通风。

$C_{114}$ 植物多样性：乔、灌、草结合，乔木不少于 3 株 /100m$^2$。

$C_{115}$ 交通规划：方便居民充分利用公共交通网络，从住区出入口步行到达公共交通站点的距离小于 500m。

$C_{116}$ 室外透水地面及绿化遮阳：住区非机动车道路、地面停车场等采用透水地面，室外透水地面面积比不小于 45%，并且利用园林遮阳。

（3）二级指标：优选项

$C_{117}$ 地下空间利用：住宅建筑规划时要尽量做到合理利用和开发地下的空间。

$C_{118}$ 废弃场地建设：在适合的废弃场地施工新建住宅，若废弃地已被污染，则做适当改善使其达标。

$C_{119}$ 绿化方式：选用合理的绿化方式，垂直绿化与屋顶绿化相结合。

### 2. 一级指标：节能与能源利用

（1）二级指标：控制项

$C_{220}$ 暖通空调、热工设计：设计建筑物的热工性能和采暖空调时，应该满足现行的《居住建筑节能设计标准》内的有关要求口。

$C_{221}$ 性能系数、能效比：对于采用集中式空调的住宅建筑，其空调性能系数与能效比要满足河北现阶段实施的《公共建筑节能设计标准》中的限值。

$C_{222}$ 计热与可调温设施：通过集中式采暖和供冷的建筑内部应制定该项措施来控制室温。

（2）二级指标：一般项

$C_{223}$ 建筑设计：根据场地周围的环境，对建筑体形系数、朝向、颜色、楼距及窗墙面积比等进行合理的设计。

$C_{224}$ 高效用能设备：有关集中采暖系统的指标值、有关风机与冷热水泵的指标值都满足河北现行《公共建筑节能设计标准》的要求。

$C_{225}$ 高标准的性能系数、能效比：应该比我国现行的《公共建筑节能设计标准》中规定的性能系数或能效比都要高一级。

$C_{226}$ 公共场所照明：公共部位注意采用高效光源、节能灯具等，并采取其他节能控制措施。

$C_{227}$ 能量回收系统：采用集中采暖或集中空调系统时应该设置该系统。

$C_{228}$ 太阳能利用：太阳能的利用设施应与住宅建筑统一规划设计、一起施工。

$C_{229}$ 可再生能源利用：考虑周边的气候条件与资源状况后，对太阳能与地热能等合理利用，建筑对可再生能源的利用总量要占到总能耗的 1/20 左右。

（2）二级指标：优选项

$C_{230}$ 采暖、空调能耗：这俩指标要低于河北现行的《居住建筑节能设计标准》内限值的 80%。

$C_{231}$ 可再生能源使用量：可再生能源利用量大约占建筑总能耗的 10%。

$C_{232}$ 垃圾资源化及工业废热：利用垃圾资源化技术及工业废热为住宅提供热能和电能。

### 3. 一级指标：节水与水资源利用

（1）二级指标：控制项

$C_{333}$ 水系统规划：建筑规划设计阶段时就要设定水处理方案，统筹利用水资源。

$C_{334}$ 管网漏损：采取有效措施避免管网漏损，如给水系统中使用的管材、管件符合现行产品行业标准要求；选用了性能高的阀门或零泄漏阀门；供水压力设计合理；水表灵敏度高；管道基础处理和覆土良好等。

$C_{335}$ 节水设备：采用节水型的设备，节水率这一指标要高于 8%。

$C_{336}$ 景观用水：仅可以利用中水、雨水和再生水等作为景观用水。

$C_{337}$ 用水安全：在保证用水安全的情况下才能利用非传统水源，且不危害人体健康和周围环境。

（2）二级指标：一般项

$C_{338}$ 雨水径流：合理设计雨水径流途径，减小雨水径流量。

$C_{339}$ 非传统水源采用：绿化浇洒、洗车用水等采用非传统水源。

$C_{340}$ 绿化灌溉：采用喷灌、滴灌、渗灌等高效节水灌溉方式。

$C_{341}$ 再生水：利用再生水作为非饮用水进行使用时，应该首先利用周围再生水厂所生产的再生水。

$C_{342}$ 雨水的综合利用：要设计多种方案进行对比，最后选择合适的雨水积蓄利用方案。

$C_{343}$ 非传统水源利用率：其要满足大于 10% 这一要求。

（3）二级指标：优选项

$C_{344}$ 生活用水：采用分质供水。

$C_{345}$ 高标准的非传统水源利用率：其要满足大于 30% 这一要求。

### 4. 一级指标：节材与材料资源利用

（1）二级指标：控制项

$C_{446}$ 有害物质含量：建材中所含有的某些有害物质量这一指标要满足我国现行的标准要求和目前实施的《建筑材料放射性核素限量》的规定值。

$C_{447}$ 建筑造型：装饰性构件不能太多。

$C_{448}$ 选材：建筑材料选择时不使用国家限制和禁用的建筑产品。

（2）二级指标：一般项

$C_{449}$ 预拌混凝土：施工现场现浇混凝土时所采用的混凝土要进行预拌。

$C_{450}$ 建材本地化：70% 以上的建筑材料产于距施工现场 500km 范围内。

$C_{451}$ 结构材料选择：建筑施工时尽可能地利用高性能混凝土与高强度钢等材料。

$C_{452}$ 固体废弃物处理：将施工过程中的旧建筑拆除、场地清理后堆积的固体废弃物分类地处理，并进行回收利用。

$C_{453}$ 可再循环材料：可再生循环材料使用重量不能低于建材总量的 10%。

$C_{454}$ 一体化设计施工：土建和装修过程一次性施工到位，不破坏已有设施。

$C_{455}$ 全装修比例：这一指标要大于住宅区总户数的 30%。

$C_{456}$ 施工模板：施工时采用钢模板、钢框竹模板等定型模板。

$C_{457}$ 废弃物再利用：使用以废弃物为原料生产的建材使用量占同类建筑材料的比例不低于 30%，例如以建筑垃圾、农作物秸秆、淤泥等为原料生产的水泥、混凝土、墙体材料等。

（3）二级指标：优选项

$C_{458}$ 建筑结构体系：尽量采取以下建筑体系，例如：预制混凝土结构、钢结构、木结构等资源消耗和环境影响小的结构体系。

$C_{459}$ 可利用建材使用率：大于 5%，指的是如砌块、砖、瓦、料石、管道、钢材、预制混凝土板等再利用。

$C_{460}$ 预拌砂浆：施工时采用预拌砂浆。

### 5. 一级指标：室内环境质量

（1）二级指标：控制项

$C_{561}$ 室内日照：每一住宅至少有 1 个房间满足日照要求，时至少要有 2 个满足。

$C_{562}$ 室内采光系数：卧室、客厅、厨房等地设有外窗户，指标要大于我国现行《建筑采光设计标准》的限值。

$C_{563}$ 围护结构隔声：采取合理的方法降低噪声对室内的影响，在关闭窗户的情况下，卧室与客厅的允许噪声：在日间要小于 45 分贝，在夜晚小于 35 分贝。

$C_{564}$ 室内自然通风：室内可以自然通风，可通风面积要大于该房间地板面积的 1/20。

$C_{565}$ 室内空气污染物浓度：室内游离的空气污染物浓度符合《民用建筑室内环境污染控制规范》GB50325 的规定。

（2）二级指标：一般项

$C_{566}$ 室内视野：打开窗户时视野宽阔，不受阻挡。尽量避免室外存在视线干扰。

$C_{567}$ 无结露：屋面、地面、外墙内外等没有结露情况存在，针对的是采暖建筑。

$C_{568}$ 室内温度：围护结构热工设计符合我国现行《民用建筑热工设计规范》的规定。

$C_{569}$ 室内装置：在居住空间内安装通风换气设备、空气监测设备。

$C_{570}$ 室内空气质量：这项指标要满足我国现行《室内空气质量标准》的规定。

（3）二级指标：优选项

$C571$ 外遮阳：对建筑外窗设置具有可调节性的外遮阳装置。

$C_{572}$ 室内功能材料采用：选择一些具有蓄能、保湿等性能的功能材料用于室内装修。

### 6. 一级指标：运营管理

（1）二级指标：控制项

$C_{673}$ 管理制度：将有关节约能源、水资源、材料资源与小区绿化的管理制度应用到运营管理这一阶段。

$C_{674}$ 计量收费：水、电、燃气分户分类计量收费。

$C_{675}$ 垃圾管理：制定垃圾管理制度，垃圾分类处理收集。

$C_{676}$ 密闭垃圾容器设置：垃圾容器密闭式，有严格的保洁清洗措施，生活垃圾装袋化存放。

（2）二级指标：一般项

$C_{677}$ 垃圾站清洁：垃圾间设置冲水和排水的设施。

$C_{678}$ 智能化系统：防范、监控、网络系统的设置合理、安全、高效实用。

$C_{679}$ 无公害病虫害防治技术：全面推广一些无公害技术，科学使用化学农药。

$C_{690}$ 树木成活率：其尽量不低于 90%。

$C_{681}$ 环境管理体系：物业管理部门应通过 ISO14001 认证。

$C_{682}$ 垃圾分类收集率：实行垃圾分类存放的住户占住宅区总户数的比例不低于90%之下。

$C_{683}$ 合理设置设备与管道：管道的布置应方便以后的修理、改造及换新。

（3）二级指标：优选项

$C_{684}$ 垃圾处理：单独处理可生物降解垃圾，并设置处理房，内有排风设施、冲水和排水设施，且处理时无二次污染情况。

$C_{685}$ 能耗统计制度：制定能耗统计制度，对小区用户的水、电、燃气实行远程抄表。

## （二）公共建筑评价指标内容

### 1. 一级指标：节地与室外环境

$C_{101}$ 场地建设、$C_{102}$ 场地选址、$C_{104}$ 污染源、$C_{105}$ 施工污染控制、$C_{108}$ 绿化方式、$C_{110}$ 交通规划、$C_{111}$ 地下空间利用、$C_{112}$ 废弃场地建设、$C_{113}$ 旧建筑利用等指标见住宅建筑。

（1）二级指标：控制项

$C_{103}$ 光污染：避免对周边环境的光污染及对周围建筑的日照遮挡。

（3）二级指标：一般项

$C_{106}$ 场地环境噪声：这一评价指标要满足我国现行《声环境质量标准》的要求。

$C_{107}$ 人行区风速：公共建筑附近的人行区风速应不高于 5m/s，其不对人们的室外活动舒适性造成影响，且有利于建筑通风。

$C_{109}$ 绿化物种选择：选择能够适应当地气候与土壤的物种，且乔、灌复层绿化。

（4）二级指标：优选项

$C_{114}$ 室外透水地面积：这一指标值应不低于40%。

### 2. 一级指标：节能与能源利用

$C_{216}$ 能效比、$C_{232}$ 可再生能源利用见住宅建筑。

（1）二级指标：控制项

$C_{215}$ 围护结构热工性能：这一指标能够满足河北现行《公共建筑节能设计标准》内的要求限值。

$C_{217}$ 采暖和空调系统热源：一般不利用电热锅炉与电热水器当作采暖、空调系统的直接热源。

$C_{218}$ 照明功率密度值：这一指标要低于我国《建筑照明设计标准》的现行限值。

$C_{219}$ 能耗计量：新建公共建筑各部分能耗独立分项计量，如冷热源、照明等。

（2）二级指标：一般项

$C_{220}$ 建筑总平面设计：建筑规划设计时，要保证冬季日照良好而且可以避开主导风，夏季却能够满足自然通风这一要求。

$C_{221}$ 建筑外窗及幕墙：外窗可开启面积大于外窗总面积的30%。

$C_{222}$ 外窗气密性：对于这一指标值，应该高于我国现行《建筑外门窗气密、水密、抗风压性能分级及检测方法》里面的 6 级要求。

$C_{223}$ 蓄冷蓄热技术：合理采用该项技术来保护环境。

$C_{224}$ 新风处理：通过排风来预热预冷新风，减少新风负荷。

$C_{225}$ 全空气空调系统：实现全新风运行与采取可调新风比的方式来节能或改善空气质量。

$C_{226}$ 部分负荷：部分冷热负荷时，应采取措施节约空调能耗。

$C_{227}$ 节能设备与系统：电梯等选用节能拖动及节能控制。

$C_{228}$ 废热利用：利用工业废热来为住宅区供应蒸汽和生活热水。

$C_{229}$ 改扩建筑各能耗独立分项计量：如冷热源、输配系统等。

（3）二级指标：优选项

$C_{230}$ 建筑设计总能耗：这一指标应不高于国家现行标准限值的 80%。

$C_{231}$ 分布式热电冷联供技术：采用此技术为建筑区域供电、供热、供冷，加大能源利用率。

$C_{233}$ 高标准的照明功率密度值：这一指标应低于我国现行《建筑照明设计标准》里面的限值。

**3. 一级指标：节水与水资源利用**

$C_{334}$ 水系统规划、$C_{336}$ 管网漏损、$C_{338}$ 用水安全、$C_{339}$ 雨水综合利用、$C_{340}$ 非传统水源采用、$C_{341}$ 绿化灌溉、$C_{342}$ 再生水等见住宅建筑。

（1）二级指标：控制项

$C_{335}$ 供排水系统：应设置合理、完善。

$C_{337}$ 节水器具：建筑区内的卫生器具要选用节水型的器具。

（2）二级指标：一般项

$C_{343}$ 水表：按用途设置用水计量水表。

$C_{344}$ 非传统水源利用率：关于这一指标，办公楼等应高于 20%，宾馆类应高于 15%。

（3）二级指标：优选项

$C_{345}$ 高标准非传统水源利用率：办公楼等应高于 40%，旅馆类应高于 25%。

$C_{346}$ 冷却塔：空调冷却水系统的冷却塔采用节水节能型设备。

**4. 一级指标：节材与材料资源利用**

$C_{447}$ 有害物质含量、$C_{448}$ 建筑造型、$C_{449}$ 选材、C451 预拌混凝土、$C_{452}$ 结构材料选择、$C_{453}$ 固体废弃物处理、$C_{454}$ 可再循环材料、$C_{455}$ 一体化设计施工、$C_{456}$ 施工模版、$C_{458}$ 废弃物再利用、$C_{459}$ 建筑结构体系、$C_{460}$ 可利用建材使用率、C46l 预拌砂浆等指标见住宅建筑。

二级指标：一般项

$C_{450}$ 建材本地化：60% 以上的建筑材料产于距施工现场 500km 范围内。

$C_{457}$ 减少重新装修：公共建筑内部采取灵活隔断方式，尽量避免重新装修，以免产生材料浪费。

### 5. 一级指标：室内环境质量

$C_{563}$ 无结露、$C_{565}$ 室内空气污染物浓度、$C_{574}$ 外遮阳等见住宅建筑。

（1）二级指标：控制项

$C_{562}$ 室内参数：采用集中空调的建筑，房间里的湿度、温度、风速等符合现行河北省标准《公共建筑节能设计标准》DB13（J）81 中的设计计算要求。

$C_{564}$ 新风量：符合同上标准。

$C_{566}$ 室内背景噪声：旅馆和办公楼的室内背景噪声满足我国现行《民用建筑隔声设计规范》内的二级要求；商场建筑的背景噪声级要低于 60 分贝，而出售音响的柜台背景噪声级要低于 85 分贝。

$C_{567}$ 室内照明：建筑室内照度指标符合我国现行《建筑照明设计标准》内的规定值，统一眩光值不高于国家标准《建筑照明设计标准》内的规定的最大允许值，一般显色指数不低于国家标准《建筑照明设计标准》中的规定的最小允许值。

$C_{568}$ 室内无障碍：为了体现建筑整体环境的人性化，建筑入口和主要活动空间设有无障碍设施。

（2）二级指标：一般项

$C_{569}$ 室内自然通风：建筑规划设计时有采取诱导气流、有利于自然通风的措施，如导风墙、拔风井等等。

$C_{570}$ 室内空调末端：选择有利于保证使用者舒适性、易调节的室内空调末端。

$C_{571}$ 围护结构隔声：对于旅馆类围护结构的隔声性能这些指标，要确保能够符合我国现行《民用建筑隔声设计规范》内的一级要求】。

$C_{572}$ 合理空间布局：建筑平面布局和空间功能安排合理。

$C_{573}$ 室内采光系数：公共建筑内部高于 75% 主要利用空间，这一指标能够符合我国现行《建筑采光设计标准》的规定。

（3）二级指标：优选项

$C_{575}$ 室内空气质量监控系统：在公共建筑内部设置此系统来营造良好的空气环境，保护人体健康。

$C_{576}$ 自然采光：通过一些措施来改善地上空间的自然采光效果，如设计时采用反光板、棱镜玻璃窗、导光管、光纤等；为了改善地下空间的自然采光效果，采用天窗、采光通道、棱镜玻璃窗、导光管等措施。

### 6. 一级指标：运营管理

$C_{577}$ 管理制度、$C_{579}$ 垃圾管理、$C_{581}$ 环境管理体系、$C_{582}$ 合理设置设备与管道、$C_{583}$ 智能化系统等见住宅建筑。

（1）二级指标：控制项

$C_{578}$ 废气、废水排放：建筑运行过程中无不达标废气、废水排放。

（2）二级指标：一般项

$C_{580}$ 施工管理：建筑施工中弃土回填，做到土方量挖填平衡；施工道路在建筑建成后继续运营，避免重复建设。

$C_{583}$空调通风系统清洗：对空调通风系统按照国家标准《空调通风系统清洗规范》GB 19210 规定进行定期检查和清洗。

$C_{584}$自动监控技术：有效监制建筑通风、空调、照明系统设备，进行自动化控制，系统高效运营。

$C_{586}$计量收费：耗电、冷热量的分项分级计量，提高用户的节能意识。

（3）二级指标：优选项

$C_{587}$资源管理激励机制：具有并实施资源管理激励机制，管理业绩与节约资源、提高经济效益挂钩。

$C_{588}$能耗动态监测系统：建筑设置并运行建筑能耗动态监测系统。

# 第三章　绿色建筑技术

## 第一节　建筑节能技术

### 一、建筑墙体节能技术

当前，我国建筑耗能现状不容乐观，在社会总体耗能中占比较大。在建筑节能中，墙体节能是重要的组成部分。为了更好促进建筑墙体节能，应不断提高建筑墙体节能技术，并更好落实技术应用。下面，主要就国内建筑墙体节能技术及其应用进行了相应的分析与探讨。

### （一）我国建筑墙体节能技术现状

建筑墙体节能保温技术分为建筑外墙内保温系统、自保温系统、外墙外保温系统和建筑外墙复合保温系统。随着国内建筑事业的快速发展，建筑墙体节能技术应用比较迅速。十几年前，我国建筑节能处于起步阶段，节能技术生产与供应企业比较少，而近年来，我国的墙体节能技术与生产力大幅度提高，多数生产企业管理规范，检测技术先进。但是由于市场竞争的压力下，也催生了许多的小企业不规范的操作，影响了建筑质量，影响了建筑业健康发展。

#### 1. 节能墙体的种类

建筑的快速发展，不仅造成了木材、石料等资源的快速消耗，还给土地、植被带来了一定的破坏，这对于当前要求人与自然和谐发展，实现可持续发展的理念相违背。于是为了减少人类活动所带给资源环境的压力，节能墙体的开发，运用、推广是大势所趋、人心所向的一种正确的选择。

（1）实体外墙

实体外墙是围护整个建筑结构的主体，需有隔热、蓄热、保温的功效，能够为室内提供一个舒适的环境。实体外墙按材料可分为：单一型材料墙体和复合型材料墙体。单一型材料墙体只是在墙体的构筑中只使用某一单一的具有良好的热性能的材料，从而起到墙体应有的保温功效。如：砖、石等。但随着人们的生活品质的提高和生态理念的倡导，单一型材料墙体已不能满足需求，因此复合型材料墙体应运而生。在这种墙体中，不同的材料分别承担着墙体所需要的不同功效。不仅可以能够提供室内所需要的保温、隔热的功效，而且还有着节能的功效。复合墙体根据保温层所在的位置可分为以下三种：夹芯保温、内保温和外保温。据调查研究显示，外保温相对于内保温具有更多的优点，如：更能保护墙体，室内不易有露、室温变化小等。而夹芯保温的抗争性差，被使用的也很少，所以目前使用最多的还是使用外墙外保温。

（2）玻璃幕墙

现代建筑中玻璃幕墙是比较常见的，这种简单、具有美感的建筑，在维持室内舒适的温度中起着非常重要的作用，而一般的玻璃透光性强，夏天室内的温度又会过高，加强空气的运转率，而冬天室内的温度又会过低，因此为了达到室内的舒适的温度，一般这种玻璃幕墙多采用断热型铝材、彩钢板型材料来建构。

双层玻璃由柯布西耶最早提出，他在"用双层皮抵御外部气候"的理论中，提议将玻璃做成双层的，两层间的距离约为50cm~100cm，以达到夏季降温，冬季保暖的功效。随着能源危机的加重，节能理念的提出和节能意念的提倡，双层玻璃也被用于实际，为节能做出贡献。双层玻璃幕墙的形式多种多样，从不同的角度就可以有不同的划分法。但总的来说可以分为这三种：外层玻璃、中间空气层以及内层玻璃。双层玻璃幕墙有"封闭式内通风幕墙"和"开敞式外通风幕墙"这两种类型。双层玻璃幕墙最显著的效果就是节能。夏季能够有效地排散热空气，降低室内的温度，减少了空调的使用率；冬季能够保存室内的温度，减少了其他的采暖方式，达到了一种冬暖夏凉的功效，不仅极大地提高了室内的环境，还减小了空调能量的消耗，有利于能量的节省。

（3）防晒墙体

在建筑墙体中，防晒是其中的一个重要环节。在一般的墙体下，为了防晒可以简单地采用遮阳的方式进行处理，但是有时候由于各种因素的影响，这种措施很难达到满意的效果。于是防晒墙也就诞生了。防晒墙的设置很特殊，距离建筑主体之间隔有一定大的距离。防晒墙多使用混凝土构筑而成，由于混凝土有很好的蓄热功效，因此在阳光强烈照射的时候就能够很好的储存热量，从而在防晒墙与建筑主体间形成一个相对稳定的保护层，有效地缓解了外界环境的冲击。防晒墙在某种程度上和双层玻璃幕墙的功效相似，是双层玻璃幕墙的另一个版本，但是从经济角度考虑，使用防晒墙则略显优惠。

（4）绿化墙体

众所周知，绿色植物不仅能够美化环境，同时还是生态、和节能理念的体现。如果在建筑的外墙面上覆盖一些绿色植物，不仅有显著的遮阳功效，还能有效的调节室内环境，对于面对西晒严重的墙体，效果更是显著。一般的我们所见到的墙面上的绿色植物很大部分都是如爬山虎一类的攀爬植物，然而亲身体验后就会发现，这种方式下的效果却不是那么明显，它虽然阻挡了阳光的强烈的照射，但是繁密的植物覆盖在墙体上，本身也加重的墙体的负担，墙体自身的散热功能减弱，反倒是室内的空气得不到应有的调节。再加上这类植物易生虫，而除虫的方式就是喷洒农药，不管是否喷洒农药，室内总会受到虫子的骚扰，影响室内的卫生环境。所以最好的方式就是在植物与墙体之间保持一定的距离，这样绿色植物所能够起到的功效也出来了，它带来的弊端也能够很好的避免。

### 2.建筑墙体节能的重要意义

随着能源的日益严峻，能源已成为人们十分关心的话题。目前在国外，节能已成为一种风尚，各种生态房建筑创造出来。开发利用新资源，如太阳能，在建筑上通过墙体的改造，使之具有吸收利用太阳能的功效，自动地转换成一种具有节能功效的墙体。节能墙体的使用不仅减少了各种能源的消耗，同时也减少了空调等采暖方式的使用。给建筑加件衣，节约资源的利用，降低能源的消耗量，减少废气的排放量，人们生活的也更加的舒适、安心、健康。

## （二）建筑墙体节能技术应用中的问题

### 1.防火安全问题

近年来，国内发生了几场比较大的建筑火灾事故，经分析，原因很大程度上是使用了低于标准的聚氨酯喷涂保温系统与聚苯板薄抹灰系统，再加之施工过程中不规范，出现了质量不达标现象，再遇到明火时引起燃烧，造成巨大损失。在外墙保温系统总使用有机材料，其节能保温的效果确实较高，但遇火也容易燃烧，多数有机保温材料为原标准 B2 级/新标准 D 级，因此其在建筑墙体中使用此类节能技术，火灾安全隐患比较大，特别是聚氨酯喷涂保温与聚苯板薄抹灰系统，燃烧过程中会产生大量的有害气体，对不利于人员的疏散，也极易危及人员生命。

### 2.贴瓷质面砖安全隐患

有机类保温系统由几种柔性材料组成，是与墙体结合的黏结剂，采用的是粘钉结合固定方式。在相关实验表明，贴瓷质面砖属于有机材料表面粘贴硬质无机材料，两种材料相结合，如果处理不好，则建筑遇到大风天气后，会导致瓷质面砖脱落，特别是在高层建筑的外墙保温系统，造成很大的安全隐患。

### 3.维修更新难度大

有机类保温材料的使用年限也较短，到了使用期限后即面临维修与更新问题，不经费时费力，而且墙体维修资金由谁承担也是一个大问题，而且现有住房维修基金无法维持此类支出，且对旧房实施改造的难度大，需要对外墙操作面进行支持，高空作业的难度也较大，对地面行人进行保护或是限行，对人们正常生活的影响大，还有可能造成白色污染而增加环节压力。因此，维修更新并非易事。

### 4.市场无序竞争

由于建筑墙体节能材料市场，特别是外墙保温系统市场，对于其管理不够完善，存在着市场无序竞争问题，价格混乱，也导致了保温材料产品的质量无法保障。

## （三）对建筑节能技术发展的建议

### 1.调整技术及产品发展方向

近年来，从全国范围内火灾事故案例来看，由于外墙导致的火灾多是保温层材料质量不合格引起的，直接造成了很大的人员伤亡和财产损失。为此，国家建设部和公安部也相继出台了明文规定，明确规定新建、改建和扩建建设工程使用的中可燃类保温材料，均必须使用达到 A 级不燃的保温材料。

在这种情况下，管理部门应调整建筑外墙节能技术及产品发展方向，调整产品与产业布局，并促进无机类墙体保温企业的发展，努力提高材料生产技术水平，为建筑安全提供高质量的建筑外墙节能材料。

### 2. 加大科研投入力度

各类建筑墙体节能技术与产品的研发，应考虑不同地区的气候条件，研制适合本地区的产品和保温方式，鼓励和促进保温、隔热、防潮、耐久性良好和防火性能良好的技术与产品。比如墙体自保温系统、墙体内外组合保温系统、PC 板系统和 STP 超薄真空绝热板保温系统等。其中，墙体自保温系统包括烧结淤泥保温砖自保温系统、混凝土复合保温砌块自保温系统和蒸压加气混凝土砌块外墙自保温系统等。

另外，设计部门也应积极探索建筑构造形式，从经济性、可持续性等角度考虑，推广和应用混凝土框架结构与框剪结构体系等建筑构造形式。

### 3. 严格执行建筑节能标准

当前，为了促进建筑节能，我国制定了建筑节能设计标准，因此在严格落实各种节能标准的同时，也应积极探索墙体节能技术和方式。比如外墙保温部位节能指标不到位，弥补的措施为增加内保温措施，而墙体部分节能质保不够，弥补的措施为提高门窗及外遮阳节能性能。

### 4. 加强工程监管，并规范技术应用市场

在建筑墙体节能方面，应加强市场管理：一是坚持标准阴道，鼓励推广墙体节能与技术产品，完善标准规范，形成有效的标准规范体系，国家对于建筑节能技术制定了宏观上的标准，但是在实际执行中，应根据本地的实际推广和应用节能产品；二是不断提高墙体节能技术与产品的市场准入门槛：对于规模小、设备简陋的企业，限定市场准入方式，对于不满足技术条件与标准的产品，不得在市场上买卖和在建筑工程中使用。同时需要规范市场行为，以规范建筑市场；三是坚持长效管理，并不断加大监管力度，不断提升建筑墙体节能技术应用水平。

我国建筑耗能整体形势不容乐观，而且占社会总体耗能较大，为了降低建筑耗能，应加强建筑节能技术应用。建筑墙体节能是建筑节能的重要内容，通过以上分析，问题的出现，总能究其有关的前因。发展墙体节能技术意义重大，需要从其发展趋势、科研、管理等等方面入手，以此保证节能减排事业的前行。

## 二、建筑门窗节能技术

### （一）建筑门窗节能设计

#### 1. 门窗耗能居高不下

建筑节能是关乎我国国民经济可持续发展的重大战略举措，门窗节能产品倍受市场青

睐。近年来，我国建筑规模迅速扩大，每年新建房屋 17 亿～18 亿平方米（城镇居住建筑 4 亿～5 亿，公共建筑 4 亿～5 亿平方米，乡村居住建筑 7 亿～8 亿平方米）。现在一年建成的房屋建筑面积，比所有发达国家一年建成的房屋建筑面积的总和还要多。21 世纪头二十年，建筑业仍迅速发展。预计到 2020 年底，全国房屋建筑面积将达 686 亿平方米，其中城市为 261 亿平方米。如此巨大的建筑规模，在世界范围是空前的。

### 2. 门窗在应用中的缺陷与弊端

门窗是建筑物围护结构中保温和气密性能最差、单位面积耗热或冷量最大、对室外气候变化最敏感的构件。门窗的传热耗热量和冷风渗透耗热量约占建筑物采暖耗热量的 50%。门窗作为建筑的主要配套产品，其质量直接影响建筑物的使用功能。因此，门窗应具备持久、良好的与建筑物使用功能相适应的物理性能及安全性能。

近年来，在建筑节能政策的推动下，建筑节能设计标准不断提高，各种形式的节能门窗不断涌现、新品迭出。但由于种种原因使得节能门窗名不副实，并未达到预期的节能效果，存在主要问题如下：

（1）建筑设计人员不了解满足使用功能的门窗所应达到的技术性能指标，以致在设计中随便标注，错误百出。

（2）监理和施工人员不清楚门窗的保温性能，气密、水密和抗风压性能指标等具体技术参数和合格指标，使得质量不过关或不节能的门窗应用于建筑物上，导致建筑物的整体节能效果大幅下降。

（3）由于价格的限制，门窗加工制造厂商不愿使用质量优良的型材和密封材料，以求降低成本，从而导致门窗的保温和气密性能均满足标准要求的较少。

（4）外门窗普遍使用空气层厚度为 6mm 的中空玻璃，该玻璃的传热系数为 3.0W/（m²·K）。很明显，目前建筑市场使用的门窗，特别是隔热铝合金门窗的保温性能普遍不能满足要求。

（5）有的检测单位出具虚假报告，如外窗保温性能未达标，却在报告中给出达标的性能指标，使得不合格外窗进入施工现场。

（6）多年来，我市一直未对外门的保温、气密性能提出检测、复验要求。阳台门、分户门和楼梯间入口门等外门的保温性能失控。

### 3. 建筑门窗的节能设计

夏热冬冷地区夏季时间长，太阳辐射强度大，建筑门窗的节能应偏重夏季隔热，同时兼顾冬季保暖。因此，在建筑节能设计时，应注意以下几方面，以提高门窗的保温隔热性能：

（1）控制门墙面积比

由于建筑外门窗传热系数比墙体的大得多，节能门窗应根据建筑的性质、使用功能以及建筑所处的气候环境条件设计，外门窗的面积不应过大，门墙面积比宜控制在 0.3 左右。

（2）加强窗户的隔热性能

窗户的隔热性能主要是指在夏季窗阻挡太阳辐射热射入室内的能力。采用各种特殊的热反射玻璃或贴热反射薄膜有很好的效果。特别是选用对太阳光中红外线反射能力强的热反射材料更理想，如低辐射玻璃。但在选用这些材料时要考虑到窗的采光问题，不能以损失窗的透光性来提高隔热性能，否则，它的节能效果会适得其反。

（3）采用合理的遮阳措施

根据夏热冬冷地区冬季日照、夏季遮阳的特点，应合理地设计挑檐、遮阳板、遮阳篷和采用活动式遮阳措施，以及在窗户内侧设置镀有金属膜的热反射织物窗帘或安装具有一定热反射作用的百叶窗帘，以降低夏季空调的耗能。

（4）改善窗户的保温性能

改善建筑外窗的保温性能主要是提高窗的热阻。选用导热系数小的窗框材料，如塑料、断热金属框材等；采用中空玻璃，利用空气间层热阻大的特点；从门窗的制作、安装和加设密封材料等方面，提高其气密性等，均能有效地提高窗的保温性能，同时也提高了隔热性能。建筑门窗节能技术

## （二）影响优化门窗的因素

### 1. 优化窗形设计

如大家所知，门窗的窗形样式会直接对建筑物的外形美观程度，门窗成本等造成影响，正常情况下，在设计建筑的窗门外形时，都有几个需要遵守的基本原则，即少框架、多玻璃、小开启、大固定。因为门窗的开启必然是要留出一定缝隙的，而这些缝隙多多少少会影响到窗体的整体密闭性，可能造成雨水和空气的渗漏，造成建筑物更多能量的消耗。目前，市场上普遍采用的是隔热性能较高的断热金属窗或塑钢窗，一般来说这两种窗的传热系数较低，对降低整体的传热性能有很大的益处。同时，这也是西方国家常见的一种建筑形式，既考虑到用户的采光和通透性，又降低了能耗，值得我国建筑方面借鉴。

### 2. 增加门窗的气密性

提高门窗的气密程度是降低门窗耗能的关键之一，一般情况下通过使用密封性能良好的门窗材料或者通过设置密封条等途径来实现。可以在门窗框和墙之间采用一些密闭性良好的密封性材料，或者有弹性的松软型材料，或者用一些质量优良的密封膏。不同的位置应该选择不同的材料进行密封，让效果达到最大化。

### 3. 对门窗的保温性能进行关注

对于现代的部分建筑物而言，他们有很多都会采用大面积的玻璃门窗或幕墙，这样不仅会提升采光效果，也会使建筑物更美观。但是，这种建筑方式不太合适在一些寒冷的地方使用，因为大面积的玻璃门窗可能引起"热桥"的现象，使能耗增多。在寒冷的地区，如果采用金属的材料，作为导热系数较大的玻璃和金属材料，在内外温差较大的情况下，要在门窗中加设一些有保温性能的绝缘材料，以防止挂霜等现象的发生，降低能耗。

### 4. 窗墙结合形式

在建筑的整个过程中，都应该注意各部分的关联紧密性，安装外窗时，施工人员应该采取正确的安装方式进行，确保门窗的安装质量，窗周部位尤为关键，这一部分是和墙相连接的部分，砖砌和抹灰的密实程度关系着窗缝的发泡镶嵌质量，一定要严格地按照施工

所要求的规范方式进行操作，减少热能的消耗，使窗墙结合达到应有的效果。

## （三）材料及技术方面的探究

### 1. 合理的选择窗体配件

五金配件对于门窗的关闭和开启至关重要，这些配件对于性能的密闭性，保温性能等都会产生直接的影响。因此，为了让门窗达到较好的使用效果，采用性能达到标准的五金配件完成，就现在的情况而言，大部分的建筑都采用了密封性能良好的五金配件。

### 2. 采用技术先进的产品

窗框及玻璃工艺一直在不断地发展中，传热系数一直是对于产品重要的一个参数。其中包括边缘面积，边缘密封和中央面积三部分。对于在经济允许的情况下，尽可能地采用一些传热系数低的材料，Low-E 中空玻璃就是一个比较优秀的选择，达到增强节能效果的作用。

现在而言，发展比较先进的材料有很多种，有能显著既能吸收阳光中红外线又能保持透明度的节能装饰性玻璃，通过不同颜色的着色玻璃组合，调节室内温度，合理利用太阳中的光能，对建筑物的外形也会起到不错的装饰效果；还有低辐射镀膜玻璃也是一种不错的选择，它对远红外线有着较高的反射比，可以有效地调节光线；还有就是阳光控制镀膜玻璃，也是利用对天然光线的控制，有效地避免暖房效应。

为了起到较好的节能效果可以选择平开窗或固定床，因为推拉式的门窗在滑轨来回滑动的时候通常上部会形成较大的空间，下部也会有缝隙，造成能量的无谓损耗。

### 3. 门窗的材质问题

20 世纪 80 年代，随着人们对于节约能源的重视，铝合金门窗开始了蓬勃的发展，特别是断热型材，它不仅具有金属的高强度，也有着塑料窗良好的节能性能和保温性。

塑料是我们很常见的一种门窗材料，以 PVC 和玻璃钢为主要代表。PVC 的门窗采用树脂为原材料，通过各种处理方法成型为不同的断面结构型材，并与其他材料组合，成了我们现在很常见的 PVC 门窗，在生产过程中既节约能耗又可以重复回收利用，有着优良的性价比；而玻璃钢的材料通常的特点是绝热性能优秀，隔热保温效果显著，纵向强度较高，可以很好地利用。

玻璃材料占窗户面积的 80% 以上，通过玻璃形成的热传导和热辐射可以说是门窗中最大的，因此，玻璃的选择对于窗户的节能效果有很大对的影响。近年发展的断热型材及中空玻璃因为其较高的性价比和优良的性能成了很多建筑商队的选择材料。

## （四）节能门窗的遮阳管理

在窗前进行绿化工程，选择种植干高冠大，叶茂体肥，落叶乔木为宜。对窗前进行棚架绿化，采用一些如牵牛，爬山虎，紫藤一类的攀爬植物，在窗前以水平或者垂直遮阳。可以合理地构建一些绿化或结合建筑构建处理，并采取适当的遮阳措施。遮阳系统作为夏季建筑中经济又实用的有效措施，能发射大部分的太阳辐射，减少室内的辐射量，减少空调的实用。也可以在节能门窗中设计一些小型的遮阳装置，配合门窗共同设计一些节能的装置，提高效率，构成有机的整体，还可以和室内的照明系统结合共同调节建筑能耗。

按照建筑遮阳的位置的不同，可以将建筑内遮阳就是用遮阳帘安置在窗户里层，不过这种方法就是在室内用一些能够起到遮阳作用的窗帘，让热量更加容易进入房间；建筑外遮阳就是在窗户外面构建遮阳系统，有良好的节能效果。

## （五）建筑门窗节能的重要性

民用的建筑门窗主要的功能包括通风、采光、保温、隔热、遮阳、隔声、防风雨、疏散、防盗、防火等，是建筑中极其重要的环节。

在大力倡导低碳生活，节能减排的现代化社会，普通的民用建筑门窗节能工程正是我们生活中能做到，而且需要不断完善的一个重要项目。我们应该用更加精良的建造，更加优秀的设计，并合理的运用科学管理，达到节能减排的目的。在普通的民用建筑外围结构（墙体，屋面，窗子等等）中，门窗的热工性能可以说是最差的，是建筑中能耗损散失最强烈的地方之一，对室内热环境及建筑的能耗影响也是巨大的。可以说，耗散的热能有超过 70% 以上是通过门窗造成的，这就是说，门窗是建筑物热能损耗的主要途径。因而，门窗节能是降低建筑耗能和改善建筑的热环境的关键之处。

门窗节能技术的发展已经日趋成熟，但是我们仍需更加努力的探索，提升门窗的保温性能、研发性价比更高的材料、思考更成熟的设计，进一步提高节能门窗的技术研究水平，发展节能门窗一体化设施。为此，我们应当优化门窗设计。相信随着节能意识的普遍提高，各种相关政策的下达落实，我们的建筑门窗技术将会迎来更大的发展，发挥更大的作用。

## 三、建筑地面节能技术

## （一）楼地面保温技术

### 1. 工艺流程

找标高、弹面层水平线→楼地面基层、墙角处墙面处理→界面砂浆处理基层→洒水湿润→打点贴灰饼→浇筑无机保温砂浆→养护→洒水湿润→水泥砂浆面层。

### 2. 主要施工方法

（1）基层处理：楼地面基层、墙角处墙面基层应清理干净，无油渍、浮尘、污垢、脱模剂、泥土等材料并剔除表面突出物，使基层平整、干燥，基层用统一界面剂处理一遍。

（2）无机保温层施工：无机保温砂浆干料必须放置在干燥、防潮、防晒处。搭设搅拌棚，所有材料必须在搅拌棚内机械搅拌。按干粉料：水 =1.2∶1 先将水加入搅拌容器中，再将无机保温砂浆干粉料放入搅拌容器中，搅拌 3~5min，使料浆成均匀膏状即可使用。料浆必须随配随用，保证 1.5h 内使用完毕。本工程保温地面首层无机保温厚度为 30mm，标准层无机保温厚度为 25mm，可一次性压实搓平（注：无机保温层必须压实无空鼓，黏结牢固。保温工程 3d 后方可施工下道工序）。

### 3. 质量控制

（1）基层表面应清理干净，无油渍、浮尘等，楼地面松动、风化部分应剔除干净。提前一天，地面淋水湿润，夏季高温在施工前 0.5h 再用水湿润地面。为保证基层界面附着力一致，楼面均应做到界面砂浆处理无遗漏。

（2）无机保温浆料保温层施工环境温度应≥5℃。

（3）地面的灰饼应用无机保温浆料制成。

（4）保温浆料要在搅拌机中拌和，不能用手工拌和。

（5）保温浆料干燥后，用手按保温层感觉坚实后方可进行面层的施工。

### 4. 质量验收

楼地面节能工程的施工，应在主体或基层质量验收合格后进行。施工过程中应及时进行质量检查、隐蔽工程验收和检验批验收，施工完成后应进行楼地面节能分项工程验收。

（1）保证项目：①所用材料品种、质量、性能应符合设计和规范规定要求；②保温层厚度及构造做法应符合建筑节能设计要求；③保温层与地面之间必须黏结牢固，无脱层、空鼓、裂缝，面层无粉化、起皮、爆灰等现象。

（2）基本项目：①表面平整、洁净，接茬平整，无明显抹纹、线脚，分格条顺直、清晰；②地面所有孔洞、槽位置和尺寸正确，表面整齐洁净，管道后面抹灰平整。

### 5. 地面节能工程验收资料

楼地面节能工程应对下列部位进行隐蔽工程验收，并应有详细的文字记录和必要的图像资料：基层；被封闭的保温材料厚度；保温材料黏结。

楼地面节能分项工程检验批划分应符合下列规定：检验批可按施工段、变形缝、楼层划分；当面积＞200m² 时，每 200m² 可划分为一个检验批，＜200m² 也为一个检验批；不同构造做法的楼地面节能工程应单独划分检验批。

## （二）无机保温楼地面技术优势

### 1. 节约能源

对于单位住宅建筑保温而言，对地面进行保温设计及施工是有效改善该住户建筑保温能效的技术措施，地面的保温层设施可同时作为楼上下两户的保温层设置。由于空气受热上升的原理，对于有暖气的房间，屋顶面的温度较高，是重要的散热位置，如果不设地面保温，下层房间的热量大量向上层楼供应，降低该房间的使用能效。增加地面保温之后，可有效地降低楼板部位的热量传递，从而起到降低能耗、节约能源的作用。

### 2. 承载力好，结构影响小

无机保温砂浆的抗压强度可达≥3.0MPa，与基层黏结强度高，不产生裂纹及空鼓，承载力较好，能够满足住户的使用要求。同时无机保温砂浆的密度为 500~600kg/m³，按照 20mm 厚度计算，自重为 10~12kg/m²，对结构的影响较小，无须因采用无机保温砂浆地面而提高结构的设计承载力，简言之不会增加结构的工程造价。

### 3. 绿色环保无公害

无机保温砂浆材料保温系统无毒、无味、无放射性污染，对环境和人体无害，同时其大量推广使用可以利用部分工业废渣及低品级建筑材料，具有良好的综合利用环境保护效益。

### 4. 防止冷热桥的产生

无机保温砂浆地面的使用可与外墙内保温系统形成一个整体，做到全封闭、无接缝、无空腔，没有冷热桥产生，可以防止冷热桥传导，防止室内结露后产生霉斑。

地面节能是建筑节能的重要组成部分，对建筑的节能可以起到不可忽视的作用。然而，现阶段地面的节能是设计中容易忽略的地方，无疑造成了大量能源的浪费。在建筑节能设计时可通过增加地面节能设计来提高建筑的节能效果，起到降低能耗的作用，也有助于实现我国的可持续发展战略。

## 四、建筑屋面节能技术

建筑能耗在我国总能耗中所占的比例是很大的，约为 25%~40% 与世界发达国家相比还有相当大的差距，例如，我国绝大多数采暖地区围护结构的热功能性都比气候相近的发达国家要差许多，外墙传热系数为他们的 3.5~4.5 倍，外窗为 2~3 倍，屋面为 3~6 倍；而且单位建筑面积的能耗还很高，能源利用率还很低。而提高围护结构的保温性能是降低建筑能耗的关键。屋顶作为一种建筑物外围护结构所造成的室内外温差传热耗热量，大于任何一面外墙或地面的耗热量。我国地处亚热带地区，夏季日照时间长，而且太阳辐射强度大，顶层室内温度比其下层室内温度要高出 2~4℃。因此，提高屋面的保温隔热性能，对提高抵抗夏季室外热作用的能力尤其重要，这也是减少空调耗能，改善室内热环境的一个重要措施。而且加强屋顶保温节能对建筑造价影响不大，节能效益却很明显。

### （一）倒置式屋面

倒置式屋面是与传统屋面相对而言的。所谓倒置式屋面，就是将传统屋面构造中的保温层与防水层颠倒，把保温层放在防水层的上面。倒置式屋面的定义中，特别强调了"憎水性"保温材料，工程中常用的保温材料如水泥膨胀珍珠岩、水泥蛭石和矿棉岩棉等都是非憎水性的，这类保温材料如果吸湿后，其导热系数将陡增，所以才出现了普通保温屋面中需在保温层上做防水层，在保温层下做隔气层，从而增加了造价，使构造复杂化。其次，防水材料暴露于最上层，加速其老化，缩短了防水层的使用寿命，故应在防水层上加做保护层，这又将增加额外的投资。

### （二）屋面绿化

随着我国城市化进程的高速发展和建筑面积的急剧增加，建筑能耗将更加巨大，"城市热岛"现象将更为严重。城市建筑实行屋面绿化，可以大幅度降低建筑能耗、减少温室气体的排放，同时可增加城市绿地面积、美化城市、改善城市气候环境。

### 1. 屋面绿化的保温隔热性能

当平屋面上的找坡层平均厚 100mm，再加上覆土厚度为 80mm 的屋面，其传热系数 K<1.5W/m²·K，若覆土厚度大于 200mm 时，其传热系数 K<1.0W/m²·K 夏季绿化屋面与普通隔热屋面比较，表面温度平均要低 6.3℃，屋面下的室内温度相比要低 2.6℃。因此，屋顶绿化作为夏季隔热有着显著效果，可以节省大量空调用电量。对于屋面冬季保温，采用轻质种植土，如 80% 的珍珠岩与 20% 的原土，再掺入营养剂等。由于我国地域广阔，冬季温度的差别很大，因此可结合各地的实际情况作不同的工艺处理。

### 2. 屋面绿化对周围环境的影响

建筑屋顶绿化可明显降低建筑物周围环境温度（0.5℃～4.0℃），而建筑物周围环境的温度每降低，建筑物内部空调的容量可降低 6%，对低层大面积的建筑物，由于屋面面积比墙面面积大，夏季从屋面进入室内的热量占总围护结构得热量的 70% 以上，绿化的屋面外表面最高温度比不绿化的屋面外表面最高温度（可达 50℃ 以上）可低 20℃ 以上。而且城市中心地区热气流上升时，能得到绿化地带比较凉爽空气流的自然补充，以调节城市气候。另外屋面绿化可使城市中的灰尘降低 40% 左右；可吸收诸如 $SO_2$、HF、$NH_3$ 等有害气体；对噪声有吸附作用，最大减噪量可达 10dB；绿色植物可杀灭空气中散布着的各种细菌，使空气新鲜清洁，增进人体健康。

### 3. 绿化屋面的防水

不少人认为屋顶绿化对抗渗防漏不利，这是一种比较片面的看法。实际上土壤在吸水饱和后会自然形成一层憎水膜，可起到滞阻水的作用，从这个角度看对防水有利。并且覆土种植后，可以起到保护作用：使屋面免受夏季阳光的曝晒、烘烤而显著降低温度，这对刚性防水层避免干缩开裂、缓解屋面震动影响，柔性防水层和涂膜防水层减缓老化、延长寿命十分有利。当然也有不利影响：当浇灌植物用的水肥呈一定的酸碱性时，会对屋面防水层产生腐蚀作用，从而降低屋面防水性能。克服的办法是：在原防水层上加抹一层厚 1.5～2.0cm 的火山灰硅酸盐水泥砂浆后再覆土种植。同普通硅酸盐水泥砂浆相比，火山灰硅酸盐水泥砂浆具有耐水性、耐腐蚀性、抗渗性好及喜湿润等显著优点，平常多用于液体池壁的防水上。将它用于屋顶覆土层下的防水处理，正好物尽其用，恰到好处。在它与覆土层的共同作用下，屋顶的防水效果将更加显著。

### 4. 绿化屋面的荷重及植被

屋顶绿化与地面绿化的一个重要区别就是种植层荷重限制。应根据屋顶的不同荷重以及植物配置要求，制定出种植层高度。种植土宜采用轻质材料（如珍珠岩、蛭石和草炭腐殖土等）。种植层容器材料也可采用竹、木、工程塑料和 PVC 等以减轻荷重。若屋顶覆土厚度超过允许值时，也会导致屋顶钢筋砼板产生塑性变形裂缝，从而造成渗漏。所以必须严格按照前面所述，确定覆土层厚度。由于层顶绿化的特殊性，种植层厚度的限制，植物配植以浅根系的多年生草本、匍匐类和矮生灌木植物为宜，要求耐热、抗风、耐旱和耐贫瘠，如彩叶草、三色堇、假连翘、鸭跖草和麦冬草等。

## （三）蓄水屋面

蓄水屋面就是在刚性防水屋面上蓄一层水，其目的是利用水蒸发时，带走大量水层中的热量，大量消耗晒到屋面的太阳辐射热，从而有效地减弱了屋面的传热量和降低屋面温度，是一种较好的隔热措施，是改善屋面热工性能的有效途径。

### 1.蓄水屋面的隔热性能

在相同的条件下，蓄水屋面比非蓄水屋面使屋顶内表面的温度输出和热流响应要降低得更多，且受室外扰动的干扰较小，具有很好的隔热和节能效果。对于蓄水屋面，由于一般是在混凝土刚性防水层上蓄水，既可利用水层隔热降温，又改善了混凝土的使用条件：避免了直接暴晒和冰雪雨水引起的急剧伸缩；又由于混凝土有的成分在水中继续水化产生湿涨，因而水中的混凝土有更好的防渗水性能。同时蓄水的蒸发和流动能及时地将热量带走，减缓了整个屋面的温度变化；另外，由于在屋面上蓄上一定厚度的水，增大了整个屋面的热阻和温度的衰减倍数，从而降低了屋面内表面的最高温度。经实测，深蓄水屋面的顶层住户的夏日温度比普通屋面要低2~5℃。因此，蓄水屋面现在已经被大面积推广采用。

### 2.蓄水屋面的水深

蓄水屋面有普通的和深蓄水屋面之分。普通蓄水屋面需定期向屋顶供水，以维持一定的水面高度。深蓄水屋面则可利用降雨量来补偿水面的蒸发，基本上不需要人为供水。由气象资料知道，我国长江以南地区由于夏天天气炎热，蒸发量较大，日平均蒸发量在9mm左右，若无降水期长达30~50d，水太浅无人看管时，可蒸发掉水深270~450mm水，所以说蓄水深为400mm左右最适宜。蓄水深度超过一定程度则降温效果不明显，且蓄水过深，使屋面静荷载增加，将会增加结构设计难度。

### 3.蓄水屋面的防水

蓄水屋面除增加结构的荷载外，如果其防水处理不当，还可能漏水、渗水。因此，蓄水屋面既可用于刚性防水屋面，也可用于卷材防水屋面。采用刚性防水层时也应按规定做好分格缝，防水层做好后应及时养护，蓄水后不得断水。采用卷材防水层时，其做法与卷材防水屋面相同。例如，可设置一个细石混凝土防水层，但同时也可在细石混凝土中掺入占水泥重量0.05%的三乙醇胺或1%的氧化铁，使其成为防水混凝土，提高混凝土的抗渗能力，防止屋面渗漏。为了避免池壁裂缝，应采用钢筋混凝土池壁或半砖、半钢筋混凝土池壁。前者用于现浇钢筋混凝土屋面，后者适应于预制板屋面。

## （四）浅色坡屋面

目前，大多数住宅仍采用平屋顶，在太阳辐射最强的中午时间，太阳光线对于坡屋面是斜射的，而对于平屋面是正射的，深暗色的平屋面仅反射不到30%的日照，而非金属浅暗色的坡屋面至少反射65%的日照，反射率高的屋面大约节省20%~30%的能源消耗，美国外境保护署和佛罗里达太阳能中心的研究表明使用聚氯乙烯膜或其他单层材料制成的反光屋面，确实能减少至少50%的空调能源消耗。在夏季高温酷暑季节能减少

10%~15%的能源消耗。因此，隔热效果不如坡屋面。而且平屋面的防水较为困难，且耗能较多。若将平屋面改为坡屋面，并内置保温隔热材料，不仅可提高屋面的热工性能，还有可能提供新的使用空间（顶层面积可增加约60%），也有利于防水，并有检修维护费用低、耐久之优点。特别是随着建筑材料技术的发展，用于坡屋面的坡瓦材料形式多，色彩选择广，对改变建筑千篇一律的平屋面单调风格，丰富建筑艺术造型，点缀建筑空间有很好的装饰作用。但坡屋面若设计构造不合理、施工质量不好，也可能出现渗漏现象。因此坡屋面的设计必须搞好屋面细部构造设计，保温层的热工设计，使其能真正达到防水、节能的要求。

如今建筑节能工作已在全国启动，节能住宅也是一项正在兴起的崭新事业，体现了建筑节能的前进方向。我们必须跟随世界和中国建筑节能发展的大趋势和大潮流，抓住机遇，迎接挑战、开拓进取，搞好建筑屋面的节能，改善市内热环境，促进建筑技术和建筑产业的发展，为合理利用资源、保护生态环境、提高人民生活质量而努力。

## 五、建筑遮阳技术

### （一）建筑遮阳技术的现实推广意义

国内建筑遮阳技术起步较晚，缺少对建筑遮阳应用技术的系统研发，为了打破国内建筑遮阳的技术瓶颈，提升区域建筑遮阳的最大实际效用，住房和城乡建设部已组织开展《建筑遮阳工程技术标准》以及18项建筑遮阳产品标准的制订。从而实现推进建筑遮阳工程的发展，完成建筑设计向创新节能环保型过渡的目标。

建筑遮阳技术的现实推广意义具体表现为以下几个方面：

（1）满足人们对于自然光、暖阳供量、外界声音隔离等居住环境的需求；（2）有助于国内建筑朝着环保型、功能型、智能型的方向发展；（3）有利于优化新式建筑的布局以及对旧建筑的改造。

### （二）建筑遮阳技术现实应用的形式分析

结合对发达国家建筑遮阳发展的研究分析，笔者了解到其现实遮阳主要包括：百叶木窗、外遮阳活动百叶卷帘、户外活动遮阳挡板、遮阳织物帘、窗玻璃中间遮阳、外设简易遮阳板、太阳能光电遮阳板和植物遮阳、大悬挑屋顶遮阳板等。

#### 1. 简约式遮阳

简约式遮阳技术表现为因地制宜的作业方式，强调用最短的时间、最简约方便的材料对目标建筑进行结构上的调整和设计，可以最大限度地缩短建设的时间，缩小投资预算。因此，其材料的选取多为灵活性较强的如：木板、竹板、塑料板、布艺等，这种形式的遮阳主要的优势表现在可以节省建筑成本、便于人们进行重置或拆卸，属于一种灵活经济型建筑遮阳。

#### 2. 建筑搭桥式遮阳

建筑搭桥式的遮阳设计，主要利用建筑本体的部分结构进行遮阳，其最终的设计主旨是将遮阳结构与建筑结构实现有机的统一，其选材一般是较为厚重的混凝土、钢材等，这种建筑遮阳的优点在于使用寿命长且结实耐用，缺点则是投入的资金以及时间成本较大。建筑本体构建组合遮阳的四种具体方式：垂直、水平、挡板、综合，作为四大基本表现形式，根据现实应用所需以及充分的建筑条件还可以进行附属结构形式的转化，这种转化形式增加了该类遮阳设计的功能效用，最大限度地满足了不同人群的建筑所需。

### 3. 绿植式遮阳

绿植式遮阳技术同时满足了人们对环保、经济等方面的需求。充分利用自然资源和新型节能环保材料，首先为植物架构可供生存以及建筑遮阳的棚架，其次将棚架与建筑结构进行联结，具体可以通过堆砌、焊接等方式来实现。绿植式遮阳打破了传统遮阳形式的束缚，将混凝气息的建筑与自然植物相结合，一方面解决了人们的日照需求，另一方面为人们的居住环境增加了些许生机，实现冬暖夏凉的目的，合理利用室内的每一寸空间。

## （三）遮阳建筑结构在现实应用中的注意事项

遮阳技术是建筑隔热保温通风技术的代表，节能效果明显，已越来越广泛地应用于建筑物节能中。本节基于在对现代建筑遮阳技术的研究，分析总结了遮阳建筑结构在现实应用中的如下几点注意事项：

（1）注意遮阳板与建筑窗台的尺寸差。水平式的建筑遮阳板利用光能折射效用来实现室内热量的供求，科学计算遮阳板与窗台的距离，可以达到"冬暖夏凉"的目的。

（2）注意建筑防水。防水工作是建筑遮阳设计中必不可少的一环，因此，在进行实心水平遮阳板的架构时，要充分考虑到建筑联结的防水性，避免因连接板防水不当造成雨水的墙体渗透。

（3）注意玻璃挡板的通风。现代建筑遮阳对于透光材料的选取情有独钟，如磨砂玻璃、彩色玻璃等。因此，在进行相应的遮阳工作以及设计的过程中，要充分考虑玻璃挡板的折射性以及不通风性。防止因通风不佳产生室内温度无从流通；增加热气流；影响室内的环境以及空气质量等问题。

## （四）建筑遮阳技术未来应用建议

### 1. 加大建筑遮阳的节能技术的合理应用

我国已发布的GB50189—2005《公共建筑节能设计标准》和JGJ26—2010《严寒和寒冷地区居住建筑节能设计标准》中，已对严寒和寒冷地区的公共建筑和居住建筑均规定了应对透光围护结构设置遮阳设施的要求。建筑环保逐渐被提上了日程，学者白胜芳在《建筑遮阳技术》一书中，顺应我国建筑节能和绿色建筑的可持续发展观念，集中总结了近年来我国建筑遮阳方面的科研、技术创新和工程案例的经验，指出现阶段国内遮阳建筑不并没有充分继承传统建筑的节能手段（如自然通风、光热利用、遮阳设施等），忽视了建筑保温、隔热的基本要求，形成大批耗能建筑，破坏了建筑室内热环境，导致潜在建筑能耗和建筑运行费用大幅增加。为此，未来建筑遮阳应该加大节能技术的应用指导，精密设计方案和流程，满足现代节能遮阳需求，充分利用自然资源以及环境资源，最大限度地节省建筑成本，提升遮阳建筑的耐用性和实用性。

### 2. 提升建筑遮阳结构的人性化

建筑遮阳结构的人性化处理可以便捷人们的日常生活，营造更加浪漫，更加温馨的居住氛围，大大提升人们的幸福感和归属感。这就要求建筑业者在进行遮阳结构设计的过程中，精细本体建筑与遮阳结构之间的节点，在细节中求胜，适当的选择每个环节所需要的建材，从而实现科学的排列组合，将遮阳技术全新的定义，使其不仅以遮阳的功能的形式而存在，同具备美化建筑、愉悦心情的作用。

### 3. 实现建筑遮阳智能化发展

未来建筑逐渐向智能型、科技型过渡，以此为背景，建筑遮阳技术也应跟进时代的脚步，在手工调节的基础上，增设智能选项，如智能窗帘、可调节色系的遮挡布、智能升降板等，解放人力，实现遥控操作的目的。科学配比窗帘与遮挡板与建筑本体之间的距离，增强遮阳体制流程的一体化，架构联动效用，加大环节与环节之间的关系，使其巧妙的融入建筑环境之中，确保该建筑项目功能的发挥与使用，摆脱传统遮阳不可动性的束缚，促进现代科技对于现实生活的功效转化，满足遮阳的日常功能以及建筑艺术的美化需求。

建筑遮阳能够有效减少阳光的辐射，改善室内热环境和光环境质量，降低空调和采暖能耗，提高室内舒适度。结合对发达国家建筑遮阳技术的研究分析，我们不难发现，现代建筑遮阳主要存在如下三点问题，其一，缺乏有效的遮阳设计方法，其二，遮阳方式单一，无法满足现阶段建筑遮阳现实应用的根本需求，其三，忽视建筑环保作用，遮阳应用不当，耗时、耗财。

# 第二节　可再生能源利用技术

## 一、太阳能利用技术

太阳能作为一种可再生的新能源，具有清洁、环保、持续、长久等优势，已成为应对能源短缺、气候变化与节能减排的重要选择之一，其大规模利用可有效减少对化石能源的依赖，其发展前景被各国看好。美国、欧盟和日本将太阳能等可再生能源作为2030年以后能源供应安全的重点，如美国的"百万屋顶计划"，德国的"千顶计划"与日本的"朝日七年计划"等。中国在《"十二五"国家战略性新兴产业发展规划》中，也将新能源作为七大战略性新兴产业之一，未来将重点发展核电、风电、太阳能和生物质能四大产业。从该规划和相关政策的导向来看，中国"十二五"期间新能源产业将呈现出核电和风电平稳发展，太阳能和生物质能迅猛发展的趋势。联合国环境规划署2008年全球可持续能源投资趋势报告显示，受高油价等因素影响，2007年全球新能源领域的投资比2006年猛增60%，达到1484亿美元，其中太阳能投资增速最快，增幅为254%，为286亿美元。2009

年，哥本哈根世界气候大会增强了人们对环境问题的危机感，使低碳经济与民用太阳能发电再次成为焦点。在世界能源结构转换中，太阳能也处于突出位置。被誉为"世界太阳能之父"的诺贝尔环境奖获得者马丁·格林指出，目前光伏太阳能在全世界能源结构中的比重只占0.02%，在未来20年，很可能提升到25%。美国的马奇蒂博士对世界一次能源替代趋势的研究表明，太阳能在21世纪初进入了一个快速发展阶段，并在2050年左右达到30%，仅次于核能，21世纪末将取代核能跃居首位。因此，太阳能的大力开发和利用将成为未来能源利用的主流。

## （一）太阳能资源的优势与不足

### 1.太阳能资源的优点

与常规能源相比，太阳能资源的优点主要有：

（1）储量丰富。每年到达地球表面的太阳辐射能约为130亿t标准煤，约为目前全球耗能总和的$2 \times 10^4$倍。

（2）长久性。太阳辐射源源不断供给地球，按目前太阳产生的核能速率估算，氢储量可维持上百亿年，而地球寿命约为几十亿年，所以，太阳能对人类来说是取之不尽的。

（3）普遍性。相对于其他能源来说，太阳辐射能分布在地球上大部分地区，可就地取用，对解决偏远地区的供能问题有极大的优越性。

（4）洁净安全。太阳能素有"洁净能源"和"安全能源"之称。太阳能几乎不产生任何污染，远比常规能源清洁，也远比核能安全。

（5）经济性。太阳能的长期发电成本低，是21世纪最清洁、最廉价的能源。

### 2.太阳能资源的不足

太阳能资源虽然具有常规能源无法比拟的优点，但也存在着固有的缺点和问题：

（1）分散性。虽然到达地球表面的太阳辐射能的总量很大，但能流密度却很低，地面处的能流密度仅约为$0.5kW/m^2$。

（2）间断性和不稳定性。太阳辐射能不仅有随昼夜、季节、纬度和海拔等因素的规律性变化，还有受天气影响的随机性变化。

（3）效率低和成本高。虽然目前太阳能利用在某些方面理论上可行，技术也相对成熟，但其设备运行效率较低且成本偏高，所以经济性仍不能与常规能源相抗衡。

## （二）中国太阳能资源及其分布状况

中国太阳能资源分布有如下特点：太阳能的高、低值中心都处在北纬22°~35°一带，高值中心在青藏高原，低值中心在四川盆地；西部年辐射总量高于东部，且除西藏、新疆外，基本上北部高于南部；因南方多数地区云雾雨多，在北纬30°~40°地区，太阳能随纬度增加而增长，与一般的太阳能随纬度变化的规律相反。全国各地太阳年辐射总量达3350~8370MJ/（$m^2 \cdot a$），太阳年辐射平均值为5860MJ/（$m^2 \cdot a$）。按太阳能年辐射总量的大小，中国大致划分为五类地区。根据太阳能资源年总量的大小，可将全国划分为资源丰富带、资源较富带、资源一般带及资源贫乏带等四个带。由于太阳能资源受到气候环境条件的制约，其分布具有明显的地域性，但大部分地区仍有很大的可利用性。

## （三）太阳能利用技术

单晶硅电池与选择性太阳吸收涂层两项技术的突破既是太阳能利用进入现代发展时期的划时代标志，也是人类能源利用技术又一次变革的基础。目前世界能源结构向高效、清洁、低碳或无碳的天然气、核能、太阳能、风能等方向转变，预计在 2050 年替换化石能源。2030 年后，光伏及太阳热能发电将得到快速发展，至 2050 年将约占世界能源消费结构 30% 的比例，逐步取代传统能源。

### 1. 太阳能热水器

太阳能热水器是把太阳能转化为热能并对水进行加热的装置，与燃气热水器、电热水器并称三大热水器。其结构简单、成本低、易推广，目前已是一个成熟的行业。太阳能热水器在中国也得到了广泛应用。2000~2010 年的 10 年间，中国仅太阳能热水器累计节约 11295 万 t 标煤，折合累计减排 365.19 万 t$SO_2$、164.15 万 t$NO_x$、282.36 万 t 烟尘、24246.6 万 t$CO_2$ 温室气体，节能减排取得了显著效果。中国太阳能热水器的户用比例约为 8.7%，与日本的 20% 和以色列的 90% 相差甚远，市场仍需大力开发。

### 2. 太阳能建筑

太阳房概念与建筑结合形成了"太阳能建筑"技术领域，可节约 75%~90% 的能耗，具有良好的环境和经济效益。欧洲在太阳房技术和应用方面，特别是在玻璃涂层、窗技术、透明隔热材料等方面引领世界。中国太阳房开发利用始于 20 世纪 80 年代初，主要分布在河北、内蒙古、甘肃和西藏等的农村地区。目前还存在以下问题：太阳房的设计与建筑并未真正结合成为建筑师的设计理念，没有相应的建筑规范和标准，制约了其发展进度；透光隔热材料、带涂层的控光玻璃和节能窗等相关技术还未实现商业化，也使太阳房应用受限。

直接利用太阳能供暖、制冷、采光系统的太阳能建筑模式也越来越普及，但多采用主动式太阳房，即阳光充足时不用其他动力，直接采暖，阴天或夜间启动辅助系统来保证室内有较稳定温度。被动式太阳房已开始由群体建筑向住宅小区发展，如甘肃临夏建成占地 9.8 万 $m^2$、建筑面积 9.2 万 $m^2$ 的太阳能小区等。目前，由于成本高，太阳能在制冷与空调上的应用仍处于示范阶段，但对于缺电地区，与建筑结合起来考虑，仍有很大市场潜力。Diaconu 对低温能量存储的太阳能辅助空调系统进行了能量分析。

### 3. 太阳能热发电

太阳能热发电是利用集热器将太阳能转换成热能并通过热力循环过程进行发电。世界上现有太阳能热发电系统大致分为槽式系统、塔式系统和碟式系统三类。

（1）槽式系统。利用槽式聚光镜将太阳光反射到镜面焦点处的集热管上，并将管内工质加热，产生高温蒸汽，驱动常规汽轮机发电。目前，槽式太阳能发电是商业化进展最快的技术之一，全球应用较广。从 1985 年开始，美国在加州 Mojave 沙漠上先后建成 9 个发电装置，总容量 354MW。美国能源部 2010 年 2 月向美国 Bright Source Energy 公司提供 13.7 亿美元贷款，2013 年将全面启动在 Mojave 沙漠建设 400MW 太阳能发电系统"Ivanpah"。

（2）塔式系统。利用一组独立跟踪太阳的定日镜，将太阳光聚集到中心接受高塔上，加热工质进而发电。1996 年美国第二座太阳塔 SolarTwo 的发电运行，加速了 30~200MW 的塔式太阳能热发电系统的商业化进程。以色列 Weizmanm 科学研究所对塔式系统进行改进后使系统总发电效率达 25%~28%。

（3）碟式系统。利用旋转抛物面反射镜将太阳光聚焦到焦点处放置的斯特林发电装置。其光学效率为三类系统中最高、启动损失小。美国热发电计划开发了 25kW 的碟式发电系统，适用于大规模的离网和并网应用，并于 1997 年开始运行。2010 年中国科学院理化技术研究所研制了 1kW 碟式太阳能行波热声发电系统，利用碟式集热器收集太阳辐射热，通过高温热管换热器将热量传输到行波热声发动机热端，再驱动直线发电机发电。在 3.5MPa 下，以氦气为工质，加热温度为 798℃时，输出电力 255W，初步证实了系统的可行性。2011 年浙江华仪康迪斯太阳能科技有限公司自主研发的国内首台 10kW 碟式太阳能聚光发电机系统样机投入试运行，填补了中国在太阳能聚光发电方面的空白。截至 2010 年 8 月，全球太阳能光热发电站装机容量已建 94.07 万 kW，在建 215.44 万 kW，拟建 1747.11 万 kW。国际能源署（IEA）和欧洲太阳能热发电协会（ESTIF）预测，2015 年全球光热发电装机容量将达到 1200 万 kW，2020 年 3000 万 kW，2025 年 6000 万 kW。西班牙建造的太阳能高塔电站，其包括高塔、蓄热罐和涡轮发电机组等，于 2011 年 7 月完成试运行，成为世界首个全天候供电的商业化太阳能电站。与槽式聚光技术相比，该系统能产生更多的高温蒸汽，从而使发电效率大幅度提升。与晶硅太阳能发电系统相比，其特点在于储能更容易，可实现 24h 不间断发电。此外，该系统能与传统涡轮发电机电站实现无缝结合，改造成本较低。澳大利亚一座规模庞大的太阳能高塔塔高 1000m，底部集热区直径达 7000m，装机容量达到 200MW，可供 20 万户家庭使用。就太阳能资源来说，干旱的荒漠地区往往储量更为丰富，云汽量很少，晴天比例高，可大力发展尤其是太阳能高塔这样的全天候发电站。

太阳能烟囱是非聚光型太阳能热发电的一种发电方式。该系统主要由太阳能集热棚、太阳能烟囱和涡轮发电机组 3 部分所构成。其原理是利用太阳能集热器热棚加热空气及烟囱产生上曳气流效应，驱动空气涡轮发电机发电。Pasumarthi N 等证明了太阳能烟囱发电技术的可行性，提出一种评估热气流温度对电力输出影响的数学模型，并研究了烟囱高度、集热棚半径对热气流温度和速度的影响。自日本福岛核危机爆发后，全球反核能声音再起，可再生能源更加受到重视。2011 年澳洲一家能源公司筹资 7.5 亿美元在美国西南部建一个高约 800m 的烟囱型太阳能塔，其高度仅次于全球最高楼——迪拜塔（约 828m），预计 2015 年初竣工，可供 20 万户使用，也是全球首座以烟囱吸收太阳能的设施。

（4）太阳能光伏发电

太阳能光伏发电是利用太阳电池将太阳能直接转变为电能。光伏发电系统主要由光伏电池板、控制器和逆变器 3 大部分组成。2007 年全球光伏组件及系统新增装机容量 2249MW，同比增长 40.74%。截至 2010 年底，全球光伏发电装机容量达到 3952.9 万

kW，欧洲光伏产业协会（EPIA）预测到 2015 年全球光伏发电装机容量将达到 1.31~1.96 亿 kW。中国光伏设备产能仅次于日本和德国，居全球第三，但 90% 以上销往国外，呈现出产业与市场倒挂现象。2007 年以来，中国光伏产业呈现爆发式增长，2008 年太阳电池产量占世界产量的 31%，居世界首位。根据中国《可再生能源中长期发展规划》，到 2020 年中国光伏发电累计装机将达 1.8GW，到 2050 年达 600GW。

中国学者对比了几种太阳能光伏发电方案，并研究了光伏发电系统孤岛运行状态时的故障特性。美国国家可再生能源实验室研究表明采用太阳能涂料（硅墨水）技术的太阳电池可将 18% 的太阳能转换为电能。英国南安普敦大学的研究人员模拟植物的光合作用制出的光伏装置，可更高效地将光能转换为电能。此外，格伦桑能源科技有限公司（Green Sun）也研制出一种包含各种色彩的太阳电池板，不用直接对准太阳也能收集太阳能。

（5）太阳能光化学转换

太阳能光化学转换是将太阳光能转换为化学能。生物质能也是太阳能以化学能形式贮存于生物中的一种能量形式，直接或间接地来源于植物的光合作用。地球上每年经光合作用产物所蕴含的能量相当于全世界能耗总量的 10~20 倍，但目前利用率不到 3%。为研究中低温太阳能品位提升的能量转化机理，金红光等研制了 5kW 太阳能热化学反应实验装置，并进行了太阳能热解甲醇的实验。甲烷气体先经换热器预热后和一部分再循环氢气进入位于吸热塔顶部的吸收 / 反应器，反应器接收定日镜场反射的太阳能，使甲烷发生裂解制氢反应。该装置的优点在于制取高纯度氢气的同时，获得了易储存的固体碳，且无 $CO_2$ 排放，进一步提高了太阳能的品位，为太阳能的存储和运输提供了可能性。麻省理工学院的 Daniel Nocera 教授利用太阳光分解水，产生多功能、易储存的氢燃料，并创立公司为"水分解"和太阳能存储技术进行商业推广。

炊事使用的热能，以代替一般炉灶，是一种很有前景的太阳能应用技术。无须燃料、无污染，正常使用时比蜂窝煤炉还要快、与煤气灶速度基本一致。中国是太阳灶的最大生产国，主要应用在甘肃、青海、西藏等边远地区，每个太阳灶每年可节约 300kg 标煤。

## （四）国内外太阳能开发利用情况

### 1. 美国

尽管经济不景气，美国太阳能利用技术仍在快速发展。至 2010 年底，美国光伏发电装机容量为 252.8 万 kW，EPIA 预测到 2015 年将达到 2200~3150 万 kW。美国建筑用能约占全国总能耗的 40%，对经济发展形成了一定的制约作用。为减少能耗，降低污染，调整能源结构，实现环境的可持续发展，美国对太阳能的利用技术及应用作了积极的探索，其中"百万太阳能屋顶计划"正是一项由政府倡导、发展的中长期计划。最近，美国科学家把目光投向了太空，设想通过向太空发射带有能量收集装置的卫星，安装在巨型卫星上的太阳电池板可收集太空能量，并将其转换为微波传回地球，再转为直流电，从而提供"廉价、清洁、安全、可靠、可持续"的新能源。同时利用太阳能进行海水脱盐的研究也得到了一定关注。

### 2. 中国

中国高度重视可再生能源发展，1983—1987 年先后从美国、加拿大等国引进 77 条太阳电池生产线，并制定了一系列支持可再生能源产业发展的政策。在"光明工程"和"送电到乡"工程等国家项目及世界光伏市场的有力拉动下，中国光伏发电产业迅猛发展。太阳电池主要应用于边远偏僻的无电地区，年发电量约 1.1MW。家用光伏电源在青海、新疆、西藏以及辽宁、河北、四川等地广泛应用。中国太阳能热水器产业化体系已较完整，2009 年"太阳能热水器下乡"标志着国家认可该项技术，2010 年国内太阳能热水器年产 4900 万 $m^2$，约占世界年产量的 80%。但从建筑房屋的安装率来说，以色列已达 90%，澳大利亚为 30%，日本为 20%，而中国仅为 8.7%，仍需不断推广与应用。陈子乾等利用太阳能为海水淡化装置提供热能。崔映红等对太阳能与燃煤耦合发电的性能进行了研究，提出几种太阳能与燃煤机组集成发电方案。中国也重视太阳能建筑的发展。中国的第一幢被动式太阳房是 1977 年在甘肃省民勤县建成的由直接受益窗和集热墙两种形式结合而成的组合式太阳房。中国首座全太阳能建筑已在北京建成，占地 8000$m^2$，主体建筑室内的洗浴、供热、供电等所有能源均来自太阳能。2011 年 3 月，住建部、财政部发布的《关于进一步推进可再生能源建筑应用的通知》中明确指出，到 2020 年实现可再生能源在建筑领域消费比例占建筑能耗的 15% 以上。中国科学院已启动实施太阳能行动计划，以 2050 年太阳能作为重要能源为远景目标，并确定了三个阶段目标：2015 年分布式利用、2025 年替代利用、2035 年规模利用。因此，中国的太阳能技术及应用必将迅猛发展。

### 3. 日本

日本因能源稀缺，多年来一直注重太阳能等新能源的开发，通过推行可再生能源配额法和实行强补贴等政策，日本已成为世界光伏发电的先导，近年来日本居民光伏屋顶系统年增长率高达 96.7%。2003 年日本光伏发电装机容量为 88.7 万 kW，2010 年为 362.2 万 kW，预计 2020 年将达到 2800 万 kW，2050 年达到 5300 万 kW。日本政府耗资数百亿美元的空间太阳能系统计划，推测到 2030 年，将在宇宙中收集太阳能，然后以微波或激光束的形式传回地球。

### 4. 德国

德国光伏发电处于领先地位，占据了超过全球 1/3 的太阳能光伏发电装机容量，成为世界太阳能应用第一大国。2007 年，德国太阳能发电已占整个发电行业的 14.2%。至 2010 年底，德国光伏发电装机容量已达到 1719.3 万 kW，2020 年将至 5100 万 kW。目前德国已形成完善的光伏产业链，制造了全球约 25% 的太阳电池板和 40% 的太阳能转换整流器。在光热发电方面，成立了德国航天航空研究中心太阳能实验室，短期目标是技术支持欧洲第一座光热电站项目的开发，中期致力于降低光热电站的成本，长期目标是研究以化学方式储存太阳能。

### 5. 法国

2009 年法国已成为世界第七大太阳能发电国。2008 年，世界上第一座能"追踪"太阳的太阳能电站在法国马帝亚克小城正式投运，其光电接收转换装置的面积达 3500$m^2$，转换效率提高了 20%~40%。法国国家实用技术研究所研发了一种可供太阳能热水器使用的建筑外墙玻璃，符合建筑节能要求，综合成本低于普通太阳能热水器。

### 6. 西班牙

西班牙在太阳能发电领域位居世界前列，是全球增长最快的光伏国家之一，2010 年底光伏发电装机容量为 378.4 万 kW，预计 2020 年将达到 870 万 kW。西班牙不仅拥有先进的光伏电池和太阳能板制造基地，还拥有换流器及太阳能发电设备部件的生产基地。西班牙光热发电技术也处于全球领先地位，至 2010 年 8 月，已建光热电站装机容量为 48.24 万 kW，在建 164.30 万 kW，拟建 108.01 万 kW。西班牙强制安装太阳能热水器政策经历了从地方法令到国家法令阶段。1999 年，巴塞罗那实行太阳能城市法令，显著的效果使欧洲众多城市纷纷效仿。2004 年实施"皇家太阳能计划"，2006 年颁布法令要求所有新建房屋必须安装太阳能热水器。

### 7. 以色列

由于日照充足、太阳能资源丰富，以色列高度重视太阳能利用技术研究与开发，同时也重视国际的密切合作。以色列南部内盖夫沙漠中在建的占地 1000 英亩、发电功率 50 万 kW 的世界最大的太阳能发电厂，一期发电能力将达 10 万 kW，2012 年完工时达到 50 万 kW，发电量约占全国电力生产的 5%。以色列于 1980 年颁布强制安装太阳能热水器的法令，也是实施强制法令最早的国家。目前以色列住宅楼太阳能集热器安装率超过 90%。

### 8. 其他国家

印度作为世界上最大的太阳电池模板制造国之一，光伏太阳能利用总容量约 29MW，2009 年制定了耗资 700 亿美元的国家太阳能计划，预计 2013 年达成 1300MWp 装机目标，2017 年再新增 10GWp，2022 年前达到 20GWp。丹麦自 1987 年以来，太阳能加热装置数量逐年递增。意大利开展了使建筑物日光照明最佳化的研究，如改进控制系统，调节自然和人工光源，改进窗和遮光装置的性能和效率等措施。澳大利亚拟计划投资 14 亿澳元（合 10.5 亿美元）建全球最大太阳能发电厂，应对全球气温上升问题，预计 2015 年建成。南太平洋的所罗门群岛安装了世界上第一台太阳能自动提款机。

在当前常规能源日趋枯竭、环境日趋恶化的背景下，太阳能技术的开发及应用无疑具有重大战略意义。近几年在全球变暖、哥本哈根会议、低碳经济等的推动下，使得太阳能等新能源的开发利用备受关注。为应对全球气候变化，中国政府已承诺到 2020 年单位国内生产总值二氧化碳排放量比 2005 年下降 40%~45%，新能源约占一次能源消费比重的 15%。纵观世界及中国对太阳能的开发和利用，为促进太阳能产业的高效发展，应从以下几方面采取相应措施：

（1）太阳能热利用技术相对更为成熟，应以太阳能热利用为主，光伏为辅的策略推广太阳能利用市场。适度降低太阳能热水器、太阳灶、太阳能空调、太阳能路灯等太阳能产品的价格，不断开发新产品，实现产业升级换代，并促进太阳能与建筑的结合。

（2）加大科技投入与攻关，培养研发人才，围绕太阳能利用关键技术、绿色生产工艺、系统集成技术等重要问题层层攻关，形成具有自主知识产权的太阳能利用核心技术，增强竞争力。

（3）大力发展中、低温太阳能集热器，努力研发高温太阳能集热器；促进太阳能能源的综合梯级利用，提升太阳能能源品位；加强太阳能和其他能源系统互补的综合利用研究。

（4）健全太阳能资源利用相关法规，加强可再生能源领域的国际合作。从国外经验来看，太阳能行业的发展离不开政策支持，特别是在发展初期政府提供的法律约束、电价补贴、财政资助等保障措施和激励政策，极大地推动了其规模化发展。作为发展中国家，我国太阳能利用行业总体还处于起步阶段，而太阳能发电成本也远远高于传统方式发电的成本，市场竞争力弱，且能源消费总量将进一步增加。因此，为实现可再生能源发展和节能减排目标，我国必须加快开发利用太阳能等新能源技术，学习和借鉴国外的成功经验，强化中国可再生能源法规及制度体系，促进太阳能利用行业的发展。

（5）加快太阳能相关产业链的发展。太阳能产业的发展必然会涉及电网、建筑、物管等相关产业。目前我国缺乏太阳能产业与其相关产业的统筹安排与规划，相关产业链发展滞后，导致我国虽然有强大的生产能力，但约有90%的产品却只能销售到国外市场，急需尽快引导相关产业链的形成，拓宽国内市场，使太阳能真正成为中国重要的新能源之一。

## 二、地能利用技术

地热资源是一种典型的清洁能源，也被称为"绿色能源"和"可再生能源"。就目前的利用方式来说，其成本相对较高，而且技术难度较大。正如科学家所说，通过钻更深的井寻找地热资源是不经济的。作为浅层地热利用新技术——地源热泵技术，是利用浅层低品位的地层能源（简称地能）的一种有效方式，也是国际上近几十年才发展的环保、节能高新技术产品。目前浅层地能在美国、加拿大、日本、瑞士和西欧各国得到广泛的应用，而我国对浅层地能的利用还只刚刚起步。地源热泵技术充分利用地壳表层土壤中的可再生低温，通过消耗少量的电能，对室内进行供暖、制冷。其占地面积小，无任何污染，运行耗电少、成本低，清洁环境，可代替锅炉和中央空调，达到环保节能效果。

## （一）地源热泵技术的特点

### 1. 属可再生能源利用技术

地表浅层是一个巨大的太阳能集热器，收集了47%的太阳所散发的到地球上的能量。地源热泵利用的就是储存于地表浅层近乎无限的可再生能源，同时地能也是清洁的可再生能源。

### 2. 属经济有效的节能技术

由于地能或地表浅层地热资源的温度相对稳定，这种温度特性使地源热泵比传统空调系统运行效率要高40%，运行费用可节约30%~40%。

### 3. 环境效益显著

地源热泵的污染物排放，与空气源热泵相比，相当于减少 40% 以上，与电供暖相比，相当于减少 70% 以上，如果结合其他节能措施节能减排会更明显。

### 4. 一机多用，应用范围广

地源热泵系统可供暖、空调，还可供生活热水，一机多用，一套系统可以替换原来的锅炉加空调的两套装置或系统；可应用于宾馆、商场、办公楼、学校等建筑，更适合于别墅住宅的采暖、空调。

### 5. 不占用地面土地

地源热泵的换热器埋在地下，可环绕建筑物布置；可布置在花园、草坪、农田下面或湖泊、水池内；也可布置在土壤、岩石或地下水层内，还可在混凝土基础桩内埋管，不占用地表面积。

## （二）关键技术

作为一项结合土壤环境学、钻探、热交换、制冷、暖通空调、建筑材料学等多学科知识的技术，影响地源热泵系统性能的因素是多方面的。根据目前已有的实例分析，其关键技术是地下换热器的优化设计、土壤热性能研究、回填材料的研发和供暖制冷系统的合理配置。

### 1. 地下换热器优化设计

地下换热器的设计合理与否直接影响到地热利用效率和投资成本，是当前闭式地热源热泵技术推广的难点。采用紊流技术提高热传导效率，可以达到节约钻孔孔数，并结合优化的地下换热器的类型、数量，可以降低投资成本。

### 2. 土壤的热性能研究

地源热泵系统的性能与土壤性能是紧密相关的，土壤环境中热源的最佳间隔和深度取决于土壤的热性质和气象条件，并且是随地点而变化的。研究地源热泵所应用地区的土壤环境温度和热流性质是地源热泵系统成功使用的前提，也是进行地源热泵方案设计的基础。土壤的性能研究主要包括土壤的能量平衡、热工性能、土壤中的传热与传湿和环境对土壤热工性能的影响等。

土壤的热工性能，土壤热参数一般是指定容比热 C、导热系数和热扩散度 Dr，为了解温度随时间和空间的变化规律，必须测量或计算这三个参数的值。

### 3. 回填材料的研发

地源热泵系统地下换热器就是将大地作为热源和热汇，通过与地层发生热交换而达到换热的目的。位于循环系统中的热交换介质与地层之间的热交换作用总是通过位于其间的回填材料与 U 型管的材质来完成的，所以回填材料以及 U 型管的材质的导热系数决定着系统热交换的效率。

在以 U 型管中的热交换介质为液体柱所形成的热场中，主要的研究对象有三个方面：

与热交换介质紧密接触的 U 型管材质、回填材料、地层的热物性。它们都是整个系统研究的基本性研究工作。

### 4.地源热泵系统的合理配置

目前，在我国已经运行的地源热泵系统中，存在着一些问题，其中系统的配置是一个重要的方面。如何对热泵、风系统管道、水系统管管道、中央泵站、机房集管和管道之间的配置进行优化，提出一套合理的配置方案也是地源热泵技术得以广泛应用的重要因素。

# 第三节　城市雨水利用技术

## 一、国内外的雨水利用研究进展

### （一）国内雨水利用研究进展

雨水利用是一项古老的技术，在我国的历史悠久。最初的雨水利用主要解决人畜生活用水和补充作物灌溉，古人对雨养农业和集雨农业已有朴素的认识。余姚河姆渡遗址中出土了 160 多把骨耜，说明早在 7000 年前就已经有了翻土引水、排水的先例。3000 年前的周朝，农业生产中就利用中耕技术增加雨水入渗，提高农作物产量。2700 年前春秋时期，黄土高原地区已有引洪漫地技术。2500 年前，安徽省就已经修建大型的平原水库——芍陂来拦蓄径流，灌溉作物。西北水窖已有数百年的历史，在甘肃会宁有一口清朝末年修筑的水窖至今仍在使用。20 世纪 60 年代，在北方缺水地区，水窖被普遍用来集蓄雨水，作为农作物灌溉水源，但受到当时集流技术水平和管理体制的限制，水窖集雨量十分有限，"有窖无水"的现象导致水窖逐年被雨水泥土淤积，最终报废。20 世纪 90 年代开始，随着我国农业缺水局面的日益紧张，农业雨水利用重新受到重视，在我国的西部和北方地区再次兴起，并逐渐大规模推广，成为我国农业可持续发展的新方向。一批雨水利用示范工程先后建立起来，甘肃"121"工程，内蒙古"112"工程，宁夏"窑窖工程"和陕西"甘露工程"等都取得了显著的实践效果。

进入 20 世纪 90 年代以来，随着我国城市化进程的快速发展，水资源需求量逐年增加，污水的不合理排放又使得水资源受到污染，城市开始面临水资源短缺问题和生态环境问题。在此背景下，城市雨水利用的研究开始受到广泛的关注，北京、上海、西安、大连、哈尔滨等许多城市相继开展了雨水利用的研究与应用示范。

2003 年长安大学李佩成院士提出"八水绕长安"工程，将西安城市供水与城市水生态建设有机地结合在一起，构想利用自然水系和自然地形地势，防洪与调蓄供水相结合，形成连通的地表地下蓄水、供水系统和水文生态景观系统，其中就包含了城市雨水利用的思想。2009 年 6 月大连市启动了生态雨水利用工程项目，为了有效地遏制海水入侵，涵养地下水源，改善城市水环境，大连市采取了一系列雨水利用工程措施，包括居民小区雨水利用、商业区和工业区雨水利用、公共绿地雨水利用、道路、广场、停车场雨水利用等模式。同年，深圳市建成机场雨水利用工程，机场雨水经过过滤、混凝、消毒等处理步骤后即可投入使用，主要用于冲厕、洗涤和机场绿化用水。北京的雨水利用研究走在国内前列。2000年北京市第一个雨水利用工程——第15中学雨水利用工程启动，3年时间内，已完工雨水利用工程合计年节水量达到了1717万 m³，取得了显著的效果。特别是2000年北京水利科学研究所开展的中德合作"北京城区雨洪控制与利用技术研究与示范"项目，把城市雨水利用推向了热潮，目前该项目已完成了一个中心试验研究区和5种类型6个雨洪利用示范区的建设，取得了很多的研究成果，并积累了成功的经验。除此之外，北京市于2003年颁发了《关于加强建设工程用地内雨水资源利用的暂行办法》，规定所有新建、改建、扩建的工程在施工之前均应当进行雨水利用工程的设计规划和建设。国家会议中心主体部分的屋顶每年可收集雨水 7000m³，基本能够满足国家会议中心绿化用水需水量，每年节省费用达 $18 \times 10^4$ 元。

国家奥林匹克森林公园通过公园内的湖泊水系及市政河道来收集雨水，将收集的雨水用于道路喷洒及绿化灌溉等，全园的雨水利用率高达95%。总的来说，我国的雨水利用主要经历了3个阶段：从解决生活用水到发展雨养农业，到现阶段改善城市生态环境。尽管取得了诸多的成绩，但是由于起步较晚，国内雨水利用的方式及技术管理措施还相对落后，雨水的利用率较低，与国外发达国家相比有一定的差距。

## （二）国外雨水利用研究进展

雨水利用作为一种高效的水资源利用技术，已经遍及全世界大约40多个国家和地区，从干旱缺水地区到水资源丰沛的地区，雨水利用已经收到高度的重视与广泛的应用。而现代早期的雨水利用主要产生于干旱半干旱国家在雨水的集水农业上面的推广，20世纪中期，以色列制订"沙漠花园计划"，通过对雨水的蓄积利用，成功在沙漠中种出了庄稼。泰国最早在1983年就在干旱的东北地区建造了1200万个2m³的家庭集流水泥罐，解决了300多万农村人口的吃水问题。澳大利亚通过在房屋附近修建圆形的水仓来收集农村及其城市郊区房屋屋顶的雨水，这种雨水利用方式成为许多居民生活用水的主要来源。此外，英国、美国、墨西哥和索马里等国家均在努力展开雨水利用的研究和试验工作。

雨水资源在生活和农业方面的成功利用带动了城市雨水利用的发展。随着城市化带来的水资源紧缺和城市环境问题，现代城市雨水利用技术在全世界范围内迅速发展。德国、日本、美国等城市化水平较高的发达国家，已将城市雨水利用作为解决城市水源问题的战略措施。

德国是欧洲最早展开雨水利用研究的国家之一，也是世界上雨水收集、处理和利用技术最先进的国家之一。德国的雨水利用方式主要有三种：一是屋面雨水蓄积系统，通过对屋面雨水收集用于家庭和公共场所杂用水；二是雨水截污和渗透系统，道路雨水主要排入市政管道或者通过渗透补充地下水，在德国，道路雨水口均设有截污挂篮，以拦截雨水径流携带的污染物。城市路面通过采用可渗透的铺装材料，增大雨水入渗量，减小径流量，例如城市道路采用透水路面，道路沿线建设低洼绿地，人行道采用透水砖或草皮砖，布设渗水沟、井，进行人工回灌等等。三是生态小区雨水利用系统，生态小区雨水利用系统是指利用植物、土壤与水体的自然净化作用，将雨水利用与城市景观相结合，实现环境与经济协调发展，例如城市湖泊公园、人工湿地等等。德国已经出台了一系列针对雨水利用的标准和政策法规，德国有关法律规定：新建住宅项目必须设计和安装雨水利用设施，否则将要征收雨水排放费，受到污染的降水径流必须经处理达标后方可排放等。

日本早在20世纪60年代就开始兴建储蓄雨洪的蓄水池，将拦蓄的雨水作为喷洒路面、灌溉绿地等市政辅助用水。1980年开始，日本建设部门开始推行雨水贮留渗透计划，其目的在于利用雨水的有效下渗补给涵养地下水，改善水环境。各类雨水入渗设施在日本得到快速的发展，其中包括渗透池、渗透井、渗透侧沟、渗透性铺装和绿地等。在东京，8.3%的人行街道铺设的是透水性材料，雨水透过路面入渗到地下，经收集处理后加以利用。此外，日本还推行"雨水径流抑制性下水道"计划，通过各种雨水收集系统来截留雨水，已取得了很大的经济和环境效益。日本于1992年颁布了"第二代城市下水总体规划"，正式将雨水渗沟、渗塘以及透水地面作为城市总体规划的组成部分，要求新建和改建的大型公共建筑群必须设置雨水就地入渗设施。

总的来说，国外的城市雨水利用的主要经验在于：建立完善的雨水收集、截污、调蓄和雨水渗透系统；收集的雨水主要用于洗车、绿化浇水、冲洗厕所和回灌地下水等；制定相关的雨水利用法律法规。

## 二、城市雨水利用的相关概念和分类

### （一）城市雨水利用的相关概念

雨水是一个十分广泛的概念，黄占斌将地球上水资源分为地表水、地下水和天然雨水3种类型，认为天然雨水是水资源的一种存在形式，但对于其是否包括土壤水，未做明确的界定。杨路华则认为储存于水库、河流、湖泊的地表水以及入渗的地下水均可以看作是雨水的派生资源，也没有对雨水给出明确的定义。从广义上来讲，雨水是指空气中的水滴降落到地表后进行二次分配（一部分汇集形成地表径流，一部分下渗形成土壤水和地下水，还有少量蒸发形成水汽）后所产生的水量。雨水来源于降水过程，在水文循环系统中，雨水是水资源的一种阶段性的存在形式。

雨水利用，是将雨水转化为可利用水资源的过程，是指在降雨过程中，为了满足某种需求，采取一些特定的技术和措施，从而改变雨水的形成条件或转化途径，这种使雨水资源的分配方式和转化途径改变而产生社会经济效益和环境生态效益的过程，称为雨水资源利用，或雨水资源化。国内也有学者将雨水利用等同于水利，张祖新认为一切利用雨水的活动都可以称为是雨水利用，例如修塘筑坝利用地表水、打井开采地下水等均为雨水利用。其实，广义的雨水利用不仅仅单纯地指代水库、水井、湖泊水资源的利用等，小范围对雨水的利用，包括道路雨水、屋面雨水、绿地雨水以及坡面雨水等也属于雨水利用的范畴。

雨水利用的应用范围非常之广泛，从人畜饮水、集雨农业到城市雨水利用，从水利水电、市政排水、水土保持、生态环境到景观设计等都有涉及雨水利用的内容。城市雨水利用是 80 年代来在德国和日本最先兴起的一种多目标的综合性概念，是指在综合评价城市雨水资源可利用量的基础上，采取某些有效的工程和非工程措施对雨水资源进行宏观调控，使得雨水资源得到直接或间接的有效利用，从而产生一定的社会经济效益和生态环境效益。城市雨水利用能够有效地缓解城市水资源短缺，减轻城市洪涝灾害，改善城市水环境等问题。

## （二）城市雨水的直接利用

雨水的直接利用是指对雨水收集处理后直接用于补充城市用水。雨水降落到绿地、花园，直接被植物利用，降落到湖泊、洼地、护城河，直接补充水体；屋顶收集到的雨水，经过初期弃流和简单处理后，直接满足小区、家庭、公共场所等的杂用水需求，例如冲厕、浇灌、小区清洁、洗车；道路收集的雨水经处理后直接用于道路冲洗、绿化带的浇灌。在一些发达国家，雨水利用已经与城市水文生态紧密结合，屋顶绿化、生态湖泊等设计在实现雨水资源化的同时，也改善了城市的水环境。

通过各种方式蓄积起来的雨水资源，对其进行合理的调控和利用，能够满足很大一部分非饮用的市政、生活用水甚至一部分工业用水，尤其是对西北部的缺水城市来说，雨水的直接利用能够在很大程度上缓解目前水资源严重短缺的局面。

## （三）城市雨水的间接利用

雨水的间接利用主要是指雨水的入渗与回灌地下水，通过各种渗透设施使得雨水渗入地下补充地下水，不但可以减轻城市内涝，还能缓解城市地面沉降、地裂缝、咸水入侵等地质环境问题。目前，全国许多城市，尤其是北方城市，地下水位持续下降，给雨水利用提供了巨大的存储空间，将雨水回灌到地下，建立一个"地下水库"，对涵养地下水源、改善水文地质环境有着重要的意义。

## 三、城市雨水利用的工程技术研究

城市雨水利用系统主要包括收集与截污系统、调蓄系统和渗透系统等，本小段对城市雨水收集与截污、雨水调蓄和雨水渗透的相关理论与工程技术分别进行了详细的研究，为城市进一步展开雨水利用提供理论依据和技术参考。

## （一）雨水集蓄及截污技术

城市的雨水收集面类型主要包括硬化地面、建筑物屋顶、绿地和水面四种形式，其中硬化地面又包括交通道路、人行道路和广场等。不同下垫面的雨水利用方式有所差异，且雨水径流的水质情况也不一样，因此，针对城市不同的雨水收集区域，需要采用合适的雨水收集和截污技术。下面介绍城市雨水收集和截污的几种主要方式：

### 1. 屋面雨水收集及截污

屋面雨水收集是指以城市建筑物屋顶作为集水面来收集雨水，是城市雨水利用中最普遍的雨水收集方式。屋面雨水收集模式最早出现在德国，因为其收集的雨水水质比较理想，且便于直接利用，目前已经得到了很多国家的广泛应用。屋面雨水利用的示意图，通过特殊的收集装置对屋面雨水进行收集，然后通过传输管道输送到地面或地下，屋面雨水利用主要包括收集系统、处理系统、存储系统和回用系统。降落到建筑物屋顶的雨水通过雨落管和输水管道进入到蓄水池，蓄水池分为两层，上部蓄水池接纳输水管道中的雨水，经过大孔隙混凝土层后进入下部的蓄水池，大孔隙混凝土层主要起到过滤和净化的作用。屋面雨水利用的设计简单且造价不高，但雨水收集量可观，收集到的雨水经过简单的处理后便可以用于道路喷洒、厕所冲洗、绿化浇灌等，也可以输送到周围的洗车场，用来洗车等。在德国，城市通过小区屋面集蓄的雨水基本能够满足每家每户浇花、冲厕、洗衣等庭院杂用水。目前，屋顶绿化已经成为很多城市的一种新型的雨水利用方式，在居民小区或者商业建筑物的屋顶种植一些以景观类为主的绿色植物，既能就地拦截屋面雨水，又能增加城市的绿化面积，美化城市环境。屋面雨水的截污措施有很多种方法，屋顶雨水管上设置的截污滤网装置为雨落管上常用的活动式截污滤网装置，安装在雨水斗、排水立管或排水横管上，雨水管内设置金属或塑料材质的滤网，滤网需要进行定期清理。

花坛渗滤净化过程装置为另一种屋面雨水的截污方法，在建筑物的四周设置花坛接收屋面雨水，既能净化雨水，又能满足植物的水分需求，美化环境，花坛渗滤装置中的土壤通常采用渗滤速度和吸附净化污染物的能力比较强的材料。

### 2.地面雨水收集及截污

随着城市化的快速发展，硬化地面的面积不断增加，道路、房屋、公共设施等的修建使得自然状态下的土壤都变成了不透水地面，硬化地面容易形成地面雨水径流，是城市良好的雨水收集面，只要修建一些简单的雨水收集和蓄存工程，就可将雨水收集回用，避免雨水白白流失。在城市规划时，应将地面设置一定的坡度，利于雨水径流通过雨水口进入排水管或者蓄水池。雨水口的设置，必须能够保证不同设计频率的径流量，雨水口一般设置在路面的低洼处或者道路两侧的下凹处。

城市道路、广场一般都非常的宽阔，且道路、广场在修建时通常已经设置了适当的散水坡度与导水渠道，城市四幅路横断面图，设有两侧分隔带，分隔带的作用是将行车道和人行道分开，保证交通安全，同时还能引导雨水径流沿纵向断面进入雨水口。城市道路的分隔带往往也是绿化带，将部分人行道和车行道的雨水直接或间接排入绿化带，可以减少浇灌次数，减轻市政用水压力。

在对城市道路实施雨水利用时，必须充分考虑防水和排水问题，以保证道路路基的整体稳定性。通常在绿化带内埋设的盲沟和管道，直接接入城市排水系统，防止雨水侵蚀路基底部。

城市道路和广场收集的雨水径流的水质明显要比屋面要差，因此，通常在雨水口设置截污装置或者安装初期雨水弃流装置，一般有截污挂篮、初期弃雨装置等。

截污挂篮大小与雨水口尺寸相匹配，长宽一般较雨水口小20~100mm，直径在300~600mm之间，深度要保持挂篮底位高于雨水口连接管的管顶，挂篮设置上下两部以保证截污的效果，侧壁下半部分和底部都采用土工布和尼龙网两种材料，土工布的规格需要根据雨水径流强度以及携带污染物类型来确定。初期雨水的弃流装置是提高雨水径流水质的重要技术方法，一次降雨过程中60%以上的污染物集中在初期的雨水径流中。根据城市不同功能分区的雨水水质情况，确定初期雨水的弃流量，能够有效去除大部分的悬浮物以及可溶解的污染物。目前，国外一些成型的雨水截污装置已经投入市场。

## （二）雨水调蓄技术

雨水调蓄是指对雨水资源的调节和存蓄。降雨和径流均具有时效性，收集到的雨水不可能在短时间内得到有效的利用，雨水调蓄的原理就是通过天然或者人工构筑的存储空间，将雨水资源先蓄存起来，对雨水进行回用或者调控排放，使雨水资源的利用效率最大化。城市雨水调蓄空间一般包括管道、蓄水池、屋顶绿化、湖泊和洼地等。

### 1. 雨水管道调蓄

雨水管道除输水功能外，本身的空间就可以用来调蓄雨水，雨水管道的上游或者下游通常会设置溢流口，当管道内的水位超过设计水位时，雨水会从溢流口排出，不会加大调蓄管道上游管道的排水风险。

### 2. 地下封闭式蓄水池

在条件允许时可以人工修建地下蓄水池来调蓄雨水径流，地下蓄水池对雨水调控更为灵活，但施工复杂且成本较高。蓄水池一般采用钢筋混凝土结构，由壁池、检查井、供水管、泵坑、进水口和出水口等构成。降雨径流经过沉淀、过滤等初步处理后进入蓄水池，供水时通过水泵提水。

对于雨水调蓄池容积的计算方法，日本、美国、中国都有不同的计算公式。国内调对于雨水调蓄池容积的计算方法，日本、美国、中国都有不同的计算公式。国内调蓄池容积的确定主要参考《给水排水设计手册》和《给水排水管网系统》，《给水排水设计手册》第5册（第二版）"1.6雨水调蓄"中介绍了通过径流的流量过程线来计算。

### 3. 屋顶绿化系统

屋顶绿化是指在建筑物屋面种植合适的植物，通过植物根系的蓄水和保水功能将降落到屋顶的雨水临时滞蓄在屋面的种植层。雨水进入植物的种植层（基质层）过滤之后进入蓄水层，待一次降雨过程过后再排出。这种雨水滞留方式不但能够削减城市径流，缓解城市防洪压力，还能大大增加城市绿化面积，起到美化城市环境、净化城市空气的效果。德国一项数据显示，覆土厚度在10cm以上的屋面绿化基本可以滞蓄50%的年降雨量（这部分雨水以蒸散发的方式被二次利用），多余的雨水可通过屋面雨水收集系统进入雨水调蓄系统中。

### 4. 湖泊、洼地、湿地系统

湖泊、洼地、湿地等城市水体是雨水调蓄的主要场所，调蓄雨水具有成本低、空间大的特点，不但可以增加城市蓄水量，还可以减轻城市防洪负担。对湖泊、洼地进行简单的改造，并配以相应的设施，洪水来临时，分流至湖泊、洼地或者湿地，这部分雨水径流可以满足自身的生态需水，还能承担部分市政公共用水和绿化用水。与此同时，对于底层透水性较强的湖泊和洼地，还可以将雨水径流直接引渗，回补地下水，并通过地下引流的方式补充城区地下水源，在一定程度上缓解城区地下水位下降的趋势。

## （三）雨水渗透技术

雨水渗透是一种间接的雨水利用技术，其目的是将雨水渗透或者回灌到地下，一方面减少城市雨水管道网所需的容量，减轻城市防洪压力，另一方面补充城市地下水资源，改善城市水环境。雨水渗透的方法包括渗透地面、渗透沟管、渗透井和深井回灌等。

### 1. 渗透性地面

渗透性地面可以分为天然渗透地面和人工渗透地面两种，天然渗透地面在城市主要是指绿地，植物根系具有很好的保水和净化功能，雨水降落到绿地往往不易形成地表径流，而是渗透到土壤包气带或者补给潜水含水层。城市绿地资源可以增加雨水的入渗量。人工渗透地面是指在保证道路的正常使用用途的前提下，对路面采用特殊的结构和材料，使雨水降落到地面后能够快速的渗透到路基或者垫层中，补给或者回灌地下水。这里主要介绍人工渗透地面。人工渗透地面主要分为两类：一类是与外部连通的多孔结构形成的渗透性沥青或混凝土地面镂，另一类是使用空地砖（俗称草皮砖）铺砌的地面。典型的多孔沥青透水地面结构示意图，表面沥青的铺装一般使用中、粗骨料，沥青质比在 5.5%～6.0% 之间，孔隙率范围在 12%～16% 之间，厚度大约 6～7cm。沥青层下设滤层和蓄水层，滤层和蓄水层的透水系数均应大于 0.5m/s，使雨水能够直接入渗，其厚度由设计的蓄水量而定。

### 2. 渗透管

渗透管是在传统输水管道的基础上改造而成，由带孔的 PVC 管或者其他渗透性材料加工成，在周边用砾石覆盖，屋面、道路雨水径流进入渗透管通过带孔的 PVC 管向周边土壤层渗透扩散。渗透管四周从内到外分别为卵石、石子和粗砂层，这 3 层碎石渗透性较强，对雨水具有调蓄作用，雨水通过碎石层进入含水层，补充涵养地下水。

渗透管优点是占用空间少，适合在城区或者居民小区埋设，缺点是施工相对复杂，运行维护困难。渗透管可以单独使用，也可以和雨水管道或者其他渗透设施联合使用。进入渗透管的雨水径流必须经过前期的处理，去除雨水中的杂质和悬浮物，防止渗透管的穿孔发生堵塞或者造成渗透能力下降，一旦发生这种情况，很难进行清洗。在实际使用中，通常采用带有盖板的渗透暗渠，一方面便于地下渗透管的运行维护，另一方面可以减少挖深和土方量。

### 3. 渗透井

当地表下浅层土质渗透性较好时可采用雨水集中入渗的渗透井，渗透井打穿地下透水层，汇集的雨水通过管道排入渗透井，渗透到地下。渗水井采用混凝土制品，形状和构造为直径小于 1m 的圆形坚固构造，井的深度由水文地质条件以及雨水收集规模决定，但是井底离地下水位的距离至少为 1.5 米。渗透井通常设置在雨水收集系统的末端、排水系统的起点，根据收集的位置和雨水水质等的不同，选用不同类型的渗水井，渗透井的示意图，在井底设置过滤层，在过滤层以下的井壁开孔，雨水通过过滤层进入地下水，大部分的杂质和污染物被截留在过滤层，过滤层的滤料一般采用渗透系数小于 0.001m/s 的石英砂，且滤料应定期更换。渗透池的选址需要考虑渗透条件、地质条件、与建筑物的安全距离等因素，将渗透池与建筑物雨水管连接时，要注意渗透对周边建筑物地基的影响。

渗透井池的优点是占用空间小，便于管理控制，缺点是不可避免的堵塞问题，地面和屋面的初期雨水会携带一部分的悬浮物和杂质，可能会造成渗透装置和土壤层的堵塞，因此，在雨水径流进入渗透池前必须进行前期处理。

### 4. 下凹式绿地

随着城市生态文明理念的提出，城市绿化面积已经作为衡量一座城市生态环境的一项重要指标。城市建设中绿地面积比率逐年提高，为城市雨水的调蓄和利用创造了有利的条件。下凹绿地是一种重要的雨水调蓄技术，与传统的草坪相比，下凹绿地的蓄水空间和蓄水能力更大，既能够增加雨水的渗透量，又可以有效的容纳雨水径流，削减城市洪峰流量。下凹式绿地作为城市雨水利用的一种新兴模式，在国内外已经得到了广泛的应用，并且取得了显著的效益。

下凹绿地是指通过工程措施改变绿地的高程，使得绿地高程平均低于周边地面 5～10cm 左右，保证周边硬化地面的雨水能够自流进入绿地。下凹式绿地内设置渗透设施等入渗自产雨水并消纳客地雨水，渗透设施包括渗透池、渗透井、渗渠等。在绿地内设置雨水口，便于及时排除绿地内的积水，雨水口顶面标高应当高于绿地 20～50mm。周边不透水地面的雨水径流通过人工设置的水力坡度流入下凹绿地，首先入渗补充土壤水和地下水，待绿地蓄满后形成雨水径流通过雨水口进入城市排水管道。为了保证植物的正常生长，下凹式绿地宜选用耐湿性种类的植物。

# 第四节　污水再利用技术

城市污水资源化是指将经过深度处理后的城市污水，作为再生水资源应用到适宜的用途。污水再利用是指经过处理达到水质要求标准的城市污水，在适宜使用的范围内使用。污水资源化作为一种环保理念，是解决水资源短缺、减少污水危害环境的重要举措，实施污水资源化工程能够推动我国可持续发展战略的落实与发展。

## 一、城市污水资源化的可行性与再生水的用途

### （一）城市污水资源化的可行性

污水资源化作为可持续发展战略的重要举措，具有一定的可行性。

#### 1. 技术可行性

基于传统的二级污水处理及深度处理工艺，污水资源化处理技术能够对污水进一步加工处理，其水质更加符合质量安全标准。目前，我国已经做出了污水资源化的相应举措，

初步建成了一批污水处理与再利用工程设施。除了大连污水再利用试点工程外，我国在高碑店、天津、青岛等城市已经建成了污水再利用项目。

### 2. 水量可行性

我国城市污水总量较大且主要集中在工业园区及市民居住区，污水的数量不受季节变化的影响，水质、水量均具有一定的稳定性。因此，城市用水不受季节限制，再生水可以满足城市常年的水资源需求。同时，我国城市污水资源化发展潜力巨大。有关调查数据表明，目前我国有近50%的城市污水能够在加工处理后安全再利用，但城市污水的自利用率仅为30%左右。

### 3. 经济可行性

相比与跨区域远程调水，城市污水资源化工程运输距离大大缩短，降低了运输渠道建设成本以及水资源运送途中的浪费。相比与新建自来水厂，污水处理企业只需在原有厂房与处理技术的基础上，配备缺少的污水二级处理与深度处理技术，大大降低了新建自来水厂的建设成本。大连污水资源化工程的运行数据显示，再利用水的生产成本仅为生产自来水成本的一半。

## （二）再生水资源的用途

对城市污水进行深度处理后，可以生产出水质安全、达标的再生水资源。以不与人体直接接触为前提，再生水具有广泛的用途，具体如下。

### 1. 城市公共用水

再生水资源可以应用于喷洒道路、灌溉绿化、景观水域等城市公共资源维护，可以用作冲洗车辆、冲刷厕所等居民生活用水，还可以用作建设人工湿地、开发人工湖、补给自然河流与湿地等环保用水。

### 2. 工业用水

再生水资源可以应用到工业生产中，补给工业循环用水以及矿产资源开发冷却用水，有效缓解不断扩张的工业企业水资源需求与水资源可持续发展之间的矛盾。在工业生产中，循环用水约占工业用水总量的75%，能源开发企业的冷却用水占工业用水总量的90%。为了支持工业企业的发展，污水资源化企业务必保证再生水的供应稳定性、水质安全性和供应总量。

### 3. 农业灌溉用水

农业灌溉存在巨大的水资源需求，再生水应用于农业灌溉可以有效减少纯净水资源的消耗量，同时再生水中含有的化学元素既能为农作物的生长提供充足的养料，又不危害农作物的安全

### 4. 地下回灌水

经过深度处理的再生水排入城区附近的流域，能够通过地表水渗透有效补给地下水资源，避免地下水位降低，有效平衡地下水资源总量。

## 二、城市污水再利用模式

目前，以污水再利用需求的不同进行分类，我国污水回用模式主要有建筑中水再利用模式与集中处理再利用模式两种模式。集中处理再利用模式是指将目标水源选定为城市中的污水处理厂中收集的污水，对污水处理厂中的污水资源进行深层次集中处理，使处理后的水质达到水质要求标准，最后通过集中运输配送管道分配给再生水用户。建筑中水再利用模式是与集中处理模式的集中处理相对而言，对城市中的污水进行分散式处理，主要是将包含商场、宾馆、大型超市、大型酒吧等在内的商业区及居民住宅区等城市区域的自排水作为目标水源，采用独立分布的中水处理设备对污水深度处理后再利用，这种方式产生的再生水主要用作冲厕、洗车等居民生活用水以及城市绿化灌溉、喷洒公路等城市公共资源维护用水。

这两种城市污水回用模式各有利弊，使用的情景各不相同。目标水源及水质稳定、水量波动不大、处理效果较好是集中处理再利用模式的显著优点。同时，集中处理再利用模式的处理设备集中，降低了再利用水后期分配运输的成本与难度。相对于集中处理再利用模式而言，建筑中水再利用模式处理水的总规模较小，水量来源及水质情况不稳定。同时，由于各个水源之间分散独立，各个处理系统联系不密切，不仅加大了集中管理的难度，也加大了再生水的运营成本。

## 三、城市污水再利用处理步骤

一般来说，城市污水再利用处理技术依次可以分为机械处理、生物处理、深度处理和污泥处理四个处理步骤。一级处理技术作为污水处理的初级步骤，又称为物力处理技术，是指通过物理沉淀、物理吸附或格栅等机械手段进行处理，分离水中含有的碎石粒、细砂石以及油脂、脂肪等化学物质。二级处理技术又称为生物处理技术，主要是通过利用微生物将污水中的有害小分子污染物分解、转化为无害的污泥。三级处理技术又称深度处理技术，包含深度去除污水中的超标营养物质，以及用氯气、臭氧或紫外线辐射等技术消毒水资源。最后一个处理步骤是对污泥的处理，这是防止污染物二次污染环境、提高污水处理效果的关键步骤。需要注意的是，由于原水水质和再利用水的用途不同，在城市污水再利用处理过程中，不是所有污水都需要进行上述四个步骤的处理。

### （一）一级处理阶段：机械处理技术

机械处理的目的是去除水中的大颗粒悬浮物及大分子杂质，采用的是固液相分离的物理原理，通过机械方法将污水中的大颗粒固体污染物从液态水中分离出来，其处理设备主要包括格栅、沉淀池、过滤池等构筑物，是一种普遍采用的污水初级处理方式。机械处理技术可以去除城市污水中约25%的BOD5（五日生化需氧量）以及近50%的SS（悬浮物）。需要注意的是，为了避免有机物快速降解，加大后续处理步骤的难度，曝气沉淀池不适合在生物除磷脱氮型污水处理技术中使用。同时，处理具有难以除磷脱氮特性的污水，是否设置初沉池需要根据污水水源特点和再生水的用途决定，从而保证后续步骤有效进行和再生水的质量。

## （二）二级处理阶段：生物处理技术

生物处理技术主要目的是去除水中含有的具有不可沉悬浮或生物可分解特性的有机物。生物处理技术丰富多样，主要包含活性污泥处理法、氧化沟处理法、稳定塘处理法、AB 处理法、SBR 处理法、A/O 处理法等技术。其中，活性污泥处理法是大多数城市污水处理厂处理污水时采用的二级污水处理技术。生物处理技术的处理原理是利用微生物的分解作用，将水中含有的可分解有机物分解并转化为无毒无害的气体物质（如二氧化碳、氮气）、液态物质（如水）以及固体物质（如富含被分解后的小分子有机物的生物污泥），同时依据固液相分离、气体挥发的性质，将气体、固定物质从沉淀池中有效去除。

## （三）三级处理阶段：深度处理技术

深度处理技术是三级处理阶段的核心工艺。目前，深度处理技术在我国污水处理厂中的实践应用并不广泛，其核心工艺是通过脱氮、除磷工艺深度处理经二级处理后的水，使用反渗透技术或者活性炭等物理吸附技术分离水中剩余的顽固性污染物，利用氯气、臭氧等无毒杀菌气体进行深度灭菌处理，并将最终产生的再生水通过运输配送管道输送给用户，用于城市资源维护用水、生活用水以及工业用水等。

## （四）最终处理阶段：污泥处理技术

污水处理的最终阶段是对污泥的处理。在上述三级处理过程中，均会产生富含营养物质以及杂质、病原体等有毒物质的污泥，主要包含来自一级处理阶段的初级污泥、来自二级处理阶段的活性污泥、来自三级处理阶段的化学污泥。由于污泥含有有毒有害物质，污泥处理不当将会造成生态环境的二次污染，危害人体健康。减容、减量以及稳定无害处理是城市污水处理产生污泥的常用处理技术。污泥处理作为污水处理步骤的最后阶段尤为必要，污泥处理在提高污水厂的净化效果、保护生态环境方面发挥着巨大作用。

# 第五节　建筑节材技术

## 一、法律对建筑节材的支持

### （一）基本概述

建筑节材是绿色建筑"四节一环保"的重要组成部分。"节材"一词最早在 1990 年颁布的《节约原材料管理暂行规定》中使用，是"节约原材料"的简称。2005 年的《绿色建筑技术导则》首次将"节材"纳入绿色建筑"四节一环保"的范畴，指"材料资源的循环利用和绿色建材的使用"。2010 年，田斌守在《建筑节材》3 中，首次对"建筑节材"的概念进行了较为系统的界定，明确建筑节材是从开采—生产加工—设计—施工—废弃回收利用这样一个"材料全生命周期"的概念。近年来,建筑节材的内涵随着理论和实践的发展不断丰富和完善,新的内容不断纳入到节材的内涵中来。例如,使用废弃建筑材料加工而成的"再生建材",也被视为建筑节材的一项指标。

建筑行业是关系到国计民生的重要领域,建筑业的能耗占到我国总能耗的28%,其中16.7%就属于建筑材料带来的能耗。近十几年,随着我国日益高涨的房价,建筑业规模不断壮大,建筑材料的产量也翻了几番。据统计,"十二五"期间建材工业规模以上工业增加值的年均增速已经达到10%以上。随着国家对节约型社会、绿色建筑和循环经济理念的倡导,我国的建筑业正在由粗放经济型产业向循环经济型产业过渡,由资源耗损型产业向环境友好型产业转变。绿色建筑理念的提出对降低整个生态系统的能耗,提高资源利用效率,节约资源和保护环境工作都具有重要的现实意义。

自2005年建筑节材被提出后尚处于成长发展阶段。建筑节材作为一种新的发展模式,在我国的推行面临诸多挑战。主要表现在:一是社会各界,尤其是建筑相关单位对建筑节材的认识普遍比较落后,缺乏对节材投资长期回报的合理估值,在建筑项目中怠于执行强制力较弱的节材相关法规,限制了节材相关法规、标准的推广执行。地方政府建筑决策部门由于对建筑节材的认识多停留在初期的"材料节约"或"建筑废弃材料处理"的层面,在推行建筑节材的过程中缺乏主动性和紧迫感。二是建筑节材在推行初期需要的投入资金远远大于回报值,而绝大多数规模一般或者较小的建筑开发商,本来看中的就是地产行业的暴利和高增值率,只有少数规模庞大的地产大亨才愿意投入大量资金,使用节材设备、产品,建设绿色低碳建筑。三是缺乏有效的推行机制,推动建筑节材发展的强制与激励措施缺位,"已有的监管制度,对节能非常重视,但对节水、节材、节地和环境保护方面重视不够。"

建筑节材要从国家倡导转变为社会现实,需要作为桥梁的法律规范的确认和调整。在建筑节材漫长的发展过程中,急切需要解决的,是如何制定有效的法律措施、充分发挥法律的推动作用、促进建筑节材的推广和实施。但是,从国内对建筑节材的研究现状来看,主要集中在节材的技术措施与评价方面,且节材技术的研究已逐渐走向细致化、专业化、前沿化。而针对节材的法律相关研究及推行实施机制的研究较少且多是间接研究,直接研究几乎空白。

## (二)重要的推动措施:法律激励+法律强制

对于一切新兴的理念、技术或者生产、加工建造模式等新事物,最重要的事情是什么?而法律又能做或者应该做些什么来促进这些至关重要的新事物的发展呢?这是作者思考最多的问题。通过对绿色建筑、节能减排等新事物近十年的迅速发展历程进行研究发现,无论是国内还是国际,促进新事物发展最有效的手段,就是"激励+强制"的推动模式,即俗称的"胡萝卜+大棒"模式。

以我国绿色建筑的发展为例,绿色建筑建设自启动,从"十五"期间的先行先试、到"十一五"搭平台建体系、"十二五"给激励促普及和"十三五"由倡导到强制的四个发展阶段,目前已进入了强制与自愿相结合的新常态发展模式。国际层面,新加坡、日本、英国等国家，推动绿色建筑和建材节约与循环利用的过程，采取的也是"激励＋强制"并驾齐驱的发展模式。例如，英国的绿色建筑推广政策集中在经济激励和强制两方面，经济激励如税收减免、贷款优惠、财政补贴等。强制政策方面，英国将公共建筑作为重要突破口，提出公共建筑强制执行节材标准的要求，同时，要求公开公示大型建筑的能耗情况统计，通过量化信息公开的方式，让普通公民有机会参与，成为社会监督的重要力量。对民用建筑，英国也酌情提出了强制性要求，如规定新建建筑设计时必须综合考虑节材、节水、节能等问题，要求民用建筑在实际开工以前，需先取得具体的建筑能耗分析报告，这是施工建设的前提。

因此，对于建筑节材这样同样处于发展阶段的新事物而言，适当的法律激励措施和法律强制措施，才是最有效的推动方式。

## （三）建筑节材法律激励措施实施现状与对策

### 1.法律激励措施实施现状及不足

我国从中央立法和地方立法层面制定了诸多促进绿色建筑发展的激励措施，包括财政补贴、税收优惠、信贷优惠等经济激励方式，也包括示范项目工程榜样激励、奖项激励和其他激励方式。适用于节材的有三个，即再生建材财政补助专项资金、新型墙体材料专项基金、政府带头示范。此外，全国绿色建筑创新奖在《评审标准》中将节材作为评审要点，且有具体的评审项，也适用于节材的激励。

（1）再生建材财政补助专项资金。2008年财政部为贯彻落实国务院的《节能减排工作方案》，推动再生建材生产和利用以及汶川地震建筑垃圾的处理利用，制定《再生节能建筑材料财政补助资金管理暂行办法》。再生节能建材财政补助金，是依中央财政安排，专项用于支持再生建材生产、推广和利用的资金。适用对象主要是用建筑垃圾等废弃物生产的再生建材以及新型节能建材。使用范围主要有：再生节能建材企业用于扩大产能时的贷款贴息；再生建材推广利用奖金；有关技术、标准和规范的研究与制定；其他经财政部批准的相关支出。但是，该办法目前已经失效，且办法第五条规定的"再生节能建筑材料推广利用奖励办法另行制订"也并没有落实下去。

（2）新墙体材料专项基金。2008年财政部、国家发改委为规范新墙体材料专项基金的征收、使用和管理，发布《新型墙体材料专项基金征收使用管理办法》，由地方财政部门和新墙体材料主管部门实施，各级墙体材料革新办公室具体征收、使用和管理。凡未使用《新型墙体材料目录》列表的新墙体材料的建设单位，无论是新建、扩建或改建建筑工程，均应按规定，缴纳专项基金。该专项基金的使用范围是：生产技术改造以及设备更新相关的贴息及补助；新的产品、工艺和技术的研发及推广使用；示范项目、农村示范房建设及试点工程的补贴；推广发展所需要的宣传、培训资金。新墙体材料专项基金在我国得到全面落实，地方各级政府和建设部门纷纷出台实施细则、实施办法和操作细则等。但是，2017年3月，财政部发布《关于取消、调整部分政府性基金有关政策的通知》，明确自4月1日起，取消新型墙体材料专项基金。

（3）政府带头使用绿色再生建材。2010年，深圳市住建局等联合发布《关于在政府投资工程中率先使用绿色再生建材产品的通知》，提出在政府投资工程中优先使用再生建材产品。该通知从多方面总结了使用绿色再生建材可能存在的风险，明确率先使用再生建材产品的项目范围、再生建材的生产、使用的技术规范、再生建材产品的质量认定、销售价格等内容。深圳市政府率先示范使用，不断完善再生建材的技术、质量、价格、监督等因素，使得再生建材逐渐得到市场的信赖，推广和发展势头良好。目前，深圳市逐步细化规范，将再生建材产品适用的工程部位都明确规定，还制定了再生建材产品使用目录。深圳市充分发挥以政府带头示范，激励地方建筑企业全面采用再生建材，效果良好。但是，2010年以来，再生建材的使用在我国并没有被广泛推广开来，只在深圳和广州两市实施。

（4）全国绿色建筑创新奖。2004年原建设部颁布《全国绿色建筑创新奖管理办法》，同年制定了实施细则和评审标准。办法规定，由住建部归口管理奖项实施事宜，住建部建筑节能与科技司负责创新奖的日常管理，每两年评审一次。全国绿色建筑创新奖在我国实施情况良好，地方政府和企业均积极申请奖项，2015年有63个项目获得该奖项。2013年有42个获奖项目，2011年有16个项目获奖。可见，绿色建筑创新奖的获得者数量逐年递增，该奖项在鼓励和推动绿色建筑方面的效果显著。但是，《全国绿色建筑创新奖评审标准》第十三条的规定的节材与材料资源利用的评审要点，只是片面地针对节材的某一面，对建筑节材的激励作用有限。

综上，由于建筑节材激励措施或是失效，或是实施范围受限，或只是片面地针对节材的某一面，发挥的激励作用十分有限。新事物的发展必定会在资本市场遇冷，无法发挥市场的调节和促进作用，最需要国家法律与政策的扶持，发挥政府"有形的手"的作用，如何实施有效的激励措施推行建筑节材是非常重要的问题。

### 2. 完善：制定多样、有效的节材激励措施

激励措施应该以促进建筑节材在我国的推广和发展，提高建筑材料利用效率，实现建筑全生命周期的材料节约与循环利用为目标。以经济激励为主，以政府示范、政府奖励等为辅。初级发展阶段，节材激励的主体是政府，激励对象包括建筑开发商（建设单位）、设计单位、施工单位、监理单位、物业管理单位等建筑相关单位。但随着节材的推广发展，市场的基础性作用应该被利用起来，政府应慢慢降低扶持力度。

（1）设立建筑节材专项资金。现有的再生建材财政补助专项资金和新墙体材料专项基金都已经失效，许多地方政府虽然结合当地情况设立了绿色建筑相关专项资金，如安徽省的绿色建筑专项资金、四川省的绿色建材发展专项资金等，但缺乏适用于节材的专门款项。建筑节材的推广和发展需要财政专项资金的重点投入，设立建筑节材财政专项资金是支持节材观念在建筑领域推行的助推器。中央和地方政府应研究建立建筑节材专项资金。节材专项资金的设立，应有具体的使用方向：一是用作科研经费，以资助相关科研单位，从事与节材有关的技术、标准、材料、设备等研究和开发工作；二是建议制订"节材产品推荐使用目录"，针对使用目录中列明的技术产品的建筑项目，通过贷款贴息、担保补贴等方式适当奖励；三是用作资助有关机构从事节材评价、标识、管理等制度研究。

（2）适当的财税优惠和信贷优惠。实现节材目标的高成本让诸多建设单位望而却步，

解决资金问题是当务之急，适当的财税和信贷优惠会产生更显著、直接的推动效果。财税优惠能够减轻企业负担，补偿因推行建筑节材带来的增量成本，调动建筑各参与单位的积极性。政府通过政策性银行给予开发商（投资方）适度的贷款优惠，能转移部分因购买节材技术、设备、绿色建材等带来的高成本压力。为充分实现节材经济激励的目的，中央和地方应结合实际情况，以立法方式制定专门激励节材发展的税收、信贷优惠方案。例如，对建筑工程项目竣工后，依照绿色建筑节材标准后进行认证，达到一星级或者二星级标准的，分别由地方政府给予一定财政补贴，或者给予营业税、土地增值税、企业所得税等方面的税收优惠。此外，国家与金融机构合作，结合地方实际情况，制定促进节材发展的信贷优惠方案，如低息贷款、无息贷款和贴息贷款等。财政补贴、税收优惠和信贷优惠的资金来源，可以通过政府公共财政预算予以解决，或通过节材专项资金提供资金支持。

（3）广泛设立节材的试点示范工程。建筑节材试点示范项目是与节材专项资金相配套的激励措施，设立节材试点示范项目，一方面是为带动建筑相关主体的积极性、向社会宣传建筑节材的理念；另一方面是为通过节材试点示范项目的申请、验收，挑选出在节材方面有重大或较大贡献的项目，有针对性地对这些项目进行专项资金投入。广泛设立节材示范项目，应由住建部有关部门负责统一归口管理，由省住建厅（直辖市住建委）负责示范工程的立项审查与批准实施、监督检查、项目验收、称号授予等组织管理工作，县（区）级住房和城乡建设行政主管部门负责本行政区域内示范工程的组织实施和日常管理。节材试点示范项目的设置，应分设国家级、省级、市级、县级四个等级，每一等级设立不同的评选标准，申报单位可以自由选择要申请的等级。在示范工程的实施中，可以通过规划、设计、施工、运行管理等环节优化材料资源配置，推广和优先使用先进的节材技术与产品，促进建筑节材技术进步和绿色建材产品的研发。建设单位是示范工程的申报主体和实施主体。节材示范项目推行一段时间后，管理部门应酌情制定相应的《建筑节材示范项目实施管理办法》，逐步完善节材示范项目配套的管理制度。

除上述激励措施，还应该注意其他适用于建筑业绿色发展、推进建筑工业化发展等间接促进建筑节材推广发展的经济激励措施。例如完善现有的全国绿色建筑创新奖、地方绿色建筑专项基金、将再生绿色建材纳入政府采购范围等。建立多样、有效的节材法律激励体系，是随着实践的拓展和检验不断完善的过程。

## （四）建筑节材的法律强制措施实施现状与对策

### 1. 法律强制措施的实施现状及不足

法律强制是通过各类法律法规和行业标准的制定与强制执行，来达到一定目标的行为。强制措施能够直接管制企业的行为，目标明确，效果明显。按照强制的主体、对象及针对的阶段不同，适用建筑节材的法律强制措施可分为标准强制，监管强制和责任强制三种方式。标准强制是通过施工图审查机构对设计及施工阶段的图纸、文件进行审查，强制执行建筑节材的相关标准。监管强制是最常见的强制执行方式，建筑节材相关行政管理部门通过制定文件、定期巡视、专项检查等方式，督促和管理节材标准、措施、技术等的实施。责任强制是通过在立法中规定违反建筑节材的管理规定、技术规范、评价标准等规定时，有关主体承担相应的违法责任。

（1）建筑节材标准强制——施工图审机构严格审查。施工图设计文件审查，指建设行政主管部门认定的施工图审查机构，依法对施工图涉及的强制性建设标准等进行审查，一般通过制定绿色建筑施工图审查要点，在进行施工图审的时候，直接将节材的评价标准或依此编制的节材设计标准、施工图审查要点作为图审的依据。审图机构分专业对项目具体选用的节材技术指标进行审查。经汇总分析，得出是否满足节材要求。我国大部分省市均已结合地方实际情况颁布了施工图审查要点，如安徽省《绿色建筑施工图审查要点（试行）》、海南省的《绿色建筑基本技术审查要点（试行）》、陕西省的《绿色建筑施工图设计文件技术审查要点》等。

（2）建筑节材监管强制——行政专项执法检查。住建部住建主管建筑相关事宜，下设建筑节能与科技司承担推进绿色建筑、城镇减排的责任，负责制定绿色建筑节材方面的行动方案、技术指标、评价体系等。地方各级建设行政主管部门是执法机关，负责本地区的绿色建筑节材推广，并制定符合本地区情况的政策、措施、指标，促进实现地区绿色建筑节材目标。行政机关的专项检查是我国各地方省市建设行政主管部门推行绿色建筑节材的主要方式。当前已经有甘肃、重庆、广州、浙江、吉林等14个省份开展了针对绿色建筑的专项检查制度。专项执法检查制度，是我国推行绿色建筑节材的主要方式之一。

（3）建筑节材责任强制——违法责任严格规定。违法责任的约束作用体现在两方面：一是针对建设单位、设计单位、施工单位、监理单位等建筑相关单位违反绿色建筑节材立法或强制性标准应该承担的行政处罚责任；二是针对县级以上地方人民政府或其他的有监管职责的部门工作人员，存在玩忽职守、滥用职权、徇私舞弊等违法行为，依法应当承担的责任。前者责任主体是建筑相关单位，承担的是行政责任。后者责任主体是公权力机关，承担的有行政责任也可能有刑事责任。违法责任的强制作用，能在一定程度上约束建设相关单位和管理机关，按照规定执行绿色建筑节材的规范。但是，违法责任的规定只存在于个别地方政府制定的绿色建筑条例、办法之中，并没有在被广泛推广和使用。

综上，适用于建筑节材的强制措施主要是针对节材标准的强制审查、对节材施工的专项检查和对违反节材规定的责任约束三种。但强制毕竟还是依靠利用公权力的制约发挥作用，强制不宜过度。强制手段应该与激励手段同时进行，在保障建筑节材法律法规实施的同时，培育相关的绿色市场的成长。

## 2. 完善、建立全面、有效的强制措施体系

节材的强制措施以现行中央和地方节材标准、指标为主要参考依据，遵循因地制宜原则，充分考虑建筑全寿命周期的各个阶段，将其纳入节材的主要环节进行控制，分别制定有针对性的、便于操作的强制技术规范，提供技术支撑。在此基础上，通过立法或者规范性文件，明确各相关部门的责任和义务，建立建筑节材的目标责任制度、设计审查制度、专项检查制度、专项验收制度、绿色标识管理制度等，形成以强制标准为基础的闭合的强制措施体系。

（1）完善节材设计审查制度。审查制度主要适用于建筑设计阶段和建筑施工阶段。

我国住建部 2013 年颁布的《关于印发"十二五"绿色建筑和绿色生态城区发展规划的通知》中，明确提出通过"绿色建筑设计专项审查制度"加强制度监管，要求"地方各级住房城乡建设主管部门在施工图设计审查中增加绿色建筑专项审查，达不到要求的不予通过"。目前部分地方政府已经制定了适合地方情况的绿色建筑施工图审查要点（如福建）、施工图设计文件技术要点（如陕西、海南），建立了强制执行绿色建筑的审查机制，其中包含部分建筑节材的审查内容，但并未对节材进行专项审查，而将节材相关内容分开放在建筑专业、结构专业等不同专业审查要点下进行。这样实则有断章取义之嫌，一些单位可能会因为达不到某一节材技术的要求而借机规避执行相应的标准。因此，应当完善建筑节材的审查制度，依据绿色建筑的节材评价标准，要求必须达到节材标准中"控制项"的全部要求，并结合当地具体情况，选择"一般项"作为审查的要点。施工图审查机构应依据节材的标准和规范，审查建筑施工图纸，是否满足建筑节材的相关强制性标准的要求、是否达到一般性要求、是否有触及公共利益行为，以及是否可能危害到社会公众安全等。

（2）建立节材专项检查制度。原住建部副部长仇保兴曾说："专项检查是通过政府引导方式推进绿色建筑和建筑节能的有效途径"。自 2005 年起，原建设部开始在全国范围内对"建筑节能"实施情况进行专项检查；2015 年起，住建部将"绿色建筑行动"实施情况纳入专项检查的范畴；2016 年起，住建部将"装配式建筑"实施情况纳入住建部的专项检查之中。目前对建筑节材内容实施情况的检查是放在绿色建筑实施情况专项检查之中进行的。作者认为，专项检查灵活性高，行政执法的强制效果也较其他强制方式好些，应该建立建筑节材的专项检查制度。具体的程序和方法，应参照住建部绿色建筑、节能等专项检查方式，尽量简化行政程序，着重于建筑项目的具体执行情况的督促检查。建议将建筑节材作为单独项纳入"检查内容"一栏，地方各级政府建筑行政主管部门对建筑节材的实施情况进行检查，将检查结果形成报告在官网上通报，并及时逐级上报至住建部。

（3）建立节材专项验收制度。专项验收适用于竣工验收阶段，是衔接建筑设计阶段与运行阶段的关键纽带。节材的专项验收应该以节材设计文件审查通过为前提，在建筑工程项目质量验收合格的基础上进行，以免出现重复验收问题。节材专项验收的程序和组织应遵守《建筑工程施工质量验收统一标准》（GB50300—2013）和《绿色建筑工程竣工验收标准》（T/CECS494—2017）的要求，由建设单位组织设计、施工、监理等单位进行验收，并形成验收记录，作为评定验收是否合格的依据。验收应针对控制项、施工图审查或绿色建筑标准"节材篇"规定的评分项和加分项逐条进行验收，各项技术或措施应用均合格的情况下方可认定合格。对于节材验收不合格的建筑工程，可进行整改或重新评估。相关单位不整改或整改后仍不满足节材竣工验收标准的项目，应将评估结论作为建筑工程竣工验收材料进行备案，同时报备有关评审机构，收回前期投入的节材专项资金，或撤销其绿色建筑评价等级等相关荣誉标签。

（4）建立废弃建材处理责任制度。废弃建材主要产生于建筑施工阶段、装饰装修阶段和拆除阶段，包括施工和装修过程中的余料、废料和拆除阶段产生的废弃材料、建筑垃圾等。我国废弃建材的管理和资源化利用的效率都较为低下，"企业社会责任缺失是导致废弃建材利用率低下的关键原因，单纯依靠市场自身调节及企业行为自律，并不能实现建筑废弃物处理的最优状态。"因此，建立废弃建材处理的责任制度十分必要。废弃建材处理责任制度的建立需分阶段，分别规定建设单位、设计单位、施工单位、建筑物所有者要履行的义务，明确各参与方的责任范围以及层次，以及不履行义务的违法责任处罚，敦促各方主体积极履行废弃建材处置义务。尤其是针对废弃建材的回收利用和再生利用，在制度建立时，应该结合我国情况，制定相关标准或指标，将各单位应承担的废弃建材回收、再生利用责任进行量化，设定最低的回收、再生利用比率。

（5）建立再生建材标识制度。将废弃建材通过机械或化学的方式进行加工生产的绿色再生骨科混凝土、固废再生墙体材料等是目前被广泛推行使用的再生建材。再生建材以其绿色、环保、生态等特点备受研究者和环保人士的推崇，但在建材市场上，仍有消费者对再生建材持观望态度，部分商家为销售再生建材，有意将再生建材与其他绿色建材绑定营销以混淆视听。为了规制这种乱象，应该建立再生建材标识制度，对再生建材实行标识管理，强化消费者对有利于再生建材的产品的选择，培养消费者的绿色消费意识，引导消费者的购买倾向。实行再生建材标识制度，首先，应加强宣传教育，通过新闻媒介、教育部门等对再生建材进行宣传，让更多人了解再生建材的来源。其次，应对再生建材产品进行标识评价，根据技术统计和分析，制定相应的评价标准，设置一定的准入门槛。如果企业加工生产出来再生产品能达到这个标准的要求，由国家从节材专项资金中拿出适当的资金奖励获得再生建材产品标识的企业，或者给予一定的政策优惠。

## 二、绿色建筑节材及材料资源利用技术及发展现状

### （一）节材技术

#### 1. 有利于建筑节材的新材料新技术

①使用高强建筑钢筋。我国城镇建筑主要是采用钢筋混凝土建造的，使用大量的钢材。一般来讲，强度越高的钢筋，其在钢筋混凝土中的配筋率越小。相较于 HRB335 级钢筋，HRB400 级具有强度高、韧性好、焊接性能良好，应用于建筑中具有明显的技术经济性能优势。经最新发布的《评价标准》可知，用 HRB400 级钢筋代替 HRB335 级钢筋，平均可节约钢材 12% 以上，而且，使用 HRB400 级钢筋还可以改善钢筋混凝土结构的抗震性能。可见 HRB400 级等高强钢筋的推广应用，可以明显节约钢材资源。②使用强度更高的水泥及混凝土。我国城镇建筑建设中大量使用混凝土。混凝土主要是用来承受荷载的，其强度越高，同样的截面积可以承受的荷载就越大；反之，承受相同的荷载，强度高的混凝土界面可以做得很小，即混凝土梁柱可以做得很细。③使用散装水泥。散装水泥是指从工厂生产出来后不用任何小包装直接通过专业设备或容器从工厂输送到中转站或用户手中。多年来，我国一直是世界第一水泥生产大国，但却是散装水泥使用小国，袋装水泥需要消耗大量的包装材料，且由于包装破损和袋内残留造成耗损很大。④使用专业化的商品钢筋成品。采用专业化加工配送的商品钢筋是指在工厂中把盘条或直条钢筋用专业机械设备制成钢筋网、钢筋笼等钢筋成品直接销售到工地，从而实现建筑钢筋加工的专业化。建筑钢筋加工配送的商品化和专业化。由于能同时为多个工地配送商品钢筋，钢筋可进行综合套裁，废

料率约为 2%，而工地现场加工的钢筋废料率约为 10%。

### 2. 建筑工业化程度

有关研究数据表明，现场施工钢筋混凝土，每 m² 楼板面积会产生 0.14kg 的固体废弃物，日后拆除产生 1.23kg 的固体废弃物。而正常的工业化生产可减少 30% 的工地现场废弃物，减少 5% 的建材使用量，节材意义很大。

近年来，我国推广大开间灵活隔断居住建筑，若在结构设计上采用预制混凝土构件，如大跨度预应力空心板，则可降低楼盖高度，减轻自重，节约材料。根据发达国家的经验，建筑工业化的一般节材率可达 20% 左右，按照这个目标迈进，我国建筑工业节材还有很大潜力。

### 3. 清水混凝土技术

清水混凝土浇筑的是高质量混凝土，拆模后不再进行任何外部抹灰等工程，直接作为装饰面，不仅美观，而且节省了大量装饰材料。清水混凝土也可以预制成外挂板，而且可以制成彩色饰面，采用埋件与主体栓接或焊接，安装方式较为简单，方便快捷。

### 4. 结构选型和结构体系节材

我国传统的建筑结构设计与造型理念存在严重的忽视建筑建造中的消费成本（材料消费占有很大比例）和忽视综合社会效益的问题。然而在房屋建造和使用的过程中，结合具体条件合理确定房屋的结构类型和体系是节约材料的最重要环节之一。①结构选型。它是由多种因素确定的，考虑到节材，需要注意以下基本原则。优先选择"轻质高强"的建筑材料；优先选择在建筑寿命周期中自身可回收率比较高的材料；因地制宜优先采用技术比较先进的钢结构和钢筋混凝土结构。②结构体系。目前，框架结构建造高度不宜过高，以 15~20 层为宜；剪力墙结构一般采用 3~8m 剪力墙间距，适用于较小开间的结构。框架—剪力墙结构可用来建造较高的高层建筑，目前在我国广泛使用。不同的结构体系其性能差异很大，从节材的角度考虑，应选择强度高、自重轻、回收率高的结构体系。

平面楼盖主要分为实心楼板、空心楼板和预应力空心楼盖，依据相关截面形式、施工技术等合理选择。由于采用了预应力技术和空心技术，楼盖结构变得更轻、跨度更大，节约材料的效果更加明显。

房屋基础按受力特征和截面需要合理地选择独立基础、条形基础、筏板基础、箱型基础和桩基础。

### 5. 建筑装修节材

我国普遍存在商品房二次装修的情况，这极大地浪费了材料。为此，应一次装修到位。从国外以及国内商品房项目的实践来看，模块化设计将是其发展的方向。

### 6. 利用当地建材资源

我国地域广阔，资源分布不均。假如使用的材料需要长途运输，不仅增加运输成本，增加材料的损耗，而且气候条件的不同，很可能增加不必要的材料保养费等。所以，因地制宜，选择本地化的材料才是节约资源的上策。

## （二）绿色建筑节材与材料资源利用技术的发展现状

绿色建筑节材与材料资源利用技术发展至今硕果累累。下面就具体的四个典型节材产品浅谈我国绿色建筑节材与材料资源利用技术的发展。

### 1. 外墙涂料

长期以来我国的外墙装饰材料都以瓷砖为主，出于安全等方面因素的考虑，近年来外墙涂料才被广泛应用。外墙涂料主要包括弹性建筑涂料、合成树脂乳液涂料和合成树脂乳液砂壁建筑涂料。在选用时应重点关注它的耐久性能、耐沾污性、节能性。

我国建筑涂料原有基础较差，经过多年的努力，通过有计划地研制开发和引进国外生产和技术，开始走上一条从单一品种向多品种、从低档产品向中、高档产品的发展道路，目前已形成具有一定规模、档次比较配套的工业体系。然而，在高层的应用还处于起步阶段。

### 2. 整体厨房、卫浴

整体厨房也叫整体橱柜，是将消毒柜、燃气灶具、抽油烟机、橱柜、冰箱水盆等厨房用具和厨房电器搭配而成的新型厨房形式。整体卫浴间是指在有限的空间内洗漱、沐浴、如厕等多种功能的独立卫生单元。

经过2011、2012年的整体卫浴发展浪潮，国内不少卫浴品牌都在走整体卫浴路线，期望用整体卫浴的组合优势，获取更多的市场份额和机会。目前，一些高端卫浴品牌纷纷介入或整合，从卖单项的卫浴产品设计到将单品融入一个整体空间，乃至一个风格统一的整体空间，展现了企业从卖产品到提供整体空间解决方案的行业发展过程。但绝大部分的"整体卫浴"目前还只是"产品简单组装"，尚未形成成熟的概念和市场运作，这样的"整体理念"难以赢得消费者的认可。

### 3. 资源综合利用材料

3R材料的选择也是建筑节材的重要方面。可再利用和可再循环材料是3R材料的范畴。《评价标准》提出：住宅建筑中可再利用材料和可再循环材料用量比例不低于6%；公共建筑中的可再利用材料和可再循环材料用量比例不低于10%。

可再利用材料是指基本不改变旧建筑材料或制品的原貌，仅对其进行适当地清洁或整修经检测合格，直接用到建筑工程中的材料。可再循环材料是指原貌材料不能直接用在建设工程中，经打碎回炉作为原料生产出可使用的材料，诸如钢材、金属（铝、铜）、玻璃等。利用废物生产绿色建材对于建筑节材具有重要意义。《评价标准》提出：使用以废弃物为原料生产的建筑材料，废弃物掺量不低于30%。利用废物生产绿色建材已成为国内外建材行业研究和开发的热点。对建筑行业来说，目前最大的问题是建筑垃圾产量太大，而处理率太低，相对于西方发达国家而言，我们还有很长的路要走。目前我国典型的资源综合利用材料有利用农作物秸秆制造人造板、泡沫玻璃、矿渣硅酸盐水泥、再生骨料混凝土等。

### 4. 新型模板

新型模板是相对传统模板而言的。传统模板是指散装、散拆的木（竹）木胶合板模板，其施工技术落后，模板周转次数少，费工废料，造成资源的大量浪费。此外，木制品大规模使用会有很大的安全隐患，而新型组装式模板施工简单，周转次数大幅度增加，节约了材料资源。

目前典型的新型模板有：塑料模板、铝合金模板、工具式模板、永久性模板。塑料模板包括两大系列——实心型和中空型，产品品种有平板模板、直角形模板和凹槽形模板。因其经济实用的诸多优点，颇受广大用户欢迎，迅速应用到国内市场。铝合金模板以其质量轻、强度高、板幅面大、拼缝少的特性，有效缩短施工工期，提高施工质量，减少二次施工带来的不必要麻烦。尽管合金模板的前期投入相对较高，但还是得到了广泛应用，从长远来看，取代传统模板也不是没有可能。

### 三、节材与材料资源利用技术评价标准的更替

《评价标准》于 2014 年 4 月 15 发布，2015 年 1 月 1 号实施，原 GB/T05378—2006《绿色建筑评价标准》同时废止。新增一项评价指标运行管理，节材与材料资源利用成为绿色建筑评价指标体系七类评价指标中的组成部分之一。新标准针对老版标准的局限性进行相应地调整、细化和扩展，将材料与材料资源利用指标增设为 17 条条文，分控制项与评分项，评分项分为节材设计和材料选用，控制项 3 条，节材设计 6 条，材料选用 8 条。

通过新旧评价标准对于材料与材料资源条文规定可以轻易了解到：新标准更易于促使材料与材料资源利用与产业发展相结合，评价方法更加细化、可实施性，兼顾关注新型产业，这将有助于各地区绿建标识评价和绿色建筑的推广。

随着我国城镇化已越过中期，取得巨大成就的同时，还产生了许多问题，诸如资源短缺、巨量的建筑垃圾等。这对节材及材料资源利用来说，既是机遇又是挑战。通过本节的论述，可以对节材及材料资源利用技术的发展历程有个简单的认识。然而，在以后的研究中，节材及材料资源利用不应仅仅局限于建筑材料本身，更应该从建筑全寿命周期内来考虑，结合四节一环保的理念，探索更加生态化、人性化的绿色建筑。

# 第四章　绿色施工模式

## 第一节　国内外绿色施工的发展现状

### 一、国外绿色施工的发展现状

目前，国外对绿色施工的研究处于领先地位，如：2009 年 10 月，瑞典科技研究院的 Annika Varnas 发表了《在瑞典建筑业中绿色采购合同的环境考虑：现状、问题和面临的发展机遇》提出"绿色采购"，把环境问题在签订合同、材料购买时就考虑进去，建议使用低污染、性能好、可回收的建筑材料；Patrick T. I. Lam 在 2010 年 11 月发表的《环境管理体系与绿色规范：它们在建筑行业中是怎么相辅相成的》和《实施绿色建设的影响因素》均提出"环境管理体系（EMS）"这个概念，认为环境管理体系的完善程度会影响绿色规范和环境知识的普及速度和程度；阿拉伯的 G. Bassioni 在《一项对"绿色"建设的研究》中建议利用科学技术改善建筑材料如：使用混凝土高效减水剂生产复合水泥来替代普通硅酸盐水泥，降低 $CO_2$ 的释放。另外，国外对施工现场废弃物处理、利用方面的研究较深，注重从废弃物产生的源头入手，制定相应的政策和监督审核机制，尽最大能力实现资源的循环再利用。

### 二、国内绿色施工的发展现状

20 世纪 90 年代后期，绿色建筑、绿色施工概念开始传入我国。2003 年 11 月由北京奥组委环境活动部组织起草的贯彻"绿色奥运"理念的《奥运工程绿色施工指南》预示着在建筑行业推行绿色施工模式将是一个必然性的大趋势；2004 年建设部发布了"建设部推广应用和限制或禁止的技术项目"的 218 号公告，详细列举了 157 项推广技术项目、31 项限制性技术项目、20 项禁止性技术项目的技术项目共 208 项，进一步加强了建筑施工新技术的指导；2007 年 9 月建设部发布的《绿色施工导则》，更具体的指导建筑工程的绿色施工；2009 年 11 月 3 日，温家宝总理发表了题为《让科技引领中国可持续发展》的讲话，更使得"低碳生活""节能减排""绿色施工"等词语空前流行，让人们无不关注。为了迎接 2008 年奥运会，从 2003 年起北京市建筑工地全面推行绿色施工。然而与国外相比，我国的绿色施工目前还处于起步阶段，目前大多数建设单位、施工企业、消费者并没有真正理解绿色施工，仅仅简单地认为绿色施工就是文明施工，美化施工现场环境而已，或者认为绿色施工是一种高科技复杂的施工模式，会大大增加工程费用等。这些错误的意识使他们在响应国家号召采取绿色施工模式时比较被动、消极，不会去考虑要运用现有的成熟技术和新技术实现施工技术的优化。

另外，我国没有设置专门的绿色管理部门，绿色施工标准也尚未颁布，企业内部也缺乏推行绿色施工的制度和相应的管理体系，所以在管理方面、环境保护方面、节材与材料资源利用方面、节水与水资源利用方面以及节地与土地资源保护方面都存在很多缺陷。管理政策主要侧重于文明施工和安全施工这两个方面；没有系统科学的制定相关的法律法规、管理监督制度和评价体系等来规范、促进和衡量绿色施工的实施。大多数建筑企业为了追求较大利润，仍会忽视绿色施工，在建筑施工过程中消耗大量的资源，污染环境。同时我国没有把建筑垃圾从城市固体垃圾的范畴中分离出来，对建筑垃圾不加区分和再利用，缺乏对建筑垃圾的详尽统计数据，使其乱堆乱放，严重影响我国建筑事业的健康发展。由此可见，我国推行建筑工程绿色施工的实际操作中存在许多障碍，而这些障碍因素影响着绿色施工技术的真正实施，所以必须进行科学的研究，找出合理的解决方案来促进绿色施工的推广。

## 三、推行绿色施工的必要性

### 1. 国际局势所趋

在人类日益重视环境问题的今天，绿色施工的概念作为全新的施工理念越来越受到全世界的重视，是世界建筑业施工技术发展的必然趋势。20世纪80年代以来，日、美、德等发达国家即进入循环经济时代，开始实施绿色施工模式，并都制定了相应的比较完善的法律、法规来激励施工企业实施绿色施工，并对实施绿色施工效果显著的施工单位在项目投标中提供"绿色通道"等相关的优惠政策。随着循环经济、绿色施工理念已成为世界各国的共识，我国的施工单位面临国内外激烈的市场竞争，绿色施工能力的高低必将成为其在国内外建设市场立足的决定性因素。

### 2. 传统施工的弊端

首先，我国传统施工的评标模式不科学。业主在进行施工单位选择时往往仅注重工程的报价，许多施工单位依靠盲目降低报价来进行相互竞争，中标价格使工程承包隐含较大的经济风险，施工过程中为了保证利润就会依靠偷工减料来降低成本，建成后的工程会因质量问题而使后期的维修费增加，建筑物的使用寿命也会远远短于设计年限，加快了房屋的拆除频率，又会造成更多地需要处理的建筑垃圾，严重违背节能环保的原则。

其次，施工单位内部没有一套科学的管理体系。传统施工单位人员责任分工不明确，独立性强，导致技术人员只负责技术部分，组织人员只负责施工生产和工程进度，而材料管理人员只负责材料的采购、验收和发放，彼此之间的分工看似明确、职责清晰，其实由于没有设置一套企业内部的一种管理体系，而使各部门之间职责分散，信息资源不能及时沟通和共享，往往出现负责工程进度的人员为了赶工期不经人员管理部门的安排而盲目增加工人和设备，导致某施工作业面人员繁杂或窝工，而其他作业面发生人手短缺的现象；

技术人员不与材料员及时沟通和提供现场精确的数据，导致材料的剩余或不足，进而影响材料费的预算控制和工程进度等类似的情况。

再者，传统施工中环境污染问题尤为突出，特别是在传统施工中使用的打桩机的噪声瞬间值甚至超过 90dB（A），混凝土浇筑时噪声也达到了 80dB（A），尤其是夜间浇筑时更是引起工地周围居民的强烈不满，严重影响社会的正常秩序；传统施工中的泥浆和许多固体建筑垃圾乱堆乱放，污染河道和堵塞马路和城市排水管道；土方施工时不采取任何防尘措施，现场搅拌站，建筑垃圾的存放、运输等造成的扬尘对周围城市空气环境质量造成极大影响。施工场地现有的生态环境遭受严重破坏，产生大量固体建筑垃圾、噪音、粉尘、光等污染物，引起建筑垃圾处理等许多后续的复杂工作，增加社会的环境和经济负担。

随着人们越来越清醒地意识到利用传统施工技术的结果是使我们赖以生存的生态环境日益恶化和自然资源迅速地减少，甚至出现枯竭。我国政府、业主和施工单位均有责任对传统施工模式进行更科学的研究，把以节约资源，保护环境为目标的施工技术作为探索施工模式的主要方向，使建设活动在满足质量、工期要求的同时，尽可能地减少生态环境的破坏，实现能源消耗的降低和建筑垃圾的低排放。而绿色施工模式则能彻底地解决上述传统施工中产生的一系列问题，所以我国必须大力推行这种模式。

### 3. 建筑垃圾污染的威胁

（1）建筑垃圾的定义

根据建设部令第 139 号《城市建筑垃圾管理规定》第二条："建筑垃圾是指在新建、改建、扩建和拆除各类建筑物、构筑物、管网的过程中及安装和装修阶段所产生的废砂浆、废混凝土及其他废弃物。在研究领域，学者和专家对建筑垃圾的定义也不尽相同。归纳起来，建筑垃圾是指在建筑物及构筑物的建设、维修、拆除活动过程中产生的固体废弃物，主要包括废混凝土块、废砂浆、碎砖渣、废木料、废金属等。建筑垃圾的主要来源为土地开挖、道路开挖、旧建筑物拆除、建筑施工和建材生产。

近些年我国每年产生的建筑垃圾总产量约 5000 万～6000 万 t 之多，并且仍在逐年增加，再加上我国目前对建筑垃圾的回收利用水平和执行力度不够，大量有用资源被露天堆放或直接填埋处理，造成严重浪费，也占用了大量的土地。同时清运垃圾的过程中又会造成粉尘污染和垃圾的遗撒，再次污染生活环境。

建筑垃圾的外排量日益增加令人担忧，要解决资源浪费、环境污染问题，就必须充分利用资源，节约资源，减少建筑垃圾的产生。我国坚持走以科学发展观统领社会经济发展的全局，大力发展循环经济，建设资源节约型和环境保护型社会的道路，但单靠回收循环再利用建筑垃圾是不能够彻底解决问题的，所以说推行绿色施工是我国基本国策的必然要求，具有可持续发展思想的绿色施工能显著减少在建设过程中消耗的自然资源及建筑垃圾的产量。同时还可将施工过程中对场地环境的干扰降到最低。因此，在建设工程施工中推行绿色施工模式，对我国经济的可持续发展具有重大意义。

# 第二节 绿色施工模式概述

## 一、绿色施工模式的概念及特性

### 1. 绿色施工模式的概念

绿色施工模式是指在保证工程项目的质量和使用功能的前提下，通过统筹的工程管理办法和优化的施工技术方案，最大限度地实现节约资源与减少对环境负面影响的一种建筑施工模式。绿色施工技术要以已成熟的环境工程技术、新材料技术、新能源技术、运筹管理科学、信息管理技术、智能控制技术和国内外相关行业的有益成果和经验作为参考和借鉴，全面系统的考虑施工活动的科学性。绿色施工的实质在于将"绿色"作为一个系统的思维模式运用到整个施工过程中，将每个施工工序都作为一个微观单元来进行科学的优化设计，实现降低工程成本、资源节约及环境保护的目的，例如，通过建筑材料的深加工和建筑垃圾的循环利用等技术实现资源节约。

### 2. 绿色施工模式的特性

绿色施工模式并不仅仅是指在工程施工过程中实施封闭施工，减少尘土和噪音污染，在工地硬化的道路两旁和生活区内种植草花或树木，定时洒水等，它最主要的是包括减少场地干扰、尊重基地环境，结合气候施工，节约水、电、材料等资源和能源，减少废弃物的填埋数量等内容，与传统施工、文明施工有本质上的区别。

（1）绿色施工与文明施工的区别

绿色施工和文明施工都是为了规范工程项目施工而制定出的管理条例，而绿色施工是文明施工理念发展到一定阶段的产物，是对文明施工更深层次的提炼。文明施工考核内容重点在场地安全、改善市容环境和对周边的影响，而绿色施工的本质要求在每一道施工工序中全面贯彻可持续发展的绿色环保节能减排理念，远远超过文明施工所涉及的内容，文明施工仅仅反映了绿色施工的保护环境的部分和表观理念，只是绿色施工的一个分支，绿色施工要明显高于、广于文明施工。绿色施工与文明施工在内容上不同，文明施工仅仅是绿色施工所包含的一部分内容。

（2）绿色施工与传统施工的区别

绿色施工是在传统施工模式的基础上以科学发展观的思想对传统施工体系进行创新和优化，是赋予了新的特征的传统施工。绿色施工并没有完全从传统施工模式中独立出来，但二者又有很大的不同。

传统施工以满足工程本身的效益指标为目的，仅仅重视工程质量和工期，常常采取牺牲环境和资源的方法来确保质量和工期的实现。因此传统施工过程中公共利益和环境会受到很大的影响和破坏，同时也会浪费大量的不可再生资源，甚至其所建的工程投入使用过程中仍有很多问题存在，无法达到建筑与自然的和谐。而绿色施工追求社会、经济、环境效益的统一，要求施工企业在施工准备、材料采购、施工方案、施工管理等环节进行严细管理和监督，完成"四节一环保"要求中各子项的既定指标值。

其次，传统施工遵循的是传统技术的条条框框，根本不考虑工程的具体性质和所处的环境，施工方式千篇一律。而绿色施工技术不是一成不变的，它要求结合当地的自然条件和发展环境，根据各个工程所在的地域差异性，工程特性的差异性，施工企业的差异性，每一道工序的内容、功能要求不同，以"具体问题具体解决"的工程哲学思想，采取不同的施工管理方案和施工工艺，从而形成不同于传统施工的绿色施工特有含义，实现经济效益、社会效益和环境效益的统一。

## 二、绿色施工模式推行中各社会主体的职责

建设一个工程项目需要政府部门、业主、承包商、勘察与设计单位、监理单位、材料供应商、消费者的参与，而且各参与者之间有相互依附的关系，尤其是在我国推行绿色施工的过程中施工企业、业主、政府和消费者等都负有不同的职责，其行为对整个项目的绿色施工实施状况有着极大的影响作用。

对于我国绿色施工的推行，政府和施工企业的职责最大，其次是房地产商、大众个人即消费者。所以只有参与方认清各自的职责并认真履行，这样才能使绿色施工应用到实际的工程中，而不仅仅是停留在"口号"和"概念"上。

### 1. 地方政府的职责

（1）加强绿色施工知识宣传

加强绿色施工知识宣传和教育，提高包括政府部门在内的管理者、业主、设计者、施工企业的管理者、施工工人及公众在内的各层次人们的绿色环保意识，这也是推行绿色施工的首要环节。政府应采用各种手段，广泛地对绿色施工进行宣传，强化"低消耗、低污染、低排量"等概念在全民脑海中的影响，使其对绿色施工的重要性、紧迫性得以认识。

（2）加强项目立项审批阶段的管理

地方政府部门作为所管区域内所有工程项目的审批者和监督者，是社会公共利益的代表。政府部门应在项目的立项审批、规划审批阶段就要考虑该工程项目是否符合进行全市或全地区的整体规划，避免二次改造，以便延长建筑物使用寿命，减少建筑垃圾的产生和资源能源的浪费，促使工程项目的可持续性发展；在设计审批阶段政府部门应该注重是否为优化设计，项目的建设是否有利于自然资源合理利用与生态环境保护，在施工中是否能合理利用有限的自然资源，节约有限资源，保护自然与生态环境，实施绿色施工。同时，政府给采用绿色施工的业主、施工单位提供税收、融资等方面的优惠政策，鼓励业主采用可持续发展的项目管理方式。

### 2. 业主的职责

（1）设置标书的绿色评选条件

根据建筑节能 - 绿色建筑论坛统计资料可知，施工企业之所以推行绿色施工很大程度上是应业主的要求，其次是为了提高企业声誉，所以业主必须认真执行其职责。业主应将

工程项目的施工质量放置在一个更高的层次，这里的施工质量不仅仅是指结构安全质量，还包括环境质量等，所以业主必须以节能环保的角度进行项目前期的可行性研究、评选承包商及制定建材采购的绿色环保标准。在项目进行初步设计和招标时就设置关于绿色施工评选条件的技术标，从源头上贯彻绿色施工的宗旨，从而更顺利地促进绿色施工在我国建筑行业的实施。

（2）提出绿色设计方案的要求

业主在委托勘察与设计单位进行勘察设计时，必须要求其在考虑自身经济利益的前提下，利用专业性的知识，向业主提供有利于绿色施工的设计方案；同时委托监理单位协调业主和各个项目参与者的关系，保证项目的质量、进度等公共利益，并应站在可持续发展的高度，行使其社会职责，促进绿色施工的真正开展。

**3. 消费者的职责**

消费者应积极地学习国家推行的绿色施工的宣传知识，了解绿色施工的含义和其必要性，对施工单位或政府及时反馈大众对施工技术、建筑房屋的绿色要求，由这些社会需求来影响施工单位的施工技术的改革和管理措施的决策，消费者对其欲购的房屋在其建设期间可以在适当时候进行绿色施工现状的实地考察，发现问题，及时以书面形式交给相关负责人。由负责人与施工单位进行协商，解决问题，从而使施工活动对环境的影响程度降到最低。

**4. 施工单位的职责**

（1）加强绿色施工的宣传教育

从工程施工的准备工作开始，到工程竣工的全过程。施工单位是绿色施工的承担者，贯彻绿色施工实施的决定因素和实际的执行者，其对绿色施工的认识及重视程度决定了绿色施工推行效果。施工单位不应仅仅为了满足业主的要求而去实施绿色施工，而是应有促进社会可持续发展的责任感。最主要的是随着建筑行业科技化、国际化的发展，不实施绿色施工的企业自身的核心竞争力就会随之下降，最终被社会所淘汰。

（2）对施工过程实施动态管理

施工企业应设立专门的施工管理小组，监督各施工工序中绿色技术的应用。生产项目经理按照绿色施工要求编制施工组织和专项技术方案，并负责将其落实到工地施工和现场材料的加工中，然后分阶段定时进行评估实施效果，从而保证绿色施工技术的切实实施。

（3）加强对绿色建材的管理

加强对绿色材料质量的验收管理，不仅包括强度、型号等危及建筑物安全因素，还包括材料的放射性、有害物质、有害气体，以确保所用的材料符合国家规定的"绿色环保"标准。

（4）加强施工技术优化和施工机械的改进

对不符合绿色施工中节约能源、材料和保护环境等要求的传统施工技术，必须予以优化，积极引进新的施工技术；更新高能耗、强噪音的施工机械，开发使用新型的施工机械，从而提高施工效率，直接促进绿色施工的实施。

### 三、阻碍绿色施工推行的因素

虽然绿色施工是我国乃至全世界的施工技术发展的必然趋势，但目前我国在推行绿色施工过程中还存在许多阻碍因素，其中主要因素为认知因素、政策因素、经济因素。故我们必须对这几方面的消极因素进行分析，找出解决对策，以便促进绿色施工在我国的健康发展。

#### 1. 认知因素

现在许多施工企业和大多数消费者认为绿色施工就是美化环境，故许多施工企业在具体施工过程中并没有真正实施绿色施工技术，而是通过在建好的建筑物周围或小区内建园林，人工造景，然后打出"绿色技术""绿色建筑"的旗号来增加卖点。这样一来更多施工企业和消费者就会认为绿色施工并没有特别之处，就是环境美化而已，而使那些积极响应国家号召，推行绿色施工技术的开发商处于一个尴尬的位置，这些意识自然会影响建筑市场上绿色施工技术的健康发展，由于消费者不能分辨出真正的绿色施工产品。结果推行绿色施工技术的施工企业的产品在市场上并不畅销，成果得不到认可反过来就会影响施工企业推行绿色施工的积极性，继而形成恶性循环，影响我国整个建筑市场的可持续发展。

#### 2. 政策因素

虽然我国开始推行绿色施工以来，出台了许多相关的政策如《绿色施工总则》《民用建筑工程室内环境污染控制规范》等，但是目前我国的政策部门对绿色施工的认识度仍不够，政策上缺乏相应的法律法规和绿色施工标准，如施工过程的能耗率和建筑垃圾的排放限额等，政府相关部门更多是关注文明施工和施工安全。

我国公众又有强烈的政府依赖感，所以许多企业在实践中也仅仅是把绿色施工当成文明施工而已。

同时，在《招投标法》中我国现行的是"低价中标"制度。实施绿色施工模式的施工企业投标报价一般相对较高，这样其竞争力就较弱，在参与竞标过程中就要承担很大的不能中标风险，这些风险就会让许多施工企业对实施绿色施工望而却步。再加上绿色施工评价体系不完善，不能以确定的标准来衡量绿色施工水平；政府也没有出台明确的奖罚制度，即便施工企业没有实施绿色施工模式也不会受到惩罚，施工企业实施绿色施工技术的动力和压力几乎不存在，所以我国推行绿色施工的速度很缓慢。

#### 3. 经济因素

就目前而言，对绝大多数施工企业来说绿色施工都还是一种新的施工模式，需要对传统的施工过程、施工方法、施工工艺进行改进。新施工技术的应用要依赖于新的施工组织管理和新型施工机械的支持，这就对传统的建筑施工设备、建筑施工材料、施工管理人员以及一线工人提出了新的要求，需要进行施工设备换代，对建筑材料进行新研究和新加工，在施工中摸索新的技术工艺，还要对施工人员进行新的指导培训等等。使用新型建材和机械需要大量资金，如：钢制大模板、附着提升式脚手架，由于一次性投入成本较高，对于中小型企业而言，自身自由资金不足，经营现状和前景存在很大的不确定性，同时抗击市场风险的能力弱，从而增加了其更新机械设备和技术的难度；再加上我国施工人员的整体知识水平不高，企业管理水平较低，绿色施工推行的效果不明显，严重打击着中小型施工企业的积极性，增加了绿色施工在这些企业中推行的难度。另外，许多与绿色施工模式相关的一些新技术并不十分成熟，可借鉴的工程经验很少，这种情况下采取绿色施工可能会因施工技术或绿色建筑材料生产技术造成隐患，出现很多不确定性的风险因子，如采用新技术时施工工人的人身安全、经济和工程质量风险等，又由于施工管理人员经验不足对这些风险不能客观地预测，很容易就会对施工项目造成损失，再加上追求利润最大化是施工单位的最终目标，所以其不会积极地实施绿色施工。

## 四、现阶段促进绿色施工推行的措施

### 1. 现阶段推进绿色施工的措施

根据之前提到的三个方面的消极因素，我国许多专家和学者分别提出了相应的策略：加强全社会对绿色施工的认知，加强招投标阶段的控制，政府措施和施工单位优化自身措施四个方面，以克服所存在的障碍，顺利推行绿色施工。

（1）加强公众对绿色施工的认知

世界环境发展委员会曾指出"推行绿色施工，法律、行政和经济手段并不能解决所有问题，未能进一步克服环境进一步衰退的主要原因之一是全世界大部分人尚未形成与现代工业科技社会相适应的新环境伦理观"。只有当工程建设相关方与广大民众保护生态环境的意识达成共识时，绿色施工模式才能广泛推行，可见，我国公众对绿色施工的认识程度直接关系到绿色施工的推行效果，故提高公众的绿色施工意识至关重要。

我国政府部门可以通过新闻媒体广泛地对绿色施工进行宣传、知识普及，提高社会各界对建筑业可持续发展重要性的认识，从而使全民认识、认可并逐步接受绿色施工，这是推动绿色施工的最有效的动力。其次，政府可要求高等院校进一步完善相关学科建设，培养适应绿色施工需要的专业技术人才和复合型人才；施工单位也应加强绿色施工的继续教育和知识培训，提高从业人员的绿色施工技术的应用能力。

（2）加强招投标阶段的控制

业主应在施工招标资质中要求投标企业有通过 ISO14001 环保认证的相关证书，要求投标者在编制标书时必须按照绿色施工方案编制，评标委员会在评技术标时把绿色施工技术与管理方案作为评比的重要因素，把没有采取绿色施工的标书直接视为废标；将绿色施工准则纳入施工图纸、技术选择和合同中，并在建设期间实施监督，促进承包商执行。

（3）政府设置绿色推动机制

①设立绿色管理部门

国家应在各级行政部门中设置专门的绿色管理部门，该部门的任务主要是实施对行政管理人员的绿色施工培训，使其深刻认识到绿色施工的重要性，从而积极主动地制定相关的政策措施来加强绿色施工的宣传，挖掘民众对绿色施工的积极性，从而形成一个自上而下的绿色推动机制。此外，该部门应建立利于绿色施工推行的责任制，如：绿色施工责任制、公众共同参与监督的制约机制；施工中的保险与优惠制度和加强环境保护和资源节约制度等。这些制度应随着新技术、新工艺的发展进行不断更新，进而为绿色施工创造良好的政策环境。

②建立绿色施工数据库和评价制度

政府绿色管理部门有责任建立绿色施工数据库，向施工单位和业主提供绿色建材的最新信息，施工技术的优化选择方案，控制建筑垃圾的排放量及科学处理方法等；为了促进绿色施工的实施和检验施工单位的实施效果，政府应建立针对施工阶段的可操作性强的绿色施工评价体系和模型，对绿色施工技术的应用进行综合评判，使绿色施工各阶段具有可检验性，为施工单位建立绿色施工的行动准则，保证绿色施工的规范性。

③实施奖惩制度

政府可以提供一定的奖励和优惠条件，如设置"鲁班奖""×××杯"，根据绿色施工评价制度将施工单位运用绿色施工取得的成效，作为获得荣誉的重要依据；该绿色施工荣誉成果可以在下一项目投标竞争中作为权重较大的评分指标；在类似建设项目竞标中的优先中标权、减税、免税等，对实施绿色施工的单位进行奖励。国家应在购买新设备、学习新工艺及人员培训反方面给予经济政策扶持，同时还可以利用税收优惠政策调节来鼓励绿色施工技术及方法的研究和运用，使其得到更多的建设项目等，从而提高各施工单位实施绿色施工的积极性，为绿色施工创造一个良好的外部环境和市场条件。

除上述采取的激励制度外，国家还应采取制定相应的强制性的处罚措施，如不贯彻绿色施工政策和实施绿色技术的相关单位就要受到经济上或政治上的违规惩罚，使业主、监理单位、施工企业从思想上认识到实施绿色施工不仅是一种提高企业自身发展水平的重要途径，也是一种必须要肩负起的社会责任，是有义务大力推行该绿色技术。

④鼓励施工单位优化自身

施工单位应意识到实施绿色施工不仅仅是为了保护社会公众的利益，更重要的是实施绿色施工与否关系到施工企业自身的发展前景，所以施工单位应从以下两个方面进行自身优化，积极适应绿色施工模式：

一方面，施工单位管理层应积极学习国外先进的施工管理技术、绿色施工方法和经验，使企业的文化和施工技术与时俱进；根据施工企业已有的人力资源情况，分别对管理层、技术人员和建筑工人进行绿色施工培训，使员工尽早掌握绿色施工的要求和技术，并及时有效地运用到工程建设实践，并建立企业内部的奖惩制度，保障绿色施工的实施效果；

另一方面，施工企业应依据国家现有的政策编制自己企业的环境管理标准，把施工技术与环境效益、经济效益和社会效益融合起来，使本企业的绿色施工规范化、标准化，实现减少资源、能源消耗和环境污染的可持续施工技术，树立企业良好形象，提高市场竞争力。

同时管理者的头脑中要树立风险意识，要预防实施该模式过程中产生的风险，对施工中可能出现的风险进行综合评价，找出导致风险发生率高的因素，如新技术应用、新设备操作、管理或管理层的主观决策等。在工程前期阶段，成立专家小组结合工程的环境特点、施工工况、风险及目的，有针对性地进行绿色施工方案策划，并通过比较，不断的优化，选出最佳方案。施工中针对施工各环节的施工要点编制卡片，即把施工过程中的施工工序、作业要点编制成卡片形式，作业时严格按照卡片上的要求操作，同时项目经理必须搞好成本控制和经济核算，定期主持项目成本分析会并及时向上级领导汇报。建筑工程竣工后，应通过成立评估小组，对绿色施工方案及实施过程进行全面综合的评估，总结经验。

**2.现阶段推进措施的不足**

通过对我国现阶段推进绿色施工的措施的了解，使我国消费者对绿色施工有了较多的了解，保护环境意识明显增强，许多施工单位有意识地开始实施绿色施工。然而，从全国范围上来看，很多施工单位对绿色施工的实际操作程度仍不强，有关绿色施工的内容并没有完全落在实处。另外，由于我国没有标准的绿色施工模式作为参考，施工单位在实施过程中会感到无所适从，施工效果与绿色施工的初衷并没有完全契合，在实施绿色施工的过程中出现了很多问题，致使很多施工单位在采用绿色施工技术时比较被动，不能积极主动地运用科学技术和科学的管理方法，系统的思维模式及规范的操作方式贯彻绿色施工模式。所以建设活动对环境破坏程度依然很严重。

另外，建筑垃圾产量仍日益增加，而回收利用率却还处于较低水平，而且循环再加工成本较高，所以我国很多建筑垃圾基本上不经过任何处理，直接运往郊外或乡村垃圾场露天堆放或填埋。这样建筑垃圾对环境带来一系列的次生危害，所以对于如何减少建筑垃圾产生，充分利用有限资源和保护宝贵的土地资源，推进可持续的循环经济发展，已经成为摆在我们面前等待解决的一个迫切而现实的重要课题。

所以我国目前重点是需要一个绿色施工的标准模式来降低建筑垃圾产量和消耗的能源，保护生态环境。故本节提出建筑垃圾源头减量化施工模式，该模式能通过实施科学管理、新施工工艺和有效施工组织措施将建筑原材料在施工过程中得以充分利用和节约以及将产生的建筑垃圾在施工过程中通过内部有效利用得以减量化，可以节省大量的建筑资源，大大降低对环境的影响。另外，该模式除了能将建筑垃圾尽可能地消减在施工过程中外，而且注重建筑垃圾的回收利用，能真正实现充分利用资源和保护环境的目的，与绿色施工模式的宗旨完全契合，所以这种模式能提供绿色施工的规范标准，使施工单位在实施绿色施工过程中有据可循。

# 第三节 建筑垃圾源头减量化绿色施工模式

建筑垃圾源头减量化绿色施工模式的实质是基于循环经济理论和根据生态学规律来指导人类的经济活动，科学合理地利用自然资源，发展清洁型施工技术，实现低投入、高利用、低排放的工程建筑活动，与绿色施工的实质是一致的，而且更能为施工单位提供有效的可操作性强的施工技术与模式，所以该施工模式是实现绿色施工目标的有效途径。

## 一、建筑垃圾源头减量化施工模式概述

建筑垃圾源头减量化绿色施工模式（文中简称源头减量化绿色施工模式）是指在建筑

垃圾形成之前，就通过科学管理和有效控制将其尽可能地减量化，实现行业内部循环和减少需要进入垃圾处理系统的垃圾。该施工模式中建筑垃圾的减量化主要是通过工程项目内部的循环来实现的。通过内部循环充分利用建筑材料，能明显减少建筑垃圾的外排放量，减少二次处理建筑垃圾的工作量，彻底改变施工活动污染环境的传统施工模式，最大可能地提高资源的利用率，保护资源和环境，进而提升建筑业的整体施工水平。

## 二、建筑垃圾源头减量化绿色施工模式的施工方案

建筑垃圾源头减量化绿色施工模式的节能环保理念是通过优化管理、技术、材料三大方面的施工方案来实现的。该模式提倡的主要施工方案分别为：①绿色管理；②采用科学清洁施工技术；③使用绿色建材。

### 1. 绿色管理

绿色管理是指施工单位根据可持续发展思想和环境保护的要求，所形成的一种绿色经营理念及其所实施的一系列管理活动。首先绿色管理是一种理念；其次，它不是一成不变的死概念，而是与一定的社会经济发展水平相适应；再者，它的最主要的特点是在构建施工管理体系时更多地关注自然资源和生态环境，并把这种关注落实到具体的管理措施上。

绿色管理的理念在于对人和材料的统筹管理，避免窝工或人力不足，材料积压或供给中断的现象出现，以便使管理工作顺利开展，为施工活动提供有力保障，也使建筑材料得到充分利用，从而降低建材浪费，达到节约资源的目的，所以减量化绿色施工模式要求对工程项目必须实施绿色管理，主要的具体工作如下：

（1）材料管理的措施

①科学合理地采购建筑材料

一般而言，工程项目的建设期较长，市场建筑材料的价格可能会有浮动，影响建材的预算成本，所以施工单位的采购员、信息员和材料员应大量收集工程所在地的材料市场信息，并进行统计分析，找出材料价格变动的规律，同时密切关注现市场价格的变动。工程中所需的钢材、混凝土、水泥、砂浆、砖砌块等建筑材料的每次采购量、采购次数、采购时间及运输方案等都要根据项目的施工进度和具体市场行情做出统筹安排，科学采购建材，尽量遵循就地取材的原则，保证既能满足工程施工的需要，又不形成库存积压。

②材料统一加工制度

材料统一加工是指在固定的加工厂，经过一定的加工工艺程序，由专业的机械设备制成符合要求的制品供应给工程项目。实施建材制品统一加工与配送，以减少现场工人人数、加工费以及建材的浪费，降低对周围环境的污染。但如果施工过程中所需的木模板、木方、钢筋等需要现场加工的，则必须在统一的加工车间，由专门的加工班组根据加工料表上的数量和尺寸进行加工、拼装，同时避免多加工或重复加工的现象发生，禁止施工工人在施工楼层上进行随意地切割、拆装、焊接等。统一加工将提高作业效率和加工制品的质量，减小材料损耗，降低能耗和建筑垃圾的排放。

③材料核算制度

首先，材料员在材料进场时严格核对进场数量和材料质量；其次，工长对领取量和使用量进行记录，项目经理或生产经理定期对当月施工段的材料加工量、发放量和实际使用量进行对比分析，做出相应的组织、管理或技术上的调整。比如，商品混凝土工长应在每个施工流水段完成后，将该施工段供应的商品混凝土按照混凝土等级和使用部位进行分类统计，及时与混凝土供应商进行核对，及时地将进场单汇总表送交项目预算部，由预算员对当月的商品混凝土预算量、进场数量和实际工程量进行对比分析，并将相关信息及时报告给项目部，由生产经理负责调查总结原因和下一步工作的安排。

④严禁材料浪费制度

施工班组必须严格按照施工图纸施工，避免因返工造成的材料浪费和建筑垃圾的产生。如在浇筑混凝土时，工长应在施工现场负责指挥和监督，避免浇铸过程中由于人为原因引起质量问题和抛洒浪费。实际施工中往往会出现供应的混凝土量多于实际需要量，造成混凝土剩余，如果不及时使用掉初凝后就无法利用，会造成资源的浪费和污染环境，所以商品混凝土工长必须根据施工进度统筹计划和安排混凝土浇筑，整车浇筑，浇筑前做好协调准备工作，落实施工技术保证措施、现场组织措施，减少废混凝土的产生。

⑤使用周转次数高的材料

我国提倡使用可重复利用次数多的钢模板体系，在施工中使用模板、钢管、扣件等周转材料时严禁工人乱砸、乱丢和任意的切割加工，在模板使用前或拆除后必须进行养护，延长周转材料的使用寿命。对于结构不规则的施工部分使用木模板，工长应对木模板加工班组进行详细的技术交底，严格按照施工图纸进行加工，同时应对模板方案进行优化，尽量减少木模板的使用，降低废木料的产量。

⑥建筑垃圾回收制度

建筑垃圾源头减量化绿色施工模式要求实施施工现场建筑垃圾的管理制度，进行分类收集现场垃圾，并及时地将可回收利用的建筑垃圾分离出来，再应用于施工过程中，或通过再加工再用于工程中。例如施工过程中产生的碎砖、混凝土块、落地灰等经分类清理，用于地基填埋、管道沟和路基回填等。

（2）人员管理机制

建筑垃圾源头减量化绿色施工方案提倡加强施工单位内部管理，设置一套企业内部的一种管理体系，将所有人力资源、物资资源、已完成的所有项目资料、在建筑项目资料等编制成系统程序，进行多个项目之间的比较分析、实现信息共享，使整个团队都参与到施工与管理当中，进行相互监督，并制定岗位责任制，将项目主要工作内容进行分解，对参与项目的各主要部门进行分工，并明确责任人。

另外，合理配置管理人员数量，避免出现项目管理人员过多，职责交叉，出现相互推卸责任甚至人员闲置的现象，每次施工前都必须进行技术交底和责任明确，项目经理对项目施工管理的策划与实施控制负责，在施工中，把项目经理作为第一责任人，负责绿色施工的组织实施及目标实现，并指定绿色施工的具体管理人员和监督人员，责任具体落实到个人，并作为个人业绩记入档案；要求施工单位在开工前或不能施工的时候组织员工进行新施工技术培训，使建筑工人尽早熟悉掌握新施工工艺的技术要求和方法；或举办一些关于节能减排、环境保护的知识竞赛，增强职工的建筑垃圾减量化及环境保护意识，认识到节约资源、降低建筑垃圾的产生和保护环境的重要性。

（3）环境保护机制

建筑垃圾源头减量化绿色施工模式通过实施绿色管理、动态管理尽可能地降低固体建筑垃圾排放量的同时，同时还协调地涉及粉尘、光、噪音等污染的控制。

①降低粉尘污染的措施

工地降低粉尘污染的措施是：土方开挖施工采取先进的技术措施，减少土方的开挖量，最大限度地减少对土地的扰动，并用密目网覆盖土坡，防止尘土污染；充分利用开挖的土方进行回填，减少土方的外运次数；对施工现场的主要道路用混凝土铺设，其余道路面层可采用铺碎石进行硬化处理；施工门口设置减速带、洗车池、排水沟和沉淀池，对进出施工现场的车辆进行冲洗，车辆尾气排放管中安装有害成分净化器，减少尘土污染；生活污水、施工废水应先导入沉淀池，沉淀后排入市政污水管网，严禁直接排入周围雨水管网或河流中；对施工道路进行绿化，专人洒水清扫，使工地沙土达到100%覆盖，工地路面100%硬化，出入工地的车辆100%冲洗车轮，暂不开发处要100%进行绿化。

②减少噪音污染的措施

一般噪音来源于土方阶段的挖掘机、装载机、推土机、运输车辆、破碎钻等；结构阶段的振捣器、混凝土罐车、空压机、支拆除模板和脚手架、钢筋加工、电刨、电锯、搅拌机、钢结构工程安装和水电加工等；装修阶段的石材切割机、砂浆搅拌机、电钻和磨光机等。这些对周围环境产生较大噪音影响的施工机械的工作时间应严格控制，尽量减少噪音扰人的现象。

我国关于降低噪音污染的规定：居民区环境噪音白天≤65dB，晚上≤60dB；工业商务区环境噪音白天≤67dB，晚上≤65dB。白天的合理施工时间为7：00—19：00，夜间为22：00—07：00，如果由于工程需要必须在22：00—07：00期间进行施工的，施工单位则应在施工前到工程所在地的区、县建设行政主管部门提出申请，经批准后才能进行夜间施工。夜间运输材料的车辆，在进入施工现场后严禁鸣笛；材料的装卸也要轻拿轻放，做到最大限度地减少扰民的噪声。将钢筋加工车间尽量设置在远离居民区、医院、学校等噪音敏感区和距离工地生活区较远的地方，降低噪音污染；另外，尽量选用预制建材，这样可大大降低施工场地噪音的产生。

③降低光污染

在施工过程中产生光污染的原因主要有两种，一种是使用电焊产生强光；另一种是夜间工地照明造成的光污染。为了尽量避免或减少施工过程中的光污染，钢筋连接应尽量采用机械连接、对接，减少焊接量。在施工中的照明灯具应选择以日光灯，尽量减少射灯及石英灯的使用。夜间施工和工地生活区的照明灯应加设灯罩，使光的投射方向集中在使用范围。用废旧木料做加工车间的围挡，以消除和减少电焊作业时发出的亮光。

④充分利用已有资源，合理布置施工现场

施工单位应根据场地的使用功能要求，充分利用场地及周边现有或拟建的道路及周边已有的给水、排水、供暖、供电设施和原有建筑，制订满足要求的减少环境干扰的施工计划。保护场地内现存的文物、地方特色资源等，减少场地干扰，保护现场环境，例如：有专门场地堆置弃土，土方尽量原地回填利用；在进行土方开挖、施工降水时应采取保护措施，尽量减少施工对场地的扰动和破坏，防止水土流失、坍陷及施工淤泥对环境的破坏，保护永久及临时设施。

（4）风险管理措施

目前，对于我国许多施工企业来说源头减量化绿色施工模式还是一种新型施工技术，需要对传统的施工过程、施工方法、施工工艺进行改进，对传统的建筑施工设备、建筑施工材料以及建筑施工人员技术提出了新的要求。因此，施工企业需要进行必要的施工设备升级换代，建筑材料的新研究和新加工，新技术和施工工艺的应用，及对施工人员进行新的指导培训等，这些都需要较多的费用和时间，再加上可借鉴的工程经验很少，施工管理人员的经验不足，对基本风险、客观风险不能客观地预测，管理往往会出现较大偏差，对施工项目造成损失。

所以实施源头减量化绿色施工模式管理者的头脑中要树立风险意识，准确预测实施施工过程中可能产生的各种风险。在工程前期阶段，成立专家小组结合工程的环境特点、施工工况、风险及目的，有针对性地进行建筑垃圾源头减量化绿色施工方案的策划，并通过比较优化，选出最佳方案，尽可能地减少风险发生率和返工率，以降低建筑垃圾的产量。

## 2. 采用清洁施工技术

根据施工各阶段持续时间的长短及对环境影响的重要程度，参考有关专家、学者及工程技术人员的意见，得出施工活动对环境影响的重要程度。

固体废物、噪音污染、大气污染、光污染对环境的影响较大，而且这些污染在施工过程中是最易产生的，所以要大幅度地减少施工过程中产生的这些建筑垃圾，以达到保护环境的目的就必须控制主体施工阶段、装饰装修阶段的固体废物排放量和噪音、光污染。

因此，在施工阶段达到减少建筑垃圾、环境保护的目的就需要推行以下科学的清洁技术：

（1）外墙保温体系施工技术

外保温技术减小了内保温构造因温差引起的应力而造成的墙体裂缝以及大气的侵蚀，有效地保护了主体结构，从而提高其耐久性，有利于保温隔热和提高热稳定性。有如下几种保温技术：

①粘贴保温板外墙外保温技术

保温技术是指将聚苯乙烯泡沫塑料板或挤塑聚苯板（XPS 板）黏结于外墙外表面，并用岩棉锚栓将其锚固在基层墙体，然后在保温板表面抹一定厚度的抗裂砂浆，铺设钢丝网片，之后粘贴石材或喷涂涂料作饰面层的一种保温施工技术。此项技术中所采用的保温板的性能符合防火、安全、环保节能的要求；同时该技术的热导率低，能为基层墙体增加很大的热阻，尽量减少热桥影响，适宜在严寒、寒冷地区和夏热冬冷地区使用，且能满足抗震设防烈度≤8 度的多层及中高层新建民用建筑。

②墙体的自保温体系技术墙体自保温体系是指采用陶粒增强加气砌块、蒸压加气混凝土和硅藻土保温砌块砖等制成的蒸压粉煤灰砖、蒸压加气混凝土砌块和陶粒砌块等为墙体材料，再加上节点保温构造措施的自保温体系。高层建筑的填充墙、低层建筑的承重墙，节能效果达50%，可用于夏热冬冷和夏热冬暖地区。

③外墙硬泡聚氨酯喷涂施工技术

该施工技术的施工工序为：照设计要求将硬质发泡聚氨酯喷涂到外墙外表面→喷涂界面剂→抹胶粉聚苯颗粒保温浆料找平→薄抹抗裂砂浆→铺设增强网→做饰面层。该技术适用于新建的或既有的多层及中高层民用建筑和工业建筑的节能工程，其抗震设防烈度可以达到8度。

④TCC建筑保温模板体系技术

TCC建筑保温模板体系是一种将保温、模板合二为一的保温模板体系。该技术是特制支架将保温板形成保温模板，在需要保温的一侧用此保温模板，而另一侧使用传统模板，二者配合使用共同组成模板体系，使结构层和保温层一次性浇筑成型。该技术所用的保温材料为XPS挤塑聚苯乙烯板，其保温性能、厚度、燃烧性能、安装精度均符合《混凝土结构工程施工质量验收规范》（GB50204）的要求，且能满足环保节能的要求，特别适合在中高层剪力墙或框架结构的建筑工程中使用。

（2）铝合金窗隔热断桥技术

铝合金窗是指根据隔热断桥原理，利用铝合金型材、中空玻璃、配套的五金配件、密封胶条等辅件制作而成的节能型窗。该窗的原理是在铝型材中间穿入隔热条，将铝型材断开形成断桥，将铝型材分为室内外两部分，有效地减少与外界的热量传导，与窗户相比其热传导性可降低40%~70%。同时具有排水畅通、水密性好，防结露（霜），防噪隔音，防火、抗风压变形、抗震等优点。

（3）新型脚手架技术

传统施工中我国使用大量的竹脚手架，其安全性能低且周转次数少，会产生大量废竹木。因此，目前我国开始对竹脚手架限制使用，积极开发和推广新型脚手架。随着建筑层数越来越多，附着升降脚手架的优势愈显突出，该脚手架（又称为爬架）是一种综合了挑、吊、挂等多种类型脚手架的优点，具有升降功能，特别适合高层和超高层建筑施工的脚手架体系，它只需搭设4~5层的脚手架，随着主体结构施工逐层爬升，也可随装修作业逐层下降。这类脚手架依靠自身提升设备，根据施工进度而升降，可随时满足施工操作和维护要求，故具有优越的功能适应性和经济性，还具有投资小，周转材料少等优点，可节约70%的钢材等材料，劳动消耗低，搭设工作量可减少了80%以上，劳动强度也减少50%左右，有利于现场的整洁和文明施工。

另外，我国还研究开发了门式脚手架、碗扣式脚手架、清水混凝土模板技术、液压爬升模板技术、早拆模板施工技术、塑料模板技术等，其周转使用次数多，节省材料、绿色环保，在一些地区已大量推广应用，取得了较好的效果。

（4）新型墙体装饰技术

外墙采用新型涂料粉刷技术即在外墙底层粉刷、中间层粉刷和面层粉刷的基础上再增加一层清漆粉刷。经耐久性的测试可知，外墙涂料的耐久性可达20年以上，完全克服了传统粉刷技术每10年就要重新粉刷一遍的弊病，使重刷次数明显减少，而且底层材料可再生利用，减少了大量建筑垃圾的产生。

另外，利用软瓷砖施工技术不仅施工工序简单，技术要求不高，喷涂软瓷砖和粘贴硬瓷砖的效果是一样的，而且完全克服了硬瓷砖易损坏坠落的缺点，更适合于在高层、超高层的建筑中，其安全系数、施工质量及环保效果更明显，此项技术减少了外墙砖的使用，从而降低废瓷砖产量。

（5）钢模板技术

钢模板具有以下的优点：损耗小，周转次数多，组合刚度大，板块制作精度高，拼缝严密，不易变形，尺寸准确等。虽然钢模板的一次性投入成本比其他种类的模板要大得多，但由于其周转使用次数可以多达200多次，摊销成本却是最低的。

（6）建筑虚拟施工技术的应用

建筑虚拟施工技术是将以虚拟现实为基础的仿真技术应用于建筑施工领域，建立建筑物的几何模型和施工过程模型，使施工过程和结果以三维图像可视化程度较高的形式呈现。建筑工程施工中的施工方法和组织管理都存在多样性和多变性的特点，特别是涉及全新结构或复杂条件下的施工，仅依靠经验对工程施工方案进行可行性分析、技术优化和风险预测，往往会因思维惯性或知识、经验不足而仅能分析出局部或片面的结果，而无法做出正确的决策。

建筑虚拟施工技术可以将主体建筑的各施工阶段、施工流程、施工工艺、所用设备等在计算机中进行实时交互，逼真的模拟，快捷、高效、准确生动地显示出各种构件在实际工程结构中的相对位置和相互关系及施工效果，之后再进行施工方案的对比和优化，从而制定出最优施工方案。

### 3. 使用绿色建筑材料

绿色建筑材料又称为生态建材，是指采用清洁型加工工艺和技术生产的，主要利用工业、农业和建筑固体废弃物生产出的无毒、无害、无污染、低放射性、可回收利用率高的建筑材料。这种建筑材料具有保护环境，降低污染和利于人类身体健康。建筑工程中的主要绿色建材有：

（1）商品砂浆

2008年全国人大常委会通过并颁布实施的《中华人民共和国循环经济促进法》明确规定："鼓励使用散装水泥，推广使用预拌混凝土和预拌砂浆"；2009年3月我国召开"全国部分城市限期禁止现场搅拌砂浆工作现场会"和"全国散装水泥工作会议暨城市禁现工作现场会"，进一步推动全国"砂浆禁现"工作。

传统现拌砂浆都是在工地现场将水泥、石灰、砂、水进行配合搅拌，易形成较多的扬尘，严重污染周边环境，而且施工现场还要存放大量原材料，影响现场环境整洁，另外现场拌和砂浆所用的搅拌设备噪音很大。现拌砂浆易受施工人员的技术熟练程度和现场条件的影响，施工质量很难保证，容易产生空鼓、裂缝和渗透等质量问题，更主要的是据统计现拌砂浆的损耗约达20%，造成资源严重浪费，与我国的可持续发展经济的理念完全相悖，同时粉尘影响工人的身体健康，也增加了其劳动强度。再加上近年来，各种新型墙体材料开始广泛使用，由于现拌砂浆品种单一，已经无法满足各种新型建材的不同要求，所以传统现拌砂浆禁止使用。

商品砂浆是一种新型的环保节能建筑材料，与传统的现场搅拌砂浆相比，具有以下优势：品种丰富，能满足各种新型建材的需求，机械化程度高，噪音低。即使实施人工施工，由于预拌砂浆质量稳定，使用起来比较方便，也可以大大缩短工程建设周期，提高施工质量。使用商品砂浆不需要水泥、砂石的运输，可减少物料在运输和使用中的损耗。商品砂浆不需要现场搅拌设备，减少了噪音、粉尘对周边环境的污染，也减少了原材料堆放场地和包装材料，有利于清洁施工。商品砂浆的损耗约为5%~10%，按平均值计算生产一吨商品砂浆可节约水泥43kg、石灰34kg、砂50kg、利用粉煤灰85kg。故商品砂浆大大节约了建筑原材料的使用，减少了建筑垃圾的外排量，是一种经济适用建筑材料。

（2）商品混凝土

根据对用于混凝土框架结构的商品混凝土的生命周期环境影响进行的定量评价结果，可得出商品混凝土C30~C50对环境的影响逐渐降低，C50~C100则对环境的影响基本稳定。再加上C80、C100商品混凝土的价格大约为600~800元/m³，而C30~C60的成本大约在270~400元/m³，因此综合考虑环境影响评价结果和工程造价，C50和C60商品混凝土是环境、经济综合效果较优的选择。所以C50及以上商品混凝土作为框架结构主要的绿色材料。另外，商品混凝土的种类很多，能满足不同结构部位的需要。

①泡沫混凝土

泡沫混凝土又称为发泡混凝土，是指通过发泡机将发泡剂充分发泡，并将其与水泥砂浆混合，搅拌均匀后，经过发泡机的泵送系统进行现场浇筑或预制模具，经过自然养护进而形成的一种新型轻质保温材料。由于在混凝土内部形成大量封闭气孔，不仅使这种混凝土的重量变轻，仅相当于普通混凝土的1/5~1/10左右，减轻了建筑物的整体荷载，又大大改善其保温隔音性能。泡沫混凝土的保温性约为普通混凝土的20~30倍，隔声吸音能力为普通混凝土的5倍，同时现浇发泡混凝土的吸水性很小，又具有防水效果。

其次，泡沫混凝土的施工工艺简单，仅需发泡机即可直接现浇成屋面、地面和墙体，并可实现垂直高度为100米的远距离输送。利用其现浇屋面时可一次性将保温层、找坡层、找平层三层合一浇筑完成，大大提高了施工速度，进而节约了水泥、砂石等建材，降低了大量建筑垃圾的产生。泡沫混凝土所用的发泡剂为中性，不含苯、甲醛等有害物质，又避免了环境污染，故其是一种经济环境效益高的新型建筑材料。

②陶粒混凝土

陶粒混凝土的种类很多，有粉煤灰陶粒、黏土陶粒、页岩陶粒、垃圾陶粒、煤矸石陶粒等等，这些都是利用建筑垃圾或城市生活垃圾，经过造粒、焙烧生产出烧结陶粒。陶粒混凝土具有原料充足、成本低、能耗少、质轻保温、隔热耐火性好，高强等的特点，除了可制成墙板、砌块、砖等新型墙体材料外，还可用做保温隔热、楼板、屋面板、梁柱和部分基础等用途。在工程中可按实际需要利用不同种类的陶粒配制成不同密度和强度的无砂大孔、全轻、超轻钢筋或预应力混凝土，也适用于填充、现浇、滑模等施工工艺。

（3）新型墙体材料

我国传统墙体材料是实心黏土砖。生产黏土砖不仅造成大量土地资源、能源浪费，而且生产中还排放大量的废弃物，如 $SO_2$、$NO_x$、煤矸石、粉煤灰等污染环境。因此，我国提出禁止使用实心黏土砖，2002 年有 170 个城市签订了于 2003 年 6 月底以前在城市内全面禁止使用烧结实心砖的协议，开始提倡利用废料煤矸石、粉煤灰制作空心砖、加气混凝土砌块等新型墙体材料。这些绿色墙体在满足实际使用功能要求的前提下，还能够充分利用现有资源和大量的工业废弃物、实现清洁生产，解决实心黏土砖带来的土地资源破坏问题，而且具有节能、利废、保温隔热、轻质、高强、便于机械化施工等优点。如下：

①烧结空心砖

工业废料如粉煤灰和炉渣都含有一定的热能，在烧结砖中可借以利用以节约原煤，利用垃圾焚烧渣生产的绿色建材空心砖，同时在保证其保温隔热性能不变的前提下，可以减轻墙体自身重量和减薄其厚度。据统计，每 $m^2$ 基础建筑成本约可节约 20%，每 $m^3$ 砌体砂浆可节约 10%~15%，每 $m^2$ 建筑面积的砌筑用工量减少 25%，例如年产 6000 万块垃圾焚烧渣 - 页岩空心砖生产线，则每年节约黏土达 6.6 万 $m^3$，如果以平均挖深 3.5m 计算，则每年可保护 1.45 万 $m^2$ 的农田，且节约焚烧渣堆放场地 5000 多万 $m^2$，同时也消除了垃圾的二次污染，满足国家提出的对垃圾"资源化、无害化、减量化"的要求。

②加气混凝土砌块

加气混凝土砌块施工速度与实心粘、空心砖土砖相比，能提高工效 1 倍以上。加气混凝土砌块具有体积大、质量轻（质量在 400~850kg/$m^3$，相当于同体积混凝土的 20%~25%，墙体重为黏土实心砖的 30%）、保温隔热性能好、高强度（砌体平均抗压强度大于 2.9MPa）、隔声性能好、可加工性大、不具可燃性、施工速度快等优点。在原材料方面，可利用拆迁旧建筑的碎砖块及碎砂浆块等作为主要骨料来生产，加大了粉煤灰、炉渣、工业废石膏、废石英砂的利用，故成本低廉，若把其他因素也加以考虑，其综合成本大约为 130 元 /$m^3$，而一般的混凝土砌块市场销售价约为 150 元 /$m^3$。更重要的是加气混凝土砌块质量符合国家标准（GB15229—94）要求，促进了建筑垃圾的循环利用，是国家大力发展的一种新型墙体材料。

③石膏板墙

石膏板墙是绿色建筑墙体材料中的一种新型墙体材料，由工业废渣粉煤灰、石膏粉、外加剂、水泥和水按一定比例配制而成，一次性浇筑成型。其板面平整度好，不需抹灰或简单抹灰即可进行内外墙面装修，减少了砖砌块和砂浆的使用量，废砖块和废砂浆的量也随之降低。作为制造石膏板的主要原料石膏，它是地球上最大量的矿物，具有成本低、加工简单、能耗较低、质量轻、凝结快、放射性低、隔音、隔热、耐火性能好等优良特性，进而也降低了石膏板墙的成本，提高了其环保性能。在建筑资源保护方面，石膏板墙产生的废料不足 1%，与传统的建筑材料相比，无论是在节约能源、土地、木材、人力资源方面，还是在环境保护、消减建筑垃圾方面都具有显著优势。

我国还研制开发了石膏复合墙体，如发泡石膏保温板复合墙体、石膏与聚苯泡沫板复合的墙板等。这些石膏板材类墙体材料被国际上公认为绿色建材节能型材料。

此外，还有很多其他的新型墙体材料如：粉煤灰砖、废渣砌块、灰砂砖、灰砂板、石膏水泥板、硅酸钙板等，这些材料不仅在生产过程中有害气体的释放量少，而且能够利用废料中储存的热量达到节能环保的目的，同时可以节约大量黏土。因此，随着我国经济的发展和人民生活居住等条件的逐步改善，新型墙体材料亦将进入一个迅速发展的新阶段，其发展前景十分广阔。

## 三、建筑垃圾源头减量化绿色施工模式的评价

### 1. 评价源头减量化绿色施工模式的意义

我国目前对源头减量化绿色施工模式的研究侧重于理论概念，对其实施的经济环境效果评价仍没有明确的量化指标，使业主、施工单位以及消费者对该模式的实践性仍持怀疑的态度，不利于该施工模式的推行。

用量化值来反映源头减量化绿色施工模式在保护生态环境，节约资源，降低建筑垃圾外排量方面的显著优势，证实该模式是反映绿色施工实质和实现其目标要求的有效的具体的途径。

### 2. 评价方法的选择

（1）基于层次分析的价值工程原理

1）层次分析法

层次分析法（简称 AHP）是萨蒂（T. L. Saaty）指出的一种可用于处理复杂的社会、政治、经济、技术等方面决策问题的多目标决策方法。这一方法的特点是在对复杂决策问题的本质，影响因素以及内在关系等进行深入分析之后，构建一个层次结构模型，然后利用较少的定量信息，把决策的思维过程数学化，从而为求解多目标，多准则或无结构特性的复杂决策问题，提供一种简便的决策方法。在对施工方案进行优化选择时，要考虑许许多多的因素，这些因素的关系错综复杂，并且许多是难以量化的定性指标，而层次分析法正好解决这个问题。

2）价值工程原理

价值工程法起源于 20 世纪 40 年代美国，劳伦斯·戴罗斯·麦尔斯（Lawrence D. Miles）是价值工程的创始人。例如，用一些相对不太短缺的材料替代短缺材料。价值工程可以表示为数学公式：$V=F/C$，$V$ 是指研究对象的价值指数；$F$ 是指研究对象的功能指数；$C$ 是指研究对象的成本指数，即全寿命周期成本指数。价值工程法是以提高产品或服务价值为目的。在工程施工过程中主要是通过有组织的创造性施工技术，寻求用最低的全寿命周期成本可靠地实现使用者所需要功能的一种管理技术，故可以运用价值工程原理判断施工方案和新材料是否是在满足功能要求的前提下使用价值发挥到了最大。

基于层次分析的价值工程法是定性和定量相结合的方法，它把决策者的经验量化，从多角度多层次解决问题，从而能找到一个令人满意的结果。根据减量化绿色施工模式的评价指标体系很多是无法量化的，模糊性强，在进行价值系数、绿色度评价时很难做出数据

化的确切计算的特点，因此采用 AHP 法判断出各评价指标的功能系数。最后结合价值工程原理，计算出指标的价值系数。

（2）模糊综合评价法

模糊综合评价是借助模糊数学的一些概念。模糊数学就是试图利用数学工具解决模糊事物方面的问题，模糊数学的产生把数学的应用范围，从精确扩大到模糊领域，去处理复杂的系统问题，对实际的综合评价问题提供一些评价的方法。

利用模糊综合评价法计算出方案的绿色度，判断出方案整体的综合经济环境效益的评价法是比较合适的，优点在于考虑到了评价事物内部关系的复杂性、综合性及价值系统的模糊性。从而有利于验证源头减量化绿色施工模式在降低建筑垃圾外排量和保护环境方面的优势，为大力推行该施工模式提供依据。

### 3.构建源头减量化绿色施工模式的评价模型

对源头减量化绿色施工模式的评价主要是对施工方案在资源利用，环境保护以及降低建筑垃圾产量的绿色度方面进行评判。

（1）功能评判指标的选择

选择的指标能客观真实地反映目标的构成及目标和指标之间的关系，同时指标体系具有系统性、整体性和层次性。各评价指标之间具有可比性，基础数据尽量能够量化，便于进行计算分析。

根据以上原则再结合源头减量化绿色施工模式的实质，工程项目采用何种施工技术方案，不能单纯地从工程成本的角度考虑，应选择能充分利用资源，最大限度地减少建筑垃圾的产生和降低对施工场地及其原环境产生不利影响的技术方案。故选择以下指标：

1）能源消耗量

该施工模式的理念是优化施工技术和施工组织方案，节约能源消耗，所以该指标应为评价体系中指标之一。

2）使用性能

不同建筑材料其使用性能是不同，例如屋面保温隔热层，由于受天气影响很大，如果所使用的建材导热性能很差，对热能穿透能力阻力小，易形成空气对流循环，很快带走室内热量，从而需要消耗更多的能量去维持室内温度，不符合环保节能要求。故使用性能是评价建材节能环保效果的最主要的指标之一。

3）建材的容重

随着建筑物层数的越来越高，国家对建筑材料的容重有一定的严格限制。在采购和使用时，必须考虑此指标，以满足建筑层面荷载的设计要求和建筑物整体的安全性能。所以该指标应作为绿色建材的评价指标之一。

4）施工质量

源头减量化绿色施工模式对每一道工序的施工质量要求都非常高，这样有利于提高建筑物整体的质量水平和减少建筑垃圾的产生及后期的维修工作，所以此指标应作为该评价体系的指标之一。

5）噪音、光、粉尘污染程度

建筑垃圾减量化施工模式最终目的除了要求尽可能地减少建筑垃圾的产生之外，还包括有效降低噪音、光、粉尘等非固体建筑垃圾的污染情况，所以此指标应为该评价体系的指标之一。

6）固体建筑垃圾排放量

该施工模式最主要的目的就是按照生态学规律，合理利用自然资源，向清洁型经济发展，高效利用资源，减少对生态环境的破坏，实现施工活动的可持续性，所以此指标应为该评价体系的指标之一。

所以降低工程中建筑垃圾的外排放量应作为指标评价体系的重要指标之一。

（2）利用层次分析法确定功能系数

利用层次分析法确定功能系数主要针对方案的能源消耗量、保温隔热性能、容重和施工质量的可靠性这四项指标来确定。

# 第五章　绿色施工技术

## 第一节　基坑施工封闭降水技术

基坑施工封闭降水技术是国家推广应用的十项新技术内容之一，指采用基坑侧壁止水帷幕＋基坑底封底的截水措施，阻截基坑侧壁及基坑底面的地下水流入基坑，同时采用降水措施抽取或引渗基坑开挖范围内地下水的基坑降水方法。基坑降水通过抽排方式，在一定时间内降低地层中各类地下水的水位，以满足工程的降水深度和时间要求，保证基坑开挖的施工环境和基坑周边建筑物、构筑物或管网的安全，同时为基坑底板与边坡的稳定提供有力保障。因此保证工程施工过程中降水技术的可行性是施工质量得以保障的基础。就以东营市东银大厦工程实例进行实例分析总结，从而探讨基坑施工封闭降水技术在工程中的具体应用。

本工程场地内地形平坦，属黄河冲积平原地貌单元，场区附近无不良地质作用，场地稳定，场地地下水属第四系孔隙潜水，以大气降水补给及地下水侧向补给为主，该工程基坑开挖上部为杂填土，下部分别为较厚的粉土和粉质黏土层，这种情况如果采用传统的降水设计在降水疏干的过程中极容易造成基坑外水源补给，从而造成周边建筑物和管线的不均匀沉降；而造成安全隐患。另基坑下分布弱承压水，深基坑部分不满足抗突涌要求。针对本工程复杂的地质环境特点以及基坑开挖面下各土层的特点，优化施工降水方案，合理设计降水井的深度及布置范围，做到真正的"按需减压"降水，在抽取疏干井的过程中尽量不触动承压水，从而有效地控制抽水量，抑制基坑周边建筑物的沉降同时起到抗突涌的作用。

## 一、工程概况

主体结构：地下一层为地下车库及人防工程，地上为21层现浇混凝土框架剪力墙结构，总建筑面积为35915m²。基坑规模：该工程基础南北长92.0m，东西宽84.0m，基坑周长352m，基坑开挖面积7728m²。

基坑挖深：根据周边地形及基础埋深，基坑开挖深度6.8m～7.9m。

环境概况：本工程位于东营市东城中心位置，地下水属第四系孔隙潜水，静止水位埋设深度为自然地坪下1.30～1.40m，相应标高为3.09～3.2m。地下水位的年变幅约1.00m。

基坑施工难点：基坑深、大、复杂，施工空间狭小、施工难度大，在施工过程中，受降雨、地下管网、工程地质、土方开挖、周边建筑及施工动载等不确定因素的影响，存在一定的风险，所以，基坑开挖变形控制要可靠，支护体系整体性要强。同时，由于地下水丰富，止水体系安全可靠性要高。

## 二、工程降水特点

该拟建工程地下室基础底板埋深约 7.8m～8.9m，按设计 0.00 相对于绝对高程 5.15m 标高计算，与目前场地地面标高相差约 0.40m，基坑大面积开挖深度在 7.40m～8.50m 左右。拟建场地周围环境条件为：基坑北侧距实验中学用地红线 5.40m，基坑东侧距用地红线 5.20m，距道路边 15m，基坑南侧距府前大街用地红线 6.00m，距道路边 16m，基坑西侧距五层计生办公楼基础边 5.00m，该楼基础埋深 1.50m。

基坑开挖影响深度范围内主要为人工填土、粉质土、粉质黏土等，土质松软，且因场内地下水位较高，基坑底部存在渗透性涌水，需四周采取边坡支护和止水帷幕设置，结合基坑内管井有效降低地下水。考虑本次施工电梯井底基础最深，土方开挖深度为 -8.90m 左右，为满足开挖要求，基坑中心水位应比坑底低 1.0m，才对基坑开挖及底板施工有利。

## 三、止水帷幕及边坡支护

拟建建筑四周环境复杂，为确保基坑开挖及降水期间对周边环境无明显影响，确保周边环境和基坑施工安全，结合本基坑开挖深度和场地土质条件及周边环境，采用双排悬臂式钻孔灌注桩支护，支护桩长度 17.1m，外侧采用三轴单排深层水泥土搅拌桩，水泥掺量 10%。

## 四、确定基坑内降水管井数量及布置

### （一）降水井数量的确定

根据地勘报告有关数据和工程情况，水位降低值：S=9.0m（8.9-0.9+1.0），含水层厚度取 H=12.5m，渗透系数根据地质勘察报告 4.2E-0.4，取：k=0.36m/d。

### （二）基坑井点布置

降水井沿基坑内边 1.50m 按间距 15m 左右设置 24 个降水井，基坑中间按 25m 左右设置 7 个，整个基坑内设置共 31 个降水井，另外在基坑外围分别设置 9 个观察井和 17 个回灌井。

## 五、降水井成井施工

降水井成井施工按照 JGJ94—2008 规范中规定和要求的成孔工艺。主要工序为：井位测设→成孔→下井管→填砾→洗井→抽水。成孔过程中应检查控制成孔深度、直径、垂直度，防止出现钻孔的垮塌和缩颈，确保井管位置居中、垂直，接头牢固。填砾时要求检查控制沙砾粒径，按要求对称回填。填砾后应洗井至抽出清水，需定期观测水位、水量，做好记录。

### 六、降水设备及安全施工要求

（1）抽水设备采用每口井放置深井水泵一台，将水位降深达到要求。

（2）各井点设置单独用电开关箱，做到一机一闸一保护，以期达到安全用电和停泵与开泵的用电的要求。

（3）必要时，为确保降水井作业的连续性，施工现场应准备发电机，以备停电时使用。

（4）停止降水时间，依据设计单位的设计要求停止降水，并进行降水井封堵施工。

### 七、环境监测与降水维护要求

（1）在降水施工期间，定期进行周边环境监测工作，及时取得监测数据，认真分析降水施工对周边环境产生的各种影响，及时反馈数据，指导降水施工，严禁超降地下水。

（2）开始降水前应统测一次自然水位，抽水开始后，在水位未达到设计降水深度以前，7 每天观察三次水位。

（3）当水位已达到设计降水深度，且趋于稳定时，可每天观察一次，在受地表水体补给影响或在雨季时，观察次数宜每天 2~3 次。

（4）根据水位、水量监测记录，查明降水过程中的不正常状况及其产生的原因，及时采取调整补充措施，确保达到降水深度。

（5）降水期间应对抽水设备和运行状况进行维护检查，发现问题及时处理，使抽水设备始终处在正常运行状态。

（6）抽水设备应进行定期保养，降水期间不得随意停抽。在更换水泵时，应测量井深，掌握水泵安装的合理深度，防止埋泵和掉泵。

（7）注意保护井口，防止杂物掉入井内，经常检查排水管、沟，防止渗漏。

### 八、降水井的封堵

降水井封堵的前提条件是稳定水位位于基坑底面以下，土建作业无突涌现象，满足主体结构抗浮要求。

（1）在基础混凝土垫层施工前加工制作防水钢套管，钢套管采用热轧无缝钢管制作，套管高度不小于混凝土底板与垫层厚度之和，在套管外侧底板厚度中部用两个半圆钢环与钢管焊接成止水翼环一道，焊缝要饱满，不得有缝隙，套管内侧距上口 80mm 处采用同型号材料焊接止水内环，在施工基础混凝土垫层时，将防水钢套管预埋于混凝土垫层中，将降水泵穿过防水钢套管进行降水。

（2）当可以停止降水，进行降水井封堵时，取出降水泵，对降水井底部采用级配水泥、砂、石干料回填至距离基础混凝土垫层部位 1.0m 处，再用与基础底板同标号的混凝土浇筑到底板顶面下 80mm 处（钢套管止水内环处），加焊钢板顶盖板，最后用微膨胀混凝土填实浇平。

（3）降水井封堵顺序根据现场实际情况，先从基坑周边开始，采取隔一封一的顺序和方法进行，逐步减少。

对坑内潜水含水层进行封闭疏干降水，以达到有效降低被开挖土体含水量的目的。采用降压降水管井进行减压降水，达到保证基坑安全及施工顺利进行的目的；对坑内开挖深度以下的承压水进行"按需减压"降水，即始终保持承压水位于安全埋深以下。采取该项新技术是考虑到传统降水方法疏干井较深，影响范围较大，抽取潜水的同时也抽取大量的承压水，抽水量大，对周边环境造成明显影响，严重情况下会造成基坑周边建筑物、构筑物及设施出现明显不均匀沉降甚至开裂。此项新技术应严格区分抽取潜水过程和承压水减压过程，以达到减少抽水量，减少对周边环境影响的目的。

本工程采用深基坑封闭疏干降水技术进行施工，较好地保证了基础施工安全和周边环境安全，保证了基础施工质量和施工工期，取得了较好效果，达到了预期管理目标，同时为以后的深基坑降水施工积累了一定的技术参数和实践经验。

# 第二节　施工过程水回收利用技术

## 一、基坑施工降水回收利用技术

### （一）案例

某工程项目是大型商超一体化建筑，共6层，地上3层、地下3层，建筑项目总面积为12.66万平方米，工程项目基坑开挖的深度控制在6.2m左右，为了有效提升建筑工程项目的建设质量，施工部门在施工前对施工区域进行了全面勘察。结合勘察收集的数据结果可知，场地内地下水位深度不足，基础性稳定水位在0.6~1.8m之间，是常见的液化场地施工环境，液化程度为中等。为了保证施工项目顺利进行，施工部门决定利用建筑工程基坑降水回收再利用绿色技术对其进行处理，在布设现场设施的基础上，能减少安全隐患问题的留存，为工程项目质量水平和安全性的优化奠定基础。

### （二）建筑工程基坑降水回收再利用绿色技术要点

在建筑工程基坑降水回收再利用绿色技术应用的过程中，为了有效发挥技术优势，就要结合具体问题建立健全统筹性较好的处理机制。

#### 1. 技术体系

（1）落实施工方案。结合上述案例可知，工程项目要想提升安全运行的质量，就要结合自渗原理进行施工监管，有效将上层滞水直接引导到下层潜水层中，不仅能提高施工项目的整体质量，也能一定程度上实现水资源的循环利用，并且要借助 $R=K_6(Q_1+q_1+q_2+q_3)100\%/Q_0$ 对基坑降水回收率进行计算，其中，$Q_1$ 表示回灌到地下的水量，结合工程项目的场地地质条件和试验过程就能确定相应参数；$Q_0$ 表示基坑实际的涌水量；$K_6$ 表示损失系数，一般而言，取值范围控制在0.85搭配0.95之间；$q_1$ 表示工程现场的实际水量、$q_2$ 表示现场洒水控制扬尘用水量、$q_3$ 表示施工过程中砌筑抹灰的实际用量参数。

结合相关参数就能对降水处理要求和具体数量级进行集中约束，确保能将地下水位降低作为关键，有效维护管理流程和应用控制效率。值得一提的是，在降水过程会造成地基中原水位土体产生应力变化问题，相应的自重力会增大，此时的地基土体固结问题较为严重，这就会严重影响均匀沉降的效果。基于此，为了有效提升具体操作流程的合理性，要利用回灌技术完成地下水资源的回收应用，维护管理工序的完整性。与此同时，施工部门结合工程项目的实际情况在基坑的周围设置了集水井，借助交错有序的盲沟就能有效对基坑内的积水进行富集处理，确保能应用排水泵保证排水工序的合理性。

（2）项目布局结构。为了有效提升建筑工程基坑降水回收再利用绿色技术的应用效果，施工部门能结合具体施工环境设置了降水井，并且利用 10 立方和 15 立方的潜水泵作为主要设备，布设了 PPR 支管，型号为 DN50。施工部门为了能有效避免施工工期的延误，进行了 24 小时持续性作业，有效实现了主降水管控制基坑降水流向的目标。需要注意的是，施工部门在基坑的两侧各设置了一个钢板水箱，主要发挥沉淀池的作用。需要注意的是，设备主要是利用变频加压泵完成输送水处理工作，在收集水资源后就能应用地下降水进行洗车服务或者是消防用水。

（3）回收利用计划。建筑工程基坑降水回收再利用绿色技术的应用最关键的是要对水资源进行二次利用和处理，这种方式能在满足整体施工项目设计要求的同时，确保工程用水安全管理的实效性。第一，要结合水质具体要求完成分级使用工作，为了一定程度上提高工程项目的用水安全水平，在基坑降水工程体系中要对地下水进行回收管理，完善水质检测工序的同时，也要在满足检测要求后正式投入使用。第二，施工部门要对基坑工程项目运行结构进行便利性评断和分级控制。一方面，要利用地下水现场抽取管理工序，有效提升施工现场监管体系的完整性；另一方面，为了提升施工区域用水管理工序的合理性，在工程现场条件允许范围内建立满足标准的水质检测规划，从而提升布设输水管道的应用效率。

## 2. 具体应用

在建筑工程基坑降水回收再利用绿色技术应用过程中，主要是应用在以下几个方面。

（1）车辆清洗。在施工项目中工程现场的车辆需要进行清洗，利用回收水进行清洗处理，能有效避免扬尘污染造成的影响。基于此，施工部门在出入口位置设置了洗车槽和沉淀池，能有效完成变频加压泵结构和蓄水池沉淀池处理工作，从而实现水资源循环利用的目标。另外，施工部门还定期对沉淀池进行清理。

（2）基坑支护处理。借助锚杆冲孔设备就能完成基坑降水处理工序，尤其是在冲孔工作中，连接相应设备就能提高保水管理效率，一旦基坑中水含量超过 3 立方米，就能进行相应的抽取工作和再利用工作，满足注浆管控要求。

（3）消防用水。主要是在基坑的周围设置相应的临时性用水管网结构，间隔 30m 就设置临时性的水龙头，应用镀锌钢管作为消防用水管道，提升了项目管理的安全性。与此同时，在消火栓的附近设置了降尘支管结构，能在完善安装处理效果的同时，保证供水量也能得到有效的控制和监督。在一系列操作结束后，工程项目满足绿色工程建设的需求，现场管理效果和社会效益较好。

### （三）建筑工程基坑降水回收再利用绿色技术优化措施

为了一定程度上提高建筑工程基坑降水回收再利用绿色技术应用水平，要积极建立健全完整的技术管控体系，确保能提升管理工序的合理性，也为技术监督体系的全面优化予以关注。相关施工部门除了要对技术进行集中约束，也要发挥技术管理的指导意义和价值。

#### 1. 树立绿色技术理念

建筑施工单位要想提升技术运行管理水平，就要树立正确的绿色施工管理理念，确保能在维持建筑工程项目全寿命周期的基础上提升资源的利用效率，确保能建立更加多元化、生态性以及环保性等技术监管机制，强化施工技术的应用效率，不断创新绿色技术应用水平。

#### 2. 强化现场资源管理

在落实资源监督机制后，就要积极建立健全完整的约束控制机制，有效提升能源资源的利用效率，保证现场资源管理结构能贴合实际需求。尤其是在应用建筑工程基坑降水回收再利用绿色技术的过程中，要将水资源利用效率作为衡量技术运行质量的基础标准，提升雨水收集管理、分类以及回收处理等一系列处理工序的水平，保证施工现场资源管理工作顺利开展。

总而言之，在建筑工程基坑降水回收再利用绿色技术应用工作体系内，要想发挥技术的优势，就要积极建立健全完整的技术监督管控流程，确保具体问题都能得到具体解决，从而实现经济效益和社会效益的共赢。

## 二、雨水回收利用技术

雨水回收综合利用系统是将路面、屋面、绿地雨水通过雨水收集系统汇集到初期雨水弃流井，通过雨水初期弃流装置对收集的雨水进行初步过滤，过滤产生的垃圾可以自动排放掉。初期弃流完成后，较洁净的雨水进入 PP 模块一体化构筑物，经过 PP 模块一体化处理过滤，处理后的水质符合雨水回用的水质标准后，将水储存到蓄水池，再利用供水设备和供水管网供给小区绿化、景观喷泉、地面冲洗等。

### （一）雨水回收综合利用系统原理

雨水回收综合利用系统是利用小区雨水管网收集雨水进入初期弃流装置，经雨水弃流装置进行初步过滤后，进入 PP 模块一体化雨水收集池，经过 PP 模块一体化构筑物过滤、沉淀，达到雨水回收利用要求的水质，经过供水设备和供水管网，供给小区内绿化、景观喷泉和地面冲洗使用。

雨水初期弃流装置的作用是完成降雨初期杂质较多雨水的自动排放和预过滤。该装置内置过滤装置在弃流完毕开始收集时，对收集的雨水进行初步过滤，过滤产生的垃圾可以自动排放掉。

PP 模块一体化构筑物的储水池骨架采用 PP 模块组合，每块单体尺寸为 500mm ×
1000mm × 400（h），承压能力≥ 0.45N/mm²，层间采用连接杆进行连接，列间采用连接卡
进行连接；过滤系统采用滤板微孔过滤形式，过滤只依靠液面静压力完成，处理后的水质
符合雨水回用的水质标准。雨水处理后加压给水泵根据实际回用水量确定，并设排污泵，
且间断排泥，滤板冲洗泵与雨水回用水泵共用。

## （二）雨水初期弃流装置

雨水在经过屋面或地面汇集后，受路面污染影响，使得初期雨水径流中含有大量的污
染物。其中 CODcr、悬浮物含量甚至超过污水，无法回收利用，若直接排入雨水排水系统，
会严重影响环境水质。通过采用初期雨水分散控制，在源头设置弃流装置，对初期雨水就
地初期处理，可最大化消减污染负荷。将弃流雨水就地处理，进入管网的雨水为初期洁净
雨水。减少进入管网的雨水弃流量，减少调蓄水池容积，同时富余雨水可有效回补地下水，
改善地下水资源。由于减少了初期弃流量，减少了污水处理量，可减轻污水处理厂雨水处
理量。

作为雨水收集的源头，采用的雨水口和雨水井均为环保型产品，内带截污框和雨水篦
子。能有效地拦截雨水中大颗粒杂质，避免日后使用时的管道堵塞。且日后清理只需将提
篮提出将杂物倒出即可。井体侧壁开孔，配已级配能有效地将雨水补充给植被及地下水。
通过截污弃流后的雨水可直接进入雨水收集水池，简化雨水处理的工艺。

## （三）PP 模块组合构筑物构造

PP 模块组合构筑物是由配水井、排泥井、出水井和 PP 模块骨架组成。雨水经过初期
弃流装置后直接流入配水井，再进入 PP 模块骨架，经雨水滤板，泥沙收集到排泥井，水
经过砂石滤料层，通过出水井井筒微孔，收集在出水井内，经过供水设备和供水管网，供
给小区内绿化、景观喷泉和地面冲洗使用。

PP 模块构筑物采用聚丙烯塑料单元模块组合，在水池周围包裹防渗土工布，形成地
下贮水池。由于表面光滑，不滋生藻类，可使储存的水体水质保持较长时间稳定。再有模
块式的组合，可使雨水集蓄池极大的适应场地的限制，组成各种形状，同时具有安装方便，
承载力大，可拆除迁移至其他区域继续使用等优点。用于收集雨水的储存装置，采用成品
装配式 PP 方块组合而成。在水池底部结合雨水过滤板，雨水通过重力即可实现过滤，在
滤板层下设置级配砾石取水层回用泵设置在取水井内，回用是开启水泵，实现过滤同时回
用雨水。

塑料模块组合的水池安装方便，承载力大。同时内壁粗糙度为 0.009，比混凝土内壁
光滑，内部结构不易附着杂质，更有利于保证水质稳定。水池上方可作为绿地，种植花草
和树木等，起到美化环境的作用。

## （四）雨水利用自动化控制及回用

整套雨水利用系统采用自动控制。初期雨水弃流装置采用自控式雨水弃流装置，设置
弃流量及复位时间，自动弃流雨水。雨水集蓄池设置高低液位控制器，同时与清水池液位

控制器联动，自动控制消毒提升泵的开启和关闭。清水池绿化泵也采用自动控制设计，根据管网水压，自动调节。

## （五）雨水回收利用系统施工要求

雨水回收利用系统的构筑物均建在地面下，由于其特殊性，由土建工序和安装工序组成。现重点针对滤板施工要求进行阐述，滤板施工质量的好坏，决定了雨水回收的水质，在施工时应注意以下几点。

1. 根据设计图纸，滤板的铺装从基准点开始，以基准线为基准，按设计样式铺装。

2. 铺装微孔板时，不得站在找平层上作业。

3. 滤板必须平整轻放在找平层上，手按住板表面，用1kg的橡皮锤或用4磅铁锤锤木垫板敲击砖中间1/3面积处，使板与找平层锤实，以免发生空鼓。

4. 板与板之间为自然缝，落板必须贴近已铺好的板垂直落下，不能推板，造成积砂现象。

5. 板与板之间邻近接触面角必须在同一平面，每行铺装必须用水平尺结合标高线进行找平，误差必须＜1mm。

6. 如遇到切板现象，必须将板进行弹线切割；如遇到连续切割板的现象，必须保证切边在一条直线，偏差＜2mm。

7. 铺装滤板面整体要求必须平整一致，同时坡向要根据现场利于排水面而调整。

8. 遇到出水井或者排泥井时，应结合施工图纸根据现场的具体位置做调整。

9. 每班次收工时应做收边处理，以防止边缘板松动。

10. 施工完成后，养护24h后，将已铺装好的滤板用填缝砂填缝，填缝时应务必将板缝填满，同时将遗留在滤板表面上的余砂清理干净。微孔过滤板铺装完成养护时间不得小于14d。

## （六）运营管理中的注意事项

1. 水池上方应尽量避免大型载重卡车停留或经过，避免人为损坏。

2. 每个雨季前至少进行一次产品维护，检查水泵是否运行正常。

3. 每个雨季前至少进行一次反冲洗，水由出水井通过穿孔渗透管反向进入水池，冲洗滤板表面附着杂质，由排泥泵将反冲洗的水排出。

4. 排泥泵至少需1年开启1次，将排泥井内的污泥排出，防止污泥沉淀过多影响水质。

5. 如果在运行中遇到其他问题，及时与供应厂家联系。

## （七）雨水综合利用系统与中水处理的区别

雨水综合利用系统是利用经过简单物理处理方法——过滤，达到景观、冲洗的水质标准。中水处理的方法有生物处理法、物理化学处理法膜处理3种，中水水源的主要污染物是有机物，目前大多数以生物处理为主处理方法；在工艺流程中消毒灭菌工艺必不可少，一般采用含氯消毒剂进行消毒。两者利用的原理一致，只不过在工艺流程上存在一定差异。

雨水综合利用是一种新型的多目标综合性技术，是实现节水、减少污水污染和改善生态环境的重要措施。在国家提倡绿色建筑的形式下，国内许多大型绿色建筑中都将雨水回收利用作为一项节能指标，所以在施工中必须掌握好雨水回收利用系统的施工工艺，更好地服务绿色建筑。

# 第三节　预拌砂浆技术

## 一、预拌砂浆的主要特点

长久以来，我国在建筑施工中所使用的建筑砂浆都是采取现用现配的方式，而且由于缺乏完善的配套设置以及计量器材，只能采用人工配置方式，整个配置过程全部依靠工人的操作经验，导致由这种类型的预拌砂浆所建造出的建筑工程经常会出现开裂以及空鼓等现象，对工程的正常使用产生了严重的影响。随着时代的发展，人们也对住宅的质量及舒适性有了更高的要求，只是依靠目前生产砂浆的技术很难满足实际的需要，因此对砂浆的配置方式进行科学的改革是非常有必要的，而预拌砂浆的出现就是这种局势下的产物。

### （一）有助于提升工程质量

以往，在施工时采用的都是现用现配、人工配料的方式，只能依靠配置工人的工作经验，在材料质量等方面也没有保障，对工程的正常施工产生了很大的不利影响。预拌砂浆的出现有效地解决了这些问题，首先，它拥有专门的拌制工厂，采取预先拌制的方式，而且加强了对拌制过程的监督管理，选用品质优良的拌制材料，对拌制配方进行了进一步的改良。同时通过对配方进行针对性的调整，能够有效地减少配置的时间，还能够使砂浆的强度和保水性等性质更加符合在不同环境下、不同工程部位中的需要，进而有效的提升建筑的最终质量。

### （二）有助于降低工程造价

与传统的砂浆配置方法相比，预制砂浆具有施工强度小、效率高、造价低等优点。除此之外，在应用传统的砂浆配置方法配置砂浆时，还需要定时对基面进行保湿处理，这样不但在很大程度上增强了劳动强度，降低了施工效率，同时还对配置人员提出了更高的要求，给工程施工造成了很大的不便。对于预拌砂浆技术来说，在配置砂浆的过程中不需要再对基底进行额外的处理，能够在确保不影响砂浆保水性的基础上有效的提升砂浆的配置效率，对提升工程的施工效率具有极大的帮助，在质量上也有了进一步的提高。此外，采用预拌砂浆还能够大幅度的减少施工周期，具体如下：1）如果是在工程量较小，施工作业面不集中的情况下，采用预拌砂浆能够有效地减少材料运输的时间，进而达到减少施工周期的目的；2）通过减少配置和搅拌上的施工工序，进而减少配置时间；3）有效地减少施工结束后清理现场的时间。

## （三）有助于改善环境

目前，粉尘污染已经成了造成城市污染的主要祸首之一，而建筑工程的施工现场更是导致出现粉尘污染的主要场地之一，根据相关调查结果显示，由工程施工所生成的粉尘已经达到了粉尘总排放量的 20% 左右。同时由于目前在很多城市中都颁布了禁止现场拌制混凝土的政策，因此现场搅拌砂浆就成了导致出现粉尘的主要污染源。在这种情况下，预拌砂浆的好处就进一步凸显出来了，这种拌制方式具有粉尘排放量小、产生噪声小的优点，对于保护大气环境方面具有极大的现实意义。

## （四）有助于文明施工

由于以往在搅拌砂浆时采取的都是现场搅拌的方式，所需的原材料都是随用随取的，因此必须要确保在施工现场具有足够数量的材料，这就要求要在施工现场为这些材料预留出很大的一片空间，不但会对工程的正常施工产生很大的影响，同时还不利于进行现场管理。在使用预拌砂浆时，由于不需要进行现场施工，也就意味着省去了各种材料的运输过程，也不需要在施工现场准备专门的材料安放地点，可以节省出很大的空间，特别是对于城市内部的施工现场来说更是如此，由于在城市中往往交通拥挤，施工现场空间更小，采用预拌砂浆的方式更有利于进行物料的运输和安放，同时还不会占据太大的空间。除此之外，由于传统砂浆在运输、存放以及配置过程中经常会残留大量的废料，还需要安排专门人员进行清理，而预拌砂浆则省去了这一过程。

## （五）可以进行废料的再利用

在生产预拌砂浆的过程中不但可以使用粉煤灰等传统材料作为原料，同时还可以结合施工区域的实际情况，选择更为合适、取材更为方便的材料，甚至是各种矿山开采废料以及工业废渣等都可以作为生产预拌砂浆的原材料，这样不但能够有效地减少生产成本，还有助于实现资源的综合利用。

## 二、预拌砂浆在工程中的应用

预拌砂浆在工程中的应用往往会受到一些不良因素影响，应积极采取有效措施，做好产品质量与施工质量的控制，为预拌砂浆在工程中更好地应用做好铺垫。

## （一）预拌砂浆产品质量控制

预拌砂浆产品质量往往给其在工程中的应用产生较大影响，为此，应积极采取措施，严把生产、运输关，保证预拌砂浆生产质量，为其更好地应用做好铺垫。应用中应注重制备、计量、检验、运输等环节的质量控制。首先，注重生产材料的贮存与处理。生产预拌砂浆时应注重分仓贮存各种材料，并加以明显标识，尤其应按照强度等级、水泥品种、生产厂家等内容分别进行贮存，并做好防污染、防潮工作。同时，保存细骨料时应注重确保其均匀性，禁止其他杂物混入其中。如生产干混砂浆，应干燥处理所用的骨料，将砂的含水率控制在 0.5% 以内。另外，添加剂、外加剂、矿物掺合料的存放，同样按照不同品种、类别进行存放，并做好防止材料性能变化的保护措施。其次，保证生产期间的计量精度。预拌砂浆生产中计量的进度，直接影响其质量，给其应用造成不良影响，为此，计量施工材料时，一方面，由资质部门做好计量仪器的监督检验，并定期对所用仪器进行校准。另一方面，严格按照相关规范对预拌砂浆各组成材料的配比误差进行控制。最后，做好运输环节的质量保护。为给预拌砂浆的应用奠定基础，应做好运输期间的质量保护。

## （二）预拌砂浆施工质量控制

为保证预拌砂浆质量，促进其在工程中更好地应用，施工中应积极采取相关措施，尤其应注重以下环节的考虑。

（1）做好进场质量检验

预拌砂浆运至施工现场时，施工单位应认真检查供货方提供的相关资料是否齐全，如出厂检验报告、质量证明文件等，确保运至施工现场的预拌砂浆满足规范及设计要求。同时，还应做好预拌砂浆的外观检查。如为湿拌砂浆，应检查砂浆是否存在泌水、离析现象。当预拌砂浆的稠度、外观通过检验后，还应按照下表内容进行再次检验。

（2）注重砂浆存储管理

预拌砂浆应用中储存是否得当直接影响其质量，因此，施工单位应结合不同预拌砂浆类型采取针对性存储管理措施。如上文所述预拌砂浆包括湿拌砂浆、干混砂浆。接下来以湿拌砂浆为例，对其存储管理进行探讨。

首先，根据工程施工现场实际，配备湿拌砂浆存储容器，尤其应注重存储容器的容量、数量等安排的合理性，确保施工工作顺利进行。其次，强度等级、品种不同的湿拌砂浆应分开存放，并在容器上加以明确标识，包括使用时限、强度等级、砂浆品种等内容。最后，当湿拌砂浆存储的时间较长时，应添加适量的缓凝剂防止砂浆凝结，并通过控制加入量，延长其凝结时间。同时，加强存储地点的温度控制，即，将温度控制在5℃~35℃范围内，施工中还应注重工程施工进度、施工时间内容的考虑，保证湿拌砂浆供应的及时性，在规定的时间内促进施工的圆满完成。

（3）严格把握施工细节

为保证工程中预拌砂浆应用质量，施工单位应做好施工细节控制，尤其应确保以下内容的认真落实：首先，正式施工前，在监理单位、施工单位、砂浆生产企业负责人共同参与的情况下制作样本，进行施工现场的模拟，并做拉伸黏结强度检验。其次，针对材质不同的基体交接位置，应注重采用加强措施，防止开裂。如需铺设加强网，应确保各基体和加强网的搭接宽度至少达到100mm，而后严格按照抹灰工艺要求进行施工。最后，抹灰作业时如使用普通抹灰砂浆，应控制每层抹灰厚度不能超过10mm。如抹灰砂浆厚度超过10mm，应分层进行。当抹灰总厚度≥35mm时，应增设金属网进行加强。另外，当抹灰工程的抗压强度未通过检验时，应现场做拉伸黏结强度检测，应在施工中参考检测结果。当抗压强度未达到要求时，应进行加倍取样做拉伸黏结强度检测，以检测结果为施工参考。

预拌砂浆在工程中的应用优势较为明显，要求业内做好预拌砂浆的推广与应用研究，采取可行性措施，不断提高预拌砂浆质量，促进工程价值的充分发挥。本书通过研究得出以下结论：

为保证预拌砂浆在工程中更好地推广，一方面应注重其性能的研究，使业内对其性能充分了解。另一方面，应做好其优势宣传，提高施工单位应用预拌砂浆的意识。同时，国家职能部门应注重完善相关规范标准，为其应用创造良好的氛围。

预拌砂浆应用中，一方面应加强其质量检查，确保生产所用材料符合规范要求。另一方面，还应做好施工现场存储管理，认真落实施工细节，促进其优势在工程中充分发挥。

# 第四节　墙体自保温体系施工技术

随着时代的快速发展，我国的经济建设脚步不断加快，虽然近些年来我国开始逐渐调整经济发展步伐，从高速经济发展不断向高质量经济发展转变，但是就能源消耗问题来说，我国的能源消耗仍然处于非常庞大的数据范围内。以墙体保温为例，我国能源消耗是发达国家的好几倍，随着"低碳、环保、绿色、节能"理念的出现，绿色建筑进入了公众视野，如何提升建筑中墙体自保温技术，为节约能源做出贡献成为当下房屋建筑技术探究的关键。

## 一、墙体自保温技术分析

我国在建筑领域的节能主要就体现在对于墙体保温技术的处理上，目前墙体保温技术依然采用的是外墙外保温技术，虽然该保温技术为我国建筑节能做出了突出贡献，但是其缺点和短板也同样明显，首先是可能会出现的墙体开裂现象，其次是技术施工手段上的不完善等，还有包括原料砂浆的运用等，都是局限我国墙体自保温技术进步发展的主要因素。

## 二、墙体自保温材料运用和技术应用

为加强墙体自保温的节能性，在材料的运用上同样有以下几个方面的考量，首先是基于生产效率，其次是保温效果、最后是工业废弃物的废物利用，通过这三个方面来加大其节能性。

### （一）加气混凝土砌块的应用

加气混凝土砌块实际上是目前我国就建筑墙体自保温技术中应用最为广泛的材料之一，基于我国墙体自保温技术的发展，加气混凝土砌块的制品发展也已经有了相当成熟的经验，无论是制品技术还是质量都非常成熟，通过应用，能够有效实现对于墙体自保温的节能效果，目前还在不断技术突破当中，据有关报道，已经可以达到超过一半的节能保温标准。以福建大学的节能示范建筑为例，采用的就是该材料，并配合其他相关的配套材料，通过相关施工工艺完成施工，非常有效地实现了墙体自保温节能体系的搭建，并且为其发展提出了新的可探索路径，根据福建大学的节能示范建筑可得出该材料的应用有以下优点：适用范围比较广且建筑结构不复杂、相关施工工艺技术简单等。

## （二）陶粒自保温砌块的应用

陶粒自保温砌块是目前为止较为新型材料应用，就建筑材料而言，具有热工性能优良的突出优点，符合对于建筑节能设计定位的应用理念。在实际的房屋建设过程中，通过对于陶粒自保温砌块的研究和使用，发现其能够减少建筑自重，同时达到有效的墙体自保温要求，并且能够较为轻松地将节能率由基本的 50% 的基础进行提升，目前测试的实验结果可以达到大约六到七成左右，是非常理想的自保温材料。与此同时，陶粒自保温砌块还具有其他优点，如基于建筑的坚固性能和安全性能而言，陶粒自保温砌块具有非常高的坚固性，且造价要比其他目前在用和在研发的材料价格低，因此，陶粒自保温砌块也被称之为新型墙体自保温技术的领跑材料，等到技术手段完全成熟后，会成为广泛应用和推广的墙体自保温材料之一。

## （三）泡沫混凝土砌块

这是一种低密度材料，通过与其他材料的混合，实现了物理属性的基本转变，无论是其抗压强度还是原料价格上，都相对让人满意。泡沫混凝土砌块常常被拿来与上文中提到的加气混凝土砌块作为比较，实际上两者是完全不同的两种原理，加气混凝土气泡并不规则，因此内部结构材料比较离散，而泡沫混凝土砌块则具有非常密集的气泡，搅拌加入水泥浆后，能够形成光滑均匀的浆壁，非常符合审美和建筑质量需求。除此之外，泡沫混凝土的自保温体系和节能系数也完全可以达到远超于节能标准的 10% 以上，最高的节能标准可以达到七成左右，是非常优良的一种建筑节能材料选择，但是基于技术方面的因素，还需要做进一步的技术提升。

## （四）空心砖

空心砖也是当下比较常见的一种自保温墙体建筑的材料，是基于自身的架构来实现对于墙体整体的保温效果，基于此，空心转也被称之为自保温砖，空心砖的优点对于建筑行业非常明显，首先就是空心砖的施工非常的简单且原材料造价低廉，因此能够广泛应用，其次在于空心砖的使用寿命，建筑的使用寿命一般都是基于材料而定的，不同的材料对于房屋建筑寿命的影响不同，空心砖的使用寿命能够达到基本与房屋建筑持平的效果，这是其他建筑材料不可比拟的巨大优势。

## 三、对墙体保温技术的发展趋势展望

墙体保温技术是建筑节能的重要体现，也是当下我国对于建筑发展的重要要求之一，因此墙体保温技术的不断提升和改善存在一定的必然性，而随着科学技术和时代的发展，墙体保温技术未来的发展趋势还应当围绕材料的热工性能、材料的结构性能、新型材料的开发和基本施工设计标准四个方面来开展。

## （一）材料的热工性能

材料的热工性能是墙体材料实现节能标准且达到自保温热系数的根本性能，目前我国对于墙体自保温的技术要求是需要达到 240mm 标准墙体能够到达最少一半以上的节能标准，本节在上文中所提到的建筑材料都可以满足最基本的节能要求，但是相对而言技术手段还不成熟，且有多方面的条件性质，因此如何进一步开发材料的热工性能，发挥材料自身百分之百的优势，实现材料的充分应用是关键。

### （二）材料的结构性能

材料结构性能是由材料强度所决定的，而这一要素又直接影响到了作为建筑材料对于建筑使用寿命的影响，只有从根本上对于材料的结构性能进行改善，才能够真正意义上的达到"绿色、环保、低碳、节能"的建筑理念，这是基于当下墙体自保温技术发展而对于未来发展趋势提出的具体要求。

### （三）新型材料的开发

新型材料的开发是基于不同地域、不同气候对于不同材料的要求不同所提出的，如南方和北方对于墙体的基本诉求就存在大方向上的不同，一种墙体建筑材料并不能同时满足两者的要求，而不同墙体建筑材料又各具有不同的优势和劣势，因此对于新型自保温材料的开发是伴随着墙体自保温技术提升需要同步进行的工作，只有不断地新型材料的开发，才能够实现墙体自保温技术的稳步发展。

### （四）完善相关设计标准

墙体自保温技术所带来的节能效果有目共睹，这也是基于节能、绿色建筑发展理念下对于建筑发展所提出的必然要求，墙体自保温技术必然将成为房屋建筑发展中的重要环节，相关部门要做好房屋建筑中墙体自保温技术的宣传和相关施工规章制度的规范，并规范市场环境，确保新型技术发展不会受到伪劣产品的低价冲击，保证新型墙体自保温产品能够有良好的发展空间，并确保墙体自保温技术能够快速、高校、科学、合规的进入建筑施工范围当中，并得到普及应用，为我国建筑工程发展不断助力。

综上所述，我国房屋建筑工程中墙体自保温技术发展既是基于房屋建筑发展下的必然要求，也是时代发展对于建筑提出的具体内容，尤其是对于我国而言，地域辽阔，条件复杂，如何大力研发并推广新型墙体自保温技术，实现建筑行业的节能发展是关键所在。望广大相关工作者能够深入探索，为推动墙体自保温技术的发展提供绵薄之力。

## 第五节　粘贴式外墙外保温隔热系统施工技术

在建筑工程中，墙是建筑物的重要组成部分，它既可能是承重物件，又可能是围护构件，而外墙除防御风、雨、霜、雪等直接侵袭外，在热工方面要求是随当地气候情况，使用条件及墙在房屋中地位而改变。概括说，无外冬天保温，夏天隔热及有关表面和内部凝结与空气渗漏等问题。按价值工程原理，发展外墙保温绿色施工技术成为实现建筑节能的重要环节，通过科学管理和技术进步，使节能技术措施现实可行，从而达到节能、环保、改善人民生活工作条件，给住户提供一个舒适的环境与实惠，从而达到预期效益。

## 一、外墙外保温工程技术的发展

外墙外保温体系开始于"二战"后德国，20世纪70年代因世界性石油危机而得到重视，并开始大面积使用，即外墙保温和装饰系统，我国研究始于20世纪80年代，2005年，全国大部分省、地级城市开始强制执行节能50%的标准，2006年10月国家下达文件，要求全国各地新建建筑必须做建筑保温，即有建筑也要进行限期节能改造。住建部2010年10月14日正式发布实施的2010版建筑业10项新技术第七项绿色施工技术，建筑工程外墙保温四种做法是：外墙自保温体系施工体系；粘贴式外墙保温隔热系统施工技术；现浇砼外墙外保温施工技术；硬泡聚氨酯外墙喷涂保温施工技术。突出环保、绿色施工技术，最大限度地节约资源与减少对环境负面影响，是促进经济可持续发展的重要工作。

## 二、外墙外保温技术的应用

随着节能标准的提高，大多数单一材料保温墙体难以满足包括节能在内的多方面技术指标要求。而单设保温层的复合墙体由于采用新型高效保温材料，而具有更优良的热工性能，且结构层、保温层都可以充分发挥各自材料的特性和优点，即不使墙体过厚，又可以满足保温节能要求，也可以满足抗震，承重及耐久性等多方面的要求。在单设保温层复合保温墙体中，根据保温层在墙体中的位置，又分为内保温墙体、外保温墙体及夹心保温墙体。

在三种单设保温层复合墙体中，因外墙体保温系统技术合理，有明显优越性，且适用范围广，不仅适用于新建建筑工程，也适用旧有建筑节能改造，成为住建部国内推广的建筑保温绿色施工技术。外墙外保温具有以下技术优势和效益，保护主体结构，减少温度变化导致结构变形所产生的应力；避免雨、雪、冻、融、干湿循环造成的结构破坏；减少空气中有害气体和紫外线对围护结构的侵露，墙体潮湿状况得到改善，墙体内部一般不会发生冷凝现象；利于室温保持稳定；避免装修对保温层破坏；便于旧有建筑物节能改造；增加房屋使用面积。虽然外墙外保温工程单位面积造价比内保温相对高，只要技术选择得当，特别是外保温比内保温可增加使用面积近20%，加上长期节能和改善热环境等优点，综合效益是显著的。

## 三、粘贴式外墙外保温隔热系统施工技术

### （一）粘贴式外墙外保温隔热系统施工技术

包括粘贴聚苯乙烯塑料板外保温系统和粘贴岩棉（矿棉）板外保温系统，它是采用一定的固定方式将导热系数、憎水性、收缩率、燃烧性能符合要求保温板通过组合、组装、施工或安装在建筑物外墙外表面与墙体固定一体，并在保温板表面涂抹面胶浆、铺设增强网，然后做饰面层的施工技术。保温板常用的一般为模塑聚苯乙烯泡沫塑料板（EPS板）和挤塑聚苯乙烯泡沫塑料板（EPS板）。聚苯乙烯泡沫塑料与基层墙体的链接有粘接和粘锚结合两种方式。

## （二）粘贴式外墙外保温材料性能要求

由于保温层是由多种不同性能的低强度材料复合而成，用于建筑物之后又要与各种基层墙体及外饰面层相复合，故采用的保温材料、锚固件、抗裂砂浆、胶粘剂、界面剂、增强网、涂料、填缝料等应具有相容性，且各项性能指标均应符合国家规范、技术规程和相关规定，并按规定进行复验。

## （三）施工工艺

### 1. 施工准备

（1）基体处理完毕，门窗框或副框、外脚手架或吊篮和外用电梯等安装完毕，通过验收。伸出墙面消防梯、雨水管、各种进户管线等预埋件、连接件安装完毕，按外保温系统厚度留出空隙。

（2）外墙保温板施工前、在同基层上施工小面积样板件，并对样板件进行黏结强度检验，其检验方法和结果判定应符合《外墙外保温技术规程》中相关规定。合格后，方可大面积施工。

（3）根据保温材料燃烧性能、建筑物高度，依据《民用建筑外保温系统及外墙装饰防火暂行规定》要求，确定设置水平防火隔离带位置。

### 2. 施工做法要点

（1）根据建筑物体型和立面设计，进行聚苯板排板设计，特别做好门窗口排板设计。一般在墙面弹出外门窗水平线、垂直控制线及伸缩缝线。外墙阴阳角处挂垂直通线，每面墙至少两根，使其距墙尺寸一致，阴阳角方正，上下通顺；开始层上弹一道水平线，大角基层弹出垂直控制线，依垂直线挂一道水平线，排出聚苯板黏结位置。

（2）粘贴聚苯板前，按平整度和垂直度要求挂线；进行系统起端和终端的翻包或包边施工。聚苯板粘贴宜采用点框粘贴方法，沿保温板背面四周边抹上胶粘剂，其宽度为50mm，如采用标准板，板面中部需均匀布置八个黏结饼，当采用非标准板，板面中部黏结饼一般为4~6个，每个饼黏结直径不小于120mm，胶厚6~8mm，中心距200mm，胶粘剂黏结面积与保温板面积比：当外表面为涂料饰面不得小于40%。

（3）胶粘剂应涂抹在聚苯板上，涂胶点按面积均布，板侧边不涂胶（需翻包标准网时除外），抹完胶粘剂立即就位粘贴。每次配制胶粘剂不宜过多，视不同环境温度控制在2h内用完，或按产品说明书中规定时间用完。

（4）聚苯板由勒脚部位开始，自下而上，沿水平方向铺设粘贴，竖缝应逐行错缝1/2板长，在墙角处交错互锁咬口连接，并保证墙面垂直度。门窗洞口角部用整块板切割成L形进行粘贴，不得拼接。板间接缝距窗四角距离应大于200mm，门窗口内壁贴聚苯板，其厚度应视门窗框与洞口间隙大小而定，一般不宜小于30mm。

（5）塑料膨胀锚栓在聚苯板粘贴24h后开始安装，按设计要求位置钻孔，孔径Φ10，用Φ10聚乙烯胀塞，其有效锚固长度不小于50mm，一般尽量布置在相邻板间接缝位置，阳角、孔洞边缘及受负风压处适当加密，确保牢固可靠。

（6）聚苯板粘完后，至少静置24h，才可用金刚砂搓子将板缝不平处磨平，然后将聚苯板面打磨一遍并清理干净。

（7）标准网铺设：用抹子在聚苯板表面均匀抹一道厚度1.5~2.0mm聚合物抗裂砂浆（底层）面积略大于一块玻纤网范围，即将玻纤网压入抗裂砂浆中，压出抗裂砂浆表面平整，至整片墙面做完，待胶浆干硬可碰触时，抹第二遍聚合物水泥抗裂砂浆（面层），厚度1.0~1.2mm，直至覆盖玻纤网，使玻纤网约处于两道抗裂砂浆中间位置，表面应平整。

（8）玻纤网铺设自上而下，从外墙转角处沿外墙一圈一圈铺设，当遇到门窗洞口，在洞口周边和四周铺设加强网。首层墙面及其他可能遭受冲击部位，加铺一层加强玻纤网，二层及二层以上无特殊要求（门窗洞口除外）应铺设标准网。标准网接缝搭接长度不应少于100mm，转角处标准网应是连续的，从每边双向绕角后包墙宽度（即搭接长度）不小于200mm。铺设玻纤网不得在雨中进行，玻纤网铺设完毕，至少静置养护24h方可进行下道工序，养护时避免雨水渗透和冲刷。

（9）标准网在下列终端应进行翻包处理：①门窗洞口、管道或其他设备穿墙洞处；②勒角、阴阳台、雨篷等系统的尽端部位；③变形缝等需终止系统部位；④女儿墙顶部。翻包标准网施工按下列步骤进行：①剪裁窄幅标准网，长度由需翻包的墙体部位尺寸而定；②在基层墙体上所有洞口周边及保温系统起、终端处涂抹宽100mm，厚2~3mm胶粘剂；③将窄幅标准网一端压入胶粘剂内100mm，其余甩出备用，并保持清洁；④将聚苯板背面抹好胶粘剂，将其压在墙上，然后用抹子轻拍击，使其与墙面粘贴牢固；⑤将翻包部位聚苯板正面和侧面，均匀抹上聚合物抗裂砂浆，将预先甩出窄幅标准网沿板厚翻包，并压入抗裂砂浆内。当需要铺设加强网时，先铺设加强网，再将翻包标准网压在加强网之上。

（10）严格按照设计和有关构造图集要求做好变形缝、滴水槽、勒角、女儿墙、阳台、水落管、装饰线条等重要节点和关键部位的施工，特别要防止渗水。

（11）饰面层施工前，对聚合物抗裂砂浆基层检查修补平整；待聚合物抗裂砂浆表干后，即可进行柔性耐水腻子施工，待第一遍柔性腻子表干后，再刮第二遍柔性腻子，压实磨光成活，待柔性腻子完全干固后，进行与保温系统配套的涂料施工，施工方法与普通墙面涂料施工工艺相同。

### 3. 质量标准

外墙保温工程检验批的划分、验收程序应符合《建筑工程施工质量验收统一标准》《建筑节能工程施工质量验收规范》和《外墙外保温工程技术规程》。涂料饰面质量应符合《建筑装饰装修工程质量验收规范》。

外墙外保温系统与建筑结构形成了一个多功能的复合体，要求有可靠性、安全性和耐久性，对构造设计、材料和施工质量要求高，随着节能标准提高强制执行、绿色施工技术要求，对外墙外保温技术发展带来了机遇和挑战，要求不断开发新型保温材料和保温体系，认真总结研究施工技术和质量控制措施，确保建筑物的保温效果和使用安全。

# 第六节　现浇混凝土外墙外保温施工技术

## 一、建筑工程外墙外保温的技术优势

在建筑工程中，对外墙进行保温处理时，主要有两种方式，一种是外墙内保温，即将保温层安装在外墙的内部，虽然这种方式也能起到一定的保温效果，但是却会使建筑室内的使用面积有所减少；另一种是外墙外保温，即将保温层安装在建筑墙体的外部，与外墙内保温相比，该方式不但保温效果更好，而且还不会对室内空间造成影响。大体上可将外墙外保温的技术优势归纳为以下五个方面：

### （一）有助于防止冷热桥现象的形成

在建筑工程中，若是采用外墙内保温的方式，则容易引起楼板、构造柱等部位出现热桥现象，尤其是在冬季，这些部位全都会出现不同程度的热损失，不利于建筑节能，而且还会导致外墙的内表面出现结露现象，使墙面长期处于潮湿的环境当中，由此会引起墙面霉变，严重影响了室内的美观。采用外墙外保温的方式，则能够有效防止上述问题的发生，这是因为外部围护结构的热桥部位相对较小，同时，在保温材料厚度相同的前提下，外墙外保温的热损失要比内保温减少20%左右，其保温隔热效果较好。

### （二）有助于室内温度的调节

对建筑外墙进行外保温之后，整个墙体全部在保温层的保护范围内，这样当夏季阳光照射比较充足时，保温层可以阻隔大部分阳光辐射热，从而减少室内高气温的影响，室内空气温度也会随之大幅度降低。在寒冷的冬季，因外保温层的加入，使整个墙体的厚度有所增加，这样便可以蓄存更多的热量，室内的温度变化也会随之变得比较缓慢和稳定，真正意义上的实现了冬暖夏凉。

### （三）有利于节能降耗

住户在室内感受到的实际温度为室温与围护结构内表面的温度总和，当室内的空气温度下降时，利用外墙外保温可以使墙体内表面的温度基本保持不变，这样便可以使住户获得相对比较适宜的热环境。故此，在室内热环境相同的前提下，加装外保温系统后，可以有效减少采暖负荷，这有助于节能降耗。

### （四）有助于延长建筑结构的使用寿命

外墙外保温除了具有保温隔热的作用之外，它还相当于外墙结构的一道保护层，在它的保护范围内，外墙基本不会受到室外温度变化的影响，这样可以有效降低温度变化对墙体的影响，由于热应力的减少，使得墙体出现裂缝的可能性大幅度降低，建筑结构的使用寿命自然会所有延长。

## （五）有利于整体效益的提高

从建筑外墙外保温的整体造价上看，虽然要比内保温略高一些，但采用外墙外保温能够使建筑室内面积有所增加，这相当于降低了单位面积的造价。同时，外保温在节能方面的效果要远远高于内保温，其整体效益显著提升。

## 二、现浇混凝土外墙外保温的施工技术

为了便于研究，本节依托某住宅小区建筑，对现浇混凝土外墙外保温的施工技术要点进行论述。在本工程中，外墙外保温层采用的是国内应用比较普遍的聚苯板，下面对整个施工过程的技术要点进行介绍。

### （一）施工前的准备工作

在对现浇混凝土结构进行外墙外保温施工时，应当做好以下准备工作：

#### 1. 原材料

本工程中使用的主要原材料包括聚苯板、玻璃纤维网格布、黏结剂、水泥、锚固件等。（1）聚苯板。主要有两种规格，分别为 600×900mm 和 600×1200mm，聚苯板的密度为 18kg/m³，板厚为 40mm，压缩强度大于等于 60MPa。（2）网格布采用的是标准型耐碱玻璃纤维网格布，中心距为 4~6mm；（3）黏结剂采用的是聚合物水泥砂浆胶粘剂；（4）水泥为普通硅酸盐水泥，质量符合相关规范标砖的规定要求；（5）锚固件为不锈钢材质，套管为 PE 材质。

#### 2. 基层处理

在施工前，需要对现浇混凝土外墙进行处理，确保基层表面平整、洁净，含水率不得超过 10%，同时，应当将胀膜位置处的混凝土全部剔除，并进行修补，所有的螺栓洞口均应当进行封堵。上述准备工作完成之后，便可开始聚苯板施工。

#### 3. 胶粘剂配制

在本工程中，聚合物胶粘剂的配制，黏结胶浆与水泥的配比为 1:1，采用机械方式进行搅拌，以确保搅拌的均匀性，在搅拌的过程中，水泥的加入应当遵循多次少量的原则，可边加水泥边搅拌，搅拌时间不得低于 3 分钟。配置好的浆液应当置于阴凉处存放，并做好防晒和防风措施，以免水分蒸发过快影响砂浆的胶结性，需要注意的是，配制好的砂浆应当在 2 小时以内全部用完。

### （二）施工阶段的技术要点

外墙外保温的施工工艺流程如下：测量放线→网格布翻包→聚苯板粘贴→锚固件固定→贴压网格布→施工加强层

#### 1. 测量放线

首先，按照建筑工程的立面设计与外保温的技术要求，在外墙面上弹出垂直控制线、装饰线以及伸缩缝线等；其次，在外墙的阴阳角位置处挂垂直基准线，并在各个楼层选择

适当的位置挂水平线，借此来对聚苯板安装的垂直度与平整度进行控制。

### 2. 网格布翻包

所有聚苯板外露处，如伸缩缝、沉降缝等等，都需要对聚苯板进行网格布翻包处理，具体做法如下：按照相应的尺寸将网格布粘贴在聚苯板终止的部位上，如门窗口外侧、伸缩缝两侧等等，粘贴的实际宽度应当不小于65mm。而聚苯板则应当采取错缝的方式进行布置，在阳角位置处则应当采取错茬的方式铺设聚苯板。

### 3. 聚苯板粘贴

这是外墙外保温施工中的关键环节，具体施工技术要点如下：由于施工过程中，局部位置处需要使用不规则的聚苯板，所以应当按照现场施工情况进行就地裁切，并确保聚苯板的切口与板面垂直。在整块墙面上的边角位置处粘贴的聚苯板最小尺寸不得小于300mm，板与板之间的拼接缝不得留在门窗口的四个角上；本工程中聚苯板的固定粘贴方式采用的是点框法，在对聚苯板进行排列时，应当按照水平顺序进行排列，并采取上下错缝的方式进行粘贴，所有阴阳角位置处均应当进行错茬处理；粘贴过程中，应当轻柔均匀地进行挤压，切忌用力过猛，以免形成局部空鼓。同时，应边粘贴边清除聚苯板周围溢出的胶粘剂，确保板与板之间无碰头灰；板缝的拼接位置处应当严密，缝隙的宽度应当控制在2mm以内，当超出这一宽度时，应当使用相应厚度的板片进行填充。

### 4. 锚固

在对聚苯板进行锚固时，应当由上向下进行，锚栓应当固定在板与板的拼接缝位置处，并成丁字形排列，每平方米内至少需要固定3个锚栓。

### 5. 网格布贴压

先将网格布绷紧，然后再将其紧贴在抹面砂浆上，用抹子从中间位置处向四周逐步将网格布压入砂浆内，并确保平整压实；压入砂浆内的网格布应当暴露在底层砂浆之外；抹第一遍砂浆时，应当微见网格布轮廓，抹第二遍砂浆时，应当将网格布全部盖住，借此来确保保温层表面光滑平整。

### 6. 加强层

为了满足抗冲击的要求，本工程中，在外保温层外部施工了一道加强层，该部位的抹面砂浆厚度约为5~7mm，其与标准层之间留有伸缩缝。

## （四）施工注意事项

施工中应注意以下事项：（1）将施工材料进行分类存放，做好相应标识。聚苯板要成捆立放，网格布要整齐堆放，做好防潮、防雨措施；胶液要妥善保管，确保存放地点的温度不小于0℃；（2）在外墙外保温施工中，要确保基层温度超过5℃，风力小于5级，如果遇到突然降雨，要立即停止施工，并采取防雨措施避免雨水对墙面造成冲刷；（3）在拼接聚苯板时，要确保板与板之间严丝合缝，当缝宽超过2mm时，要用厚度一致的聚苯板片塞紧；（4）在外墙外保温施工完毕后，建筑工程的其他施工工序要注意对成品的保护；

（5）在施工中严格执行安全操作规程，实现零事故的安全生产目标。

总而言之，对于现浇混凝土外墙的建筑工程而言，外保温施工是一项较为复杂且系统的工作，由于其中涉及的内容较多，一旦某个环节出现问题，都可能对保温层的整体施工质量造成影响。为此，在实际工程中，除了要了解并掌握施工技术要点之外，还应当采取有效的措施控制施工质量，只有这样，才能确保外墙外保温施工按质、按量、按时完成。

# 第七节  外墙硬泡聚氨酯喷涂施工技术

硬泡聚氨酯外墙外保温系统是一种综合性能良好的新型外墙保温体系，经研究测试及工程应用证明，硬泡聚氨酯外墙外保温系统保温隔热性能良好，在我国建筑节能领域具有良好的发展前景。硬泡聚氨酯外墙外保温系统的施工方法可分为四类：喷涂法、浇筑法、粘贴法和干挂法。

## 一、喷涂法的优点

所谓喷涂法，就是采用专用的喷涂设备，使 A 组分料和 B 组分料按一定比例从喷枪口喷出后瞬间均匀混合，之后迅速发泡，在外墙基层上形成无接缝的聚氨酯硬泡体。喷涂法无论在施工技术上还是和其他保温材料相比，都有着很大的优势。

### （一）喷涂法施工的技术优势

喷涂硬泡聚氨酯用于外墙外保温是一项新型建筑节能技术，经过在工程实例中的运用，虽然还有不少需要改进的地方，但这项技术的优势是很明显的。

#### 1. 保温效能好

硬泡体喷涂聚氨酯是一种高分热固型聚合物，是优良的保温材料，其导热系数为 $0.015 \sim 0.025W/（m \cdot k）$，永久性的机械锚固、临时性的固定、穿墙管道、外墙上的附着物的固定，往往会造成局部热桥。而采取聚氨酯喷涂工艺，由于硬泡体喷涂聚氨酯与一般墙体材料黏结强度高，无须任何胶粘剂和锚固件，是一种天然的胶粘材料，能形成连续的保温层，保证了保温材料与墙体的共同作用并有效阻断热桥。

#### 2. 稳定性强

喷涂硬泡聚氨酯与基层墙体牢固结合，是保证外保温层稳定性的基本前提。对于墙体，其表面应做界面处理，如果面层存在疏松、空鼓情况，必须认真清理，以确保喷涂硬泡聚氨酯保温层与墙体紧密结合。喷涂硬泡聚氨酯外保温体系应能抵抗下列因素综合作用的影响，即在当地最不利的温度与湿度条件下，承受风力、自重以及正常碰撞等各种内外相结合的负载，保温层仍不与基层底分离、脱落以及在潮湿状态下保持稳定。

### 3. 有较好的防火性能

尽管喷涂硬泡体聚氨酯保温层处于外墙外侧,防火处理仍不容忽视,聚氨酯在添加阻燃剂后,是一种难燃自熄性的材料,它与胶粉聚苯颗粒浆料复合,组成一个防火体系,能有效地防止火灾蔓延。建筑墙表面及门窗口等侧面,全部用防火胶粉聚苯颗粒材料严密包覆,不得有敞露部位,采用厚型胶粉聚苯颗粒防水抹灰面层,有利于提高保温层的耐火性能。

### 4. 抗湿热性能优良

(1)水密性好。硬泡聚氨酯材料有优良的防水、隔汽性能,材料不含水,吸水率又很低,能很好地阻断水和水蒸气的渗透,使墙体保持一个良好、稳定的绝热状况,是目前其他保温材料很难实现的。喷涂硬泡聚氨酯外保温墙体的表面无接缝处、孔洞周边、门窗洞口周围等处严密,使其具有良好的防水性能,避免雨水进入内部造成危险。国外许多工程的实践证明,吸水的面层或者面层中存在缝隙,在雨水渗入和严寒受冻的情况下,容易遭受冻坏。

(2)墙内不会结露。在墙体内部或者在保温层内部结露都是有害的,在新建墙体干燥过程中,或者在冬季条件下,室内温度较高的水蒸气向室外迁移时,由于受到硬泡聚氨酯的阻隔,墙内不可能结露。在室内湿度较低以及室内墙面隔湿状况良好时,又可以避免由于墙内水蒸气湿迁移所产生的结露。

(3)能耐受当地最严酷的气候及其变化。无论是高温还是严寒的气候,都不会使外保温体系产生不可逆的损害或变形,外墙外表面温度的剧烈变化(达50℃),例如在经过较长时间的曝晒后突然降下阵雨,或者在曝晒后进行遮阴,产生类似上述温差时,对外墙表面都不会造成损害。如此,就避免了表面温度变化产生的表面变形使表面出现裂缝。

### 5. 耐撞击性能优于 EPS 等保温材料

硬泡聚氨酯是一种强度比(材料强度与体积密度比)较高的材料,作为保温材料其性能优于发泡聚苯、岩锦等材料,抵抗外力的能力也较强。喷涂硬泡聚氨酯复合胶粉聚苯颗粒外墙外保温体系,能承受正常的人体及搬运物品时所产生的碰撞,在经受一般性的碰撞时,不会对外保温体系造成损害。在其上如安空调器时,或用常规方法放置维修设施时,面层不会开裂或者穿孔。

### 6. 对主体结构变形适应能力强、抗裂性能好

聚氨酯是一种柔性变形量较大的材料,它抵抗外界变形能力强,在外力和温度变形、干湿变形等作用下,不易发生裂缝,有效地保证了体系的稳定性、耐久性,当所附着的主体结构产生正常变形,诸如发生收缩、徐变、膨胀等情况时,喷涂硬泡聚氨酯外保温体系符合逐层柔性渐变、逐层释放应力的原则,因而不会产生裂缝或者脱开。

### 7. 耐久性满足 25 年要求

聚氨酯材料孔隙率结构稳定,基本上是闭口孔,如此不仅保温性能优良,而且抗冻融、吸声性也好。喷涂硬泡聚氨酯外保温体系的各种组成材料,具有化学的与物理的稳定性,其中包括喷涂硬泡聚氨酯保温材料、黏结剂、胶粉聚苯颗粒面层材料等。所有的材料通过防护处理,能够做到在结构的寿命期正常使用条件下,由于干燥、潮湿或电化腐蚀以及由

于昆虫、真菌或藻类生长，或者由于啮齿动物的破坏等种种侵袭，都不致造成损害。所有的材料相互间是彼此相容的。所用的材料与面层抹灰质量，均符合有关国家标准的质量要求。

### 8. 具有良好的施工性能

喷涂硬泡聚氨酯外保温工程施工是机械化作业，施工速度快、效率高，是其他外保温作业不可比拟的。聚氨酯施工对建筑物外形适应能力很强，尤其适应建筑物构造节点复杂的部位的保温，如外飘窗、老虎窗、变形缝、管道层、楼梯间等，既能保证建筑复杂部位全方位的保温效果，又能防止水或水蒸气对保温层的破坏。聚氨酯喷涂施工不易保证阴阳角等的直线，因此，局部要求线角整齐的部位宜采用模具浇筑。喷涂硬泡聚氨酯保温材料表面的平整度受基层墙面的平整度影响很大，而且在光、热、大气作用下易发生老化，因此，要求表面复合防老化、提高耐磨性和抗冲击性的材料。

### 9. 易于维修

对喷涂硬泡聚氨酯外保温墙面定期性进行检查，发现问题，即应及时修复。而喷涂硬泡聚氨酯外保温体系的装饰面层的维修非常方便，维修后，能使其外观以及功能保持良好状态。具体维修的间隔时间应视所用装饰材料及当地污染状况而定。

### 10. 环保性能好

用于外墙外保温的聚氨酯是一种化学稳定性较高的材料，耐酸、耐碱、耐热，聚氨酯是无溶剂型的、非氟利昂型的，因而不会产生有害气体，不会对环境造成危害。

## （二）同其他外保温比较

同 EPS，XPS 外保温比较，其优点主要表现在以下几点。

### 1. 保温性能

硬泡聚氨酯导热系数 0.022W/m·k，EPS 为 0.041W/m·k，XPS 为 0.028W/m·k。

### 2. 密封性

EPS，XPS 为有缝有空腔黏结，外界空气很容易通过缝隙、空腔流通，影响保温性能。就大连地区而言，24cm 轻体砌块墙体体形系数>0.3，达到节能65%，墙体的传热系数为0.57，若采用 PU 保温，保温层厚度 30mm，EPS80mm，XPS60mm 厚（考虑到空腔有缝隙的因素）。

### 3. 抗风揭性与对面砖层的承受能力

PU 密度为 35kg/m³，抗拉黏结强度 0.3MPA 完全可承受高层建筑外墙由于风的负压荷载及饰面砖 30~35kg/m² 的重量。而 EPS 抗拉强度在干燥状态下，仅为 0.1MPA，浸水后的黏结抗拉强度则更低，所以，一般 EPS 不能用于高层建筑，在高层建筑外墙若贴面砖，也需要挂钢丝网，打塑钉。

### 4. 抗裂性能

PU 统采用整体喷涂，PU 本身保温稳定性为 ±30℃情况，尺寸变化率 <1%，加之采用薄抹灰弹性抗裂层，表面不会开裂。而 EPS，XPS 则要求 40 天降解后才能用于施工，

而实际应用很难做到这一点，因而，全国范围内的 EPS 保温工程很多出现裂缝、墙体透寒、返水现象。

### 5. 防水性能

PU 硬泡闭孔率 90%，自结皮闭孔率 100%，尤其是门窗旁整体发泡，堵塞所有空隙，而 EPS，XPS 为空腔粘贴，而水、结露水很容易透过裂缝及空腔渗入室内。

### 6. 阻燃性能

PU 硬泡离火自熄碳化。EPS，XPS 遇火及高温而熔滴，造成墙体脱落。

### 7. 环保性能

PU 的发泡剂可用无氟或半氟发泡，而 EPS，XPS 很难做到，大都采用氟利昂发泡，气体挥发破坏臭氧层，造成污染大气层。

### 8. 工程造价

PU 系统用于屋面可做到保温防水一体化，由原来 7 层做法转变为 3 层做法，简化工序，减少工期 2 倍，工程造价每平方米降低 20~30 元。

## 二、现场喷涂施工的不足

聚氨酯材料实际保温性能如何还与材料的施工工艺有密切的关系。聚氨酯发泡是一个化学反应过程，如果采用现场喷涂工艺，由于存在许多不可控因素，所得保温系统无论是保温隔热性能，还是其他物理性能，均不如板材粘贴工艺，现场喷涂的不科学性主要有以下几个方面。

### （一）湿度过大会使聚氨酯材料脆化

由于聚氨酯中 -NCO- 基团易与水发生反应，生成含脲键结构，这种结构增多，易使聚氨酯硬泡脆性增大，严重时，影响聚氨酯硬泡与物体表面的黏结性。现场喷涂聚氨酯硬泡时，虽然其对基层墙面具有极佳的附着力，但当基层墙面湿度过大时，亦会对聚氨酯发泡效果产生不良影响，导致起泡、脆化、粉化、分层起鼓等质量问题。这不仅会影响到聚氨酯硬泡保温层的保温效果，而且会对保温层的持久性、稳定性带来危害。

### （二）温度不均将导致发泡不良

喷涂聚氨酯发泡较合适的温度范围是 15℃ ~35℃，因此，聚氨酯泡沫喷涂时，必须严格控制好施工温度。温度过低，易造成发泡不良现象。低于 10℃ 时，泡沫容易从墙体上脱落、起鼓，并且泡沫密度明显增大，浪费原材料；而温度高于 35℃ 时，发泡剂损耗太大，同样影响发泡效果。

### （三）风速过大影响泡沫质量

聚氨酯硬泡喷涂施工在室外进行时，若风速超过 5m/s，发泡过程中的热量损失太大，不能得到优质的泡沫塑料，并且喷涂时雾化的液滴易随风飞散，不仅原料损耗大、成本增加，而且对环境造成污染。

## （四）保温性能下降

聚氨酯发泡是一个化学反应过程，需要严格的反应条件，而喷涂施工是手工操作，并且在室外自然环境下进行，很容易受环境条件的影响，造成局部发泡不均匀，闭孔率下降，尺寸稳定性和保温性能均不稳定。另外，现场喷涂会产生后发泡、后收缩现象，对保温系统今后的耐久性产生无法修复的影响。

## （五）黏结强度无法保证

聚氨酯现场喷涂需要依靠界面剂对基层的附着，这充分说明聚氨酯材料在发泡的过程中对基层直接黏结强度的不足。由于界面剂是一种可塑性的有机物，在高温时容易软化，同时有机物容易老化。特别是当基层墙面湿度过大或有粉尘时，更会严重影响保温材料与基墙的黏结强度。

## （六）表面平整度和转角垂直度达不到要求

因为聚氨酯喷涂工艺是人工喷涂，表面平整度不好控制，尤其是立面施工，容易流淌，而且只能薄涂，多次喷涂后，所得到的表面只能是凹凸不平的。在处理墙体转角部位时，由于发泡的不规则性，导致无法在保温层取得良好的直角。要想改善墙面的平整度和转角的垂直度，只有通过对凹凸不平的聚氨酯保温层进行腻子的不均匀批抹。即便这样，要想得到良好的平整度和垂直度依然很难。不均匀的腻子厚度，将给今后墙面的开裂、转角的防裂、抗撞击、抗风压带来极大的隐患。

## （七）施工难度大，工期长

聚氨酯现场喷涂工艺需现场机器喷涂，牵扯到电线、电缆、电源、脚手架、人员等一系列问题的相互配合，给施工的简易性带来很多障碍。鉴于目前仍然是脚手架施工居多，喷涂时需要搬动、移动机器，想要克服脚手架的影响，真正做到每层、转角等细节处的连续性实属不易。而这些节点部位恰恰是外墙外保温系统质量保证的关键。多次喷涂才能达到标准厚度，一次喷涂厚度过大，平整度很难控制；一次喷涂厚度过小，保温层密度有可能增大，浪费原材料，增加成本。另外，聚氨酯喷涂之后需要长时间的养护，施工周期长。

## 三、喷涂硬泡聚氨酯外墙外保温系统技术存在的问题

（一）对基层表面平整度要求比较严格。若基层表面不平整，完全用聚氨酯硬泡找平，造成工程造价提高，这样就给主体施工单位带来一定的难度。因此，必须严格要求基层平整度，放线打点是表面平整的关键；喷涂技术较难掌握，易产生喷涂不均匀；需要加强熟练喷涂手的培训。

（二）喷涂施工对环境温、湿度及风力等条件较敏感，湿度不能过高，风力不能过大，温度有一个适用范围；需要选择适宜的环境条件进行喷涂施工。

（三）喷涂聚氨酯硬泡表面较为光滑，需要专用的黏结材料，方能保证与面层的黏结强度。

（四）喷涂时易产生聚氨酯泡沫飞溅，需要对施工人员进行良好的劳动保护，喷涂操作周围应作围挡遮蔽，以免对环境造成污染。

（五）PU 系统应用于墙体造价相对于 XPS，EPS 略高。

硬泡聚氨酯外墙外保温系统保温隔热性能良好，这对于在我国实现更高建筑节能目标具有重要意义。而喷涂硬泡聚氨酯是目前最好的保温材料，已经得到普遍的认可。虽然存在不少问题，但随着国家对硬泡聚氨酯外墙外保温系统施工技术的进一步推广，其具体的施工工艺还会不断地成熟，并且逐步得到提高。

# 第八节　太阳能与建筑一体化应用技术

能源系统之间的交互性、相互依赖性正在增加，能源系统和其他系统例如建筑围护结构、数据信息系统的整合集成也在增加。能源系统集成包括效率分析、设计和这些交互的控制，以及技术、经济、管理、社会方面的相互依赖性。从多种途径和角度聚焦于能源系统的优化，我们能更好地理解和利用潜在的协同效益，增加可靠性和性能，减少费用，减少环境影响。本节将从太阳能建筑一体化原则、存在的问题、行业发展前景等多方面进行探讨，并给出相应的建议。

## 一、太阳能建筑一体化应用原则

太阳能建筑一体化不是简单的相加，而是根据节能、环保、安全、美观和经济实用的总体要求，将光热、光电作为建筑的一种体系进入建筑领域，纳入建设工程基本建设程序，同步设计、同步施工、同步验收，与建设工程同时投入使用。同步后期管理，使其成为建筑有机组成部分的一种理念、一种设计、一种工程的总称。其应考虑以下原则。

### （一）光热

1. 采用建筑光热一体化技术的建筑所在区域应具备用太阳能的自然和场地条件。

2. 其设计应纳入建筑规划与建筑设计，统一规划、设计，根据建筑物的使用功能、建筑学设计、建筑结构设计、给排水设计、暖通空调设计、气象条件、介质供应条件，经综合技术经济分析，选择其形式、构造和材料。

3. 其立面分格宜与室内空间组合相适应，不应影响室内功能和视觉，应与建筑外观形式协调。

4. 宜与建筑供水、供暖和供热水体系一体化设计建设。

5. 太阳集热器要求南向安装，设计时应充分利用建筑的屋面、屋脊、南立面、女儿墙、阳台、雨篷等进行集热器的布置与安装。

6. 光热系统中的设备及介质的总重量，应纳入幕墙和建筑主体结构计算的荷载之中。

7. 太阳热水系统设计应进行经济技术分析，充分考虑客户使用、施工安装和维护要求，符合节约用地、节约用水、环境保护等有关规定。

## （二）光伏

1. 绿色建筑设计理念：太阳能建筑一体化设计应以不损害和影响建筑的效果、结构安全、功能和使用寿命为基本原则；同时建筑具有独特的美学形式，PV 板的比例和尺度与建筑的功能相吻合，PV 板的颜色和肌理与建筑的整体风格相统一。

2. 传统建筑构造与太阳能工程技术的集成：将光伏应用技术纳入建筑设计全过程，以达到建筑设计美观、实用、经济的要求，巧妙地将光伏系统的各个部件融入建筑之中一体设计，使太阳能系统成为建筑组成不可分割的一部分，达到与建筑物的完美结合。

3. 全过程协同控制：要发展光伏与建筑集成化系统，必须与建筑材料、建筑设计、建筑施工等相关方面紧密配合，共同努力，才能成功。

4. 与外围护结构的智能结合：建筑光伏系统集成在外围护结构中时，要考虑绿色建筑的保温、通风、采光、遮阳技术要求，同时考虑光伏系统的特性，使各个系统的协同效益最大化。

5. 生命周期内的社会与经济费用分析：从社会效益和经济效益等方面综合考虑建筑光伏系统的建设成本、运营成本、外部效益。

## （三）太阳能与建筑一体化适用对象

1. 适用于新建绿色建筑，与建筑同步设计、施工。

2. 适用于民用、工业建筑，包括各种建筑结构类型。

3. 适用于进行建筑节能改造、绿色建筑改造项目。

# 二、存在的问题及建议

## （一）光热

目前持续不景气的宏观经济环境，调控依旧严格的房产市场等客观因素都给整个光热行业的发展带来了诸多的不利，另外城市建筑太阳能一体化应用的技术瓶颈也限制了其在大中型城市的推广应用。但十二五期间绿色城区、绿色建筑的快速发展，能效等级的落地实施，节能惠民补贴的政策等利好消息也在振奋着行业不断向前发展。中国是世界上生产太阳能热水器集热面积最大的国家，但是，目前中国的太阳能热水器只是太阳能光热技术的初级阶段，普通住宅使用的太阳能热水器还只适用于农村及小城镇市场，在大中城市的多高层建筑应用还存在规划设计、产品研发等诸多问题，具体在太阳能建筑一体化应用方面，仍然存在较大的系统集成技术瓶颈，如建筑一体化中的太阳能平板技术的研发、太阳能中温水替代常规能源的技术、太阳能高温水热发电技术的应用等，将是未来中国太阳能光热行业的发展新趋势。传统太阳能光热行业的竞争主要集中在价格战领域，很多企业热衷于炒作概念，缺乏实质性的技术创新和服务创新。随着市场竞争升级，国内正在经历一场行业洗牌格局，太阳能光热行业由价格战向技术战转型成为行业发展的必然趋势，一些企业通过技术战的形式，站在太阳能光热行业的国际前沿技术角度，不断研发创新出最先进的技术，从而引领整个行业的快速转型，并整体构建中国太阳能光热行业的核心技术竞争力。

# （二）光伏

虽然光伏建筑一体化有高效、经济、环保等诸多优点，并已在世博场馆和多个示范工程上得以运用，但此类建筑还未进入寻常百姓家，成片使用该技术的民宅社区还很少见。这是由于我国光伏发电与发达国家相比，总体上还存在相当大的差距，这些差距表现在技术水平、产业。

## 1. 技术方面

晶体硅高效电池方面，国际发达国家商业化效率已达 20% 以上，我国仍处于空白状态；薄膜电池方面，非晶硅/微晶硅叠层电池和国际上有差距，国际上已经产业化的碲化镉薄膜和铜铟镓硒薄膜电池，在我国还没有商业化生产线；新型电池仍然没有掌握国际上已经产业化的薄膜硅/晶体硅异质结电池、高倍聚光电池、柔性电池的中试和生产技术，染料敏化电池也需要向实用产品发展。在全光谱电池、黑硅电池等前沿技术研究方面，也与国际水平存在一定差距。光伏系统方面，在大型并网光伏电站、光伏微网、区域建筑光伏系统及光伏直流并网系统等光伏大规模利用的设计集成、关键设备、功率预测和并网技术方面与国外先进技术水平有一定差距，综合利用方面还缺少经验。

另外在工程应用方面，我国还没有建立详尽、完整、系统的太阳能资源数据库，没有针对太阳能的开发和利用资源普查、精查和分析评估；太阳能光伏系统的相关标准规范还不完善，特别是建筑光伏一体化系统设计、工程验收、光伏系统的运行、维护和管理规范；尚未建立综合、长效的光伏人才培训体系；尚未建立适应于光伏市场规模、可持续发展的投融资体系和机制。

## 2. 产业方面

近几年来，我国光伏产业发展迅速，产业规模和技术水平都有相应提高。但同发达国家相比，仍存在很大差距，如太阳能硅材料及关键配套材料国产化程度不高，品种不全。我国具有自主知识产权的规模化多晶硅生产工艺研发及装备制造仍处于起步阶段，在生产成本、产品质量、综合利用等方面与国际先进水平仍存在明显差距。我国太阳电池关键配套材料产业的发展也相对落后，一些关键配套材料，如银浆、银铝浆材料、TPT 背板材料、EVA 封装材料等还大量依赖进口，必须加快技术研发，提高质量，实现关键配套材料的国产化，进一步降低太阳电池生产成本。

光伏产业链存在上游小、下游大的不平衡状态，产品设备设计水平和制造能力落后。晶体硅电池部分关键生产设备性能与国际先进水平存在相当差距，成套生产线自动化程度低；薄膜电池的关键设备和生产线主要依靠进口。缺乏国产化整线集成解决方案。这些差距跟研发基础和工业基础薄弱有关，企业通过引进消化吸收能够在短时间内建立起现代光伏产业，但配套的专业材料和设备一时还跟不上。

### 3. 建议

要推进太阳能与建筑一体化建设，要完善政策法规，应及时出台有关的配套措施，加大对太阳能和建筑一体化的政策支持力度。要通过经济杠杆的作用，调动开发商的积极性。加强技术研发，解决光伏电池与建筑结合的安全性和散热性、光热部件的安全性问题，提供系统集成及智能化程度，提高其经济效益。加强人才建设，培养大量相应的建筑设计人才。由于太阳能产业涉及光学、电磁学、机械、建筑等学科，对产品开发设计、太阳能建筑一体化工程施工安装人员的专业素质要求都较高，专业人才的培养是产业发展的必经之路。使用全寿命周期成本，对工程进行经济评价和社会评价。过去，我们在计算成本时没有把对整个环境的破坏等算进去，包括对生态环境的影响。太阳能光伏发电技术还处于前期示范阶段，经济效益可能一般，但社会效益会十分显著，随着社会的发展，这种技术的推广规模将会进一步扩大，经济效益将会得到进一步的提升，并发挥综合效益，消费成本会逐渐降低。使用全寿命周期低成本的太阳能建筑，对改善我国能源结构、节约能源、保护环境、实现经济社会的可持续发展、保障能源安全以及建立环境友好型社会都有重要意义。在其推广过程，政府应该给予相关的政策扶持。太阳能本身是不需成本的，随着技术难题的攻克，成本会越来越低。

## 三、前景展望

### （一）中国的可持续发展战略

我国建筑面积每年以 20 亿 m² 的速度增加，预计到 2020 年还将新增 300 亿 m²。从数量上讲，建筑能耗已接近全社会总能耗的 1/3，并且随着我国城市化进程的加快，建筑能耗将继续保持增长趋势。加快可再生能源在建筑领域中的规模化应用，是降低建筑能耗、调整建筑用能结构的主要措施之一。《可再生能源中长期发展规划》中提出"建设与建筑物一体化的屋顶太阳能并网光伏发电设施，到 2020 年，全国建成 2 万个屋顶光伏发电项目，总容量 100 万 kW。"

2009 年财政部、住房和城乡建设部下发《关于加快推进太阳能光电建筑应用的实施意见》，明确提出"中央财政安排专门基金，对符合条件的光伏建筑应用示范工程予以补助"，全面启动"太阳能屋顶计划"。2012 年 3 月 27 日，中华人民共和国科学技术部以国科发计〔2012〕198 号印发《太阳能发电科技发展"十二五"专项规划》，2012 年 9 月 13 日，国家能源局印发《太阳能发电发展"十二五"规划》《关于加快推动我国绿色建筑发展的实施意见》（财建〔2012〕167 号）均将太阳能建筑一体化技术作为重要方向和途径来实现中国的可持续发展战略，并给出了相当的政策优惠，通过产业投入、财政优惠、标准规范建设来促进中国的太阳能建筑一体化的发展。

### （二）中国的经济发展

2009 年，中国 GDP 总量达到 51.9 万亿元人民币，GDP 增长率为 7.8%；全社会固定资产投资完成 36.5 万亿元，同比增长 20.6%；全年全国房地产开发投资 7.2 万亿元，同比增长 16.2%；改革开放 30 年来，中国的经济发展取得了举世瞩目的成就，为中国发展太阳能建筑一体化奠定了基础。

## （三）中国太阳能产业的发展

2012 年，我国太阳能热水器年生产量约为 44730MW，比上年增长约 11%，根据太阳能专业研究机构 Solarbuzz 提供的数据，2012 年中国光伏装机容量约为 4.5GW，较之 2011 年的 2.89GW 增长 55.7%。在 2013 年初的全国能源工作会议上，国家能源局确立了今年中国光伏发电装机 10GW 的目标，年初发布的《国务院关于印发能源发展"十二五"规划的通知》（以下简称《规划》），"十二五"光伏发电装机容量目标为 21GW。中国光热、光伏产业的发展，为太阳能建筑一体化的发展提供了强大的生产保障。

## （四）行业发展前景展望

近年来，我国太阳能技术得到了长足的发展，而且随着建筑节能减排、绿色建筑的快速发展，太阳能建筑一体化的应用迎来了春天。我国的建筑众多，建筑构造如果充分考虑环境能源技术并运用既环保又能发电的太阳能建筑组件，将会有力促进太阳能一体化建筑在我国的发展。借鉴欧洲、日本、美国等国家的经验，在建筑主体的设计前阶段，将太阳能的利用与建筑设计融合于一体的做法是值得肯定和期待的模式。太阳能建筑一体化和并网发电最终会成为中国太阳能应用的主要形式，中国未来在太阳能建筑一体化领域的发展空间巨大。我国现有 500 亿 m² 的建筑中，130 多亿 m² 要进行节能改造。要实现这一目标，必然要采用包括太阳能照明、太阳能建筑一体化系统（太阳能瓦、玻璃幕墙等）等节能技术和设备。太阳能建筑一体化市场发展前景十分广阔。太阳能技术正从示范工程应用逐步向工程化规模应用发展。

# 第九节　供热计量技术

## 一、国外供热计量技术发展

近几年欧洲推动供热计量工作的开展以欧盟发布的两个重要指令为代表，即《终端节能和能源服务指令》2006/32/EC 和《节能指令》2012/27/EU。有关欧洲各国供热计量发展历史和主要应用方法，国内已有许多学者和专家对其进行了研究，在此不再赘述。2006/32/EC 指令是有关终端能效和能源设施的指令，其中第 13 条"能耗计量和账单信息"明确要求各欧盟成员国终端用户的热耗应具备价格可接独立计量装置。2012 年，欧洲对上述及其他几个指令一并进行了修改，发布了 2012/27/EU 指令，其中第 9 条除对 2006/32/EC 中计量内容进一步规定外，还要求在换热站或热量结算点处安装受的热表或热水表；规定成员国 2016 年 12 月 31 日前应在技术可行、经济合理的前提下为区域供热或集中供热的多层建筑安装户用热量表，如果户用热量表不符合技术可行、经济合理的条件，考虑为每个散热器安装热分配表，如果热分配表也不符合上述条件，考虑改进的经济较为合理的其他热耗测量和分摊方式；建议成员国制定统一的热耗分摊规则。另外第 10 条和附录详细规定了能耗账单的免费且用户可查询制度，以及其他要求。

欧盟层面发布的技术产品标准主要包括 CEN/TC171 发布的《电子式热分配表》（EN834）和《蒸发式热分配表》（EN835）、CEN/TC176 发布的《热量表》（EN1434）。EN834 和 EN835 两本标准的编制结构类似，在适用范围和功能原理之后是通用定义，此外还包括对热分配表本身、热分配表的使用和安装、评估以及维护和抄表的要求。标准还规定了确定仪器是否满足要求的检测步骤的细节。

欧洲各个国家热计量的发展呈现不平衡状态。德国、丹麦、波兰几个国家发展较快，如丹麦已经热计量列为强制要求，所有的区域供热设备都要加装能耗计量和分配装置。而英国等国的热计量却发展较慢，英国建筑科学研究院 2012 年的研究报告表明，由于普遍认为热计量的经济效益不划算，2006/32/EC 指令第 13 条在英国并没有真正实施。时至今日，英国对热计量尤其是其经济性仍持怀疑态度。

## 二、我国供热计量技术发展历程

从我国供热计量技术发展的重点方向来看，可以将我国近十年的供热计量技术发展划分为 3 个主要阶段：

第 1 个阶段：2003—2008 年，供热计量技术方法研究阶段。这一阶段，在我国政府主管部门的推动下热计量进行了大量的试点研究，从户用热量表为主导到户用热量表与"楼栋计量、按户分摊"全面发展。2003 年、2004 年，户用热量表法在部分城市进行了大量试点；2003 年 10 月由中国建筑设计研究院和哈尔滨工业大学等单位联合开发的"温度法热计量系统"通过建设部鉴定；2008 年 4 月由北京众力德邦智能机电科技有限公司研发的"流温法热分配系统"通过住房和城乡建设部科技发展促进中心组织的评估；2008 年 5 月由清华大学等单位研究的通断时间面积法热计量产品通过住房和城乡建设部科技发展促进中心科技成果评估。可以说，这一阶段，几种主要的计量方法已经完成初步研究实验。

第 2 个阶段：2009—2012 年，供热计量技术内涵挖掘阶段。2009 年由中国建筑科学研究院主编的行业标准《供热计量技术规程》（JGJ173—2009）发布实施，将热计量的内涵延展，由"单纯的用户热量计量、分摊"转变为"热源和热力站、楼栋、用户 3 级热量计量，水电分项计量，调控技术"，楼栋计量、水力平衡等被重点强调，已将热计量提升为系统工程的高度。另外，这一时期，各种计量方法的行业标准也陆续发布。

第 3 个阶段：2013 年至今，供热计量技术信息化发展阶段。2013 年开始，供热计量信息化发展迈出了重要一步，城市级供热计量管理平台应用开始在各城市升温。与此同时，计量服务商的软件平台建设全面发展。从数据远传到系统诊断、运行建议、故障报警，供热计量技术信息化全面发展。如何充分利用海量计量数据来指导供热系统优化运行（如通过楼栋热量表的日供热量和日平均室外温度评价气候补偿效果，通过换热站热量表和楼栋热量表评价管网的输送效率等）是供热计量技术信息化时代的重要课题。

## 三、我国供热计量技术应用现状

### （一）计量产品研发

国产热量表在厂家规模和性能参数上有了较快发展。我国自主研制热量表工作始于20世纪90年代，比欧洲晚了约20年。从1997年热量表研发工作在国内科研院所开始，到2000年城镇建设标准《热量表》（CJ128—2000）的发布实施，再到2011年热量表"国家监督抽查"，经过近20年的发展，我国热量表经历了从0厂家到300厂家、机械式为主到超声波式为主的跨越发展。经过大量的实验研究工作，国产热量表的可靠性已有了较大提高，其显示参数上也随着各地要求的提高而不断扩充，如北京要求热量表存储数据至少应包含日期、累计热量、累计流量、瞬时热量、瞬时流量等值。目前，绝大多数国内企业都已经在研发、生产超声波热量表，研发重点多在流量计的基表机械结构（包括反射器和测量管段）设计，少量涉及传感器输出信号处理。值得一提的是，影响热量表精度和可靠性的重要部件之一换能器显然被明显忽视了，目前国产热量表的换能器主要依赖进口。另外，基于几年的应用实践，关于热量表网络自动校时、表外仪器校验、积分仪和流量计的防水等性能也在研发完善中。

制约热分配表发展的重要因素人为干扰的影响研究有了新的进展。热分配表由于价格低廉、安装方面在欧洲受到推崇，而在我国由于应用环境多样且复杂，受人为干扰影响较大而应用受到一定限制。近几年，由于人们发现户用热量表应用中受到实际水质、施工质量的影响也出现了一些问题，热分配表又迎来了新机遇。在技术方面，近些年关于热分配表的人为干扰误差影响是关注的焦点之一。一方面，国内学者研究表明，人们原本认为会对热分配表有较大影响的人为干扰因素的实际影响并没有想象中那么高。另一方面，国外不少热分配表的误差影响因素（如聚热、外部热量或人为操纵）识别和修正功能有了新的提高，如某些品牌热分配表会设定室内温度的范围，一旦越过范围边界，将统一按照某一室内温度进行热量计算。

众所周知，温控阀最突出的2大问题是堵塞和安装。我国2007年发布实施的建筑工业行业标准《散热器恒温控制阀》（JG/T195—2007）要求，温控阀应具有在线带水带压清洗阀芯或更换阀芯的功能。这一要求，推动了大批行业厂家加快研发具有更易清洗功能的温控阀。在安装方面，为适应新型散热器及一些安装位置受限的场合应用，不少温控阀厂家研发了多种角度的阀体，如常规直通型温控阀阀体是温控阀进水与出水角度为180°，而角型温控阀阀体可满足温控阀进水与出水角度为90°，立体温控阀阀体可满足温控阀进水、出水及阀芯各成90°夹角，类似于X、Y、Z坐标。

值得一提的是，尽管产品可靠性上还有待提升，但是不少产品在人性化和智能化方向上的确有了快速发展。

### （二）计量技术研究

从国家"九五"科技技术实施阶段了解国外计量技术、"十五"阶段研究供热计量的公平性（计量热量/热费是否修正、如何解决邻室传热）、"十一五"阶段挖掘热计量技术的节能调控内涵，我国供热计量技术在计量技术路线、计量调控技术等方面有了一定研究。相关研究概述如下：1）研究供热系统形式，普遍认为新建建筑宜采用水平按户分环双管系统、既有建筑单管供暖系统宜改造为单管跨越式系统的供热系统形式；2）散热器温控阀调节的实验测试研究表明，由于建筑巨大的热惯性，"人走停暖"的调节方式节能效果并不如人们想象得那么显著。应纠正对供暖系统过度进行"行为节能"的片面宣传。温控阀的效果在于挖掘自由热节能潜力，通过人为或自动控制室温，在提高室内舒适度的同时，防止过热节省能源；3）计量是一个系统工程，用户行为节能的实现与供热系统调控运行水平有密切关系；4）热量的正确计量不等于热费的正确收取，邻室传热、空房率、供暖不利用户、公共面积供暖等都会影响用户消耗的热量；5）供热计量价格的合理制定，普遍认为当前这一阶段的供热计量主要以引导一定比例用户行为节能为原则，根据城市住宅和公建的年平均供暖能耗以及当地的能源结构和价格制定；6）计量信息化数据的挖掘对于实现从点到区甚至城的节能具有重要意义（如通过实时上传的室内温度结合其他参数可评价建筑保温水平、水力平衡效果、供热系统动态调节等），某些地方已经将信息化数据的收集列入管理规定中，如北京市的技术措施规定每两小时实际测量部不少于6次的室温，并取平均值记录上传。

技术研究推动标准制定。目前我国已经发布的供热计量相关技术产品标准包括：《供热计量技术规程》（JGJ173—2009）、《通断时间面积法热计量装置技术条件》（JG/T379—2012）、《流量温度发热分配装置技术条件》（JG/T332—2011）、《热量表》（CJ128—2007）、《电子式热分配表》（CJ/T260—2007）、《蒸发式热分配表》（CJ/T271—2007）、《温度法热计量分摊装置》（JG/T362—2012）、《热量表检定装置》（CJ/T357—2010）、《散热器恒温控制阀》（GB/T29414—2012）等标准。除此之外，不少地方也根据当地实际情况，制定了供热计量相关的地方标准。

## （三）技术产品检测

计量产品的检测在我国仍是难题。国内计量产品的检测一般分为出厂检验、安装调试验收、国检抽查几个环节。目前，我国已发布国家计量检定规程《热能表检定规程》（JJG225）、《标准表法流量标准装置》（JJG643）以及城镇建设标准《热量表检定装置》（CJ/T357）等几本有关热量表检定的标准规范。近几年，我国对热量表的显示参数、强度和密封性、准确度、压力损失、重复性、安全要求、运输及电气环境等项目进行检验，国家质量监督检验检疫总局产品质量监督司每年发布热量表产品质量国家监督抽查结果，2011年热量表国检不合格率为10.9%，2012年不合格率为2.5%。尽管不合格率逐年降低，但是我国热量表的检定仍然存在大口径热量表检定困难、检定周期长等问题。

目前，对于其他计量方法的集成装置尚没有国检标准和机制，不过部分相关科研机构已具有一定的检测能力。

## （四）计量技术应用

计量方法应用呈现地域性。尽管各种供热计量方法都是各有千秋，但实际调研工作发现：在各地的供热计量技术方法选择上，不少地方呈现出了地域性特征，如户用热表法在山东、天津应用较多，河北和北京以通断时间面积法为主等。

热源电耗分项和水耗计量工作严重滞后。从 2008 年的 0.5 亿 m² 到 2012 年 8.05 亿 m²，计量供热收费面积快速增加，但是在实际工程中，热源计量的比例并不高，热源电耗的分项计量和水耗的计量也几乎没有，这些都影响了总能耗的统计以及节能潜力的挖掘。

楼栋热量表的应用主要在防水和远传通讯方面存在问题。一些企业注重了积算仪防水而忽略了流量计防水，还有的企业积算仪罩上了防水罩后不能按键操作。由此可见，热量表的防水问题需要两个途径一起解决，一方面提高产品自身防水等级，同时需要依靠室外管井防水处理。另外，由于一些热表没有设定定期存储功能，导致通讯中断后部分数据丢失，再者没有网络自动对时功能导致热表显示数据与实际时间不匹配，这些都造成了数据失真，也给相关分析工作带来了困难。

温控器的应用受到了供热企业的欢迎，为供热企业掌握用户室内温度、系统运行状况提供了重要支撑，但是部分工程由于实际安装时选定位置不合理（比如外门正上方）导致数据失真。

行业对水力平衡阀产品的认识还存在差距。近两年，水力平衡阀在供热计量工程中得到了普遍应用，但仍有少量工程安装自力式流量控制阀或自力式压差控制阀用以替代水力平衡阀。遗憾的是，不少项目都没有组织好水力平衡调试，有的不配合厂家调试，有的只在系统堵塞或排气未尽阶段调试，还有的认为平衡阀增加阻力导致堵塞而自行拆卸，以上种种表明，行业对水力平衡阀产品的认识还存在差距，水力平衡阀的应用效果还有不小的提升空间。

## （五）计量节能技术应用

国内研究机构组织有关单位开展供热计量项目应用节能技术调研。总计调研 2008—2012 年实施计量的 274 个项目，地域涵盖北京市、天津市、河北省等在内的 13 个省（直辖市、自治区）；计量方法涵盖户用热量表法、通断时间面积法、热分配计法、流温法、温度法在内的共计 5 种方法；计量范围涵盖锅炉房级、换热站级、小区级、楼栋级等各级计量项目。调研分析显示，绝大多数调研项目同步进行了 2 项及以上节能措施改造，主要为围护结构保温、水力平衡调节、供热运行调节、水泵变频、提高运行管理水平等 5 项内容。

水力平衡技术是计量改造中的重点，也是行业标准《供热计量技术规程》（JGJ173—2009）的强制要求，目前实施的比例相对较高，但也并非全部热计量项目都依据规程进行了水力平衡调试。围护结构保温也是支撑热计量取得效果的重要措施之一，但目前实施效果并不理想。供热运行调节、水泵变频、提高运行管理水平这几项措施只有部分项目采用了。在另一项调研中，气候补偿装置安装率才不到 17%，即使是安装了气候补偿装置的项目，大多也并没有真正自动运行。值得注意的是，提供本次调研项目的技术集成商属于行业内相对水平较高的企业，分析出的节能技术应用比例要比行业平均水平略高一些。也就是说，行业实际的节能措施应用比例并不理想。

## 四、当前存在问题

### （一）产品质量问题

产品质量问题是制约我国供热计量发展的最明显问题之一。国外热量表质量相对稍好一些，但目前大量应用的热计量产品装置质量良莠不齐，在计量精度、数据远传、可靠性方面仍有待提高，尤其是部分产品一旦脱离了实验室环境，性能衰减很快，例如换能器表面结垢或锈斑影响其精度，即使安装前强检合格，但使用一两年后计量精确度也将明显下降。目前只有某一口径范围内的热量表有国家强检，大量装置和产品没有统一的检定方法和检定机制，应加大这方面的投入，完善产品质量监督机制。

### （二）系统问题

供热系统本身问题是制约我国供热计量发展的最重要问题之一。国内供热系统水质较差、易结垢，恒温阀常堵塞；部分城市供热管网设备陈旧、老化，用户室内平均温度低，计量供热用户行为节能可能性不大；特别是供热管网水力平衡严重失调，甚至高达30%左右，而某市2012年供暖季改造项目中，只有30%的项目进行了水力平衡调试；气候补偿技术是按需供热动态调节的重要技术，在一项调查中，气候补偿装置安装率才不到17%，即使安装了运行效果也不好。供热计量是一个系统工程，在供热系统仍然存在大量问题的前提下，供热计量的节能效果很难挖掘。

### （三）围护结构保温问题

围护结构身问题也是制约我国供热计量发展的最重要问题之一。尽管《严寒和寒冷地区居住建筑节能设计标准》（JGJ26—2010）和《公共建筑节能设计标准》（GB50189—2005）都对建筑围护结构保温提出了要求，但是实际测试工程发现，不少新建建筑和既有建筑改造工程围护结构保温水平仍然堪忧，笔者调研的一个2005年后新建住宅项目甚至根本没有保温。良好的围护结构保温效果是供热计量节能的重要支撑，围护结构保温问题应引起足够的重视。

### （四）计量技术应用的细节工作被明显忽视

技术应用的细节问题是制约我国供热计量发展的最易被忽视的重要功能问题之一。细节工作重点体现在两方面：一是技术产品本身的细节问题，如有些计量表箱里面板上显示大量参数，但是用户很难看清看懂，而有些表箱直接刷卡语音播报，得到了不少用户尤其是老年用户的肯定；二是施工和运行过程中的细节问题，这方面的案例数不胜数，以至于供回水管道接反、水力平衡阀始终全开、变频水泵调到手动挡、温控阀需要拆卸清洗、楼道表箱被物业停电等等问题频频出现。施工质量、宣传教育、物业协调等大量细节工作都对计量效果具有重要影响，计量供热技术应用的良好效果需要做好大量细节工程。

### （五）待研究问题

供热计量技术装置的可靠性。不同的计量方法可能有不同的结果，即使同一种方法也可能有不同的计量结果。这些问题都反映出我们供热计量技术装置的可靠性上仍然有大量工作待研究和开展。供热计量的投入产出关系。欧盟 2006/32/EC 和 2012/27/EU 指令，在要求安装计量装置时，都强调"技术可行、经济合理"，即使目前对供热计量持怀疑态度的英国也进行了大量基础研究；而我国尚缺乏这方面的全面研究资料，从而导致一些供热企业对计量的经济性缺乏信心。

供热计量价格制定。笔者曾对 46 个城市的计量热价做过分析，发现其中将近 70% 的城市热价制定依据的城市耗热量指标不合理。计量价格是供热企业和用户利益调整的重要杠杆，也是推动供热计量工作的关键问题之一，应继续加大研究力度。

## 五、未来发展趋势

计量技术方法、装置产品更可靠。计量技术方法、装置产品的可靠性一直是人们关注的焦点，也必将是未来一段时间内的发展趋势。

计量检测技术更全面、实用。随着我国供热计量收费面积的快速增加，计量表的快速检测以及检测范围的拓宽是计量发展的必然要求。

计量技术应用质量提升。计量供热是一个系统工程，其节能效果的体现除涵盖居民的行为节能外，也要以供热系统的优化运行、管网水力平衡、气候补偿等基本措施为支撑。计量供热同时也是一个细节工程，施工质量、宣传教育、物业协调等大量细节工作都对计量效果具有重要影响。未来，计量技术应用质量提升也将是国家和行业发展的重点之一。

动态调控技术发展。按需供热和节能到源是供热计量对调控技术的重要要求。用户主动调节室温、温控装置动态调节系统循环水量、气候补偿装置自动调节供水温度、变频水泵自动调节循环水量等供热计量工作要求整个供热系统的调控必然是动态的，这也是未来发展方向之一。

信息化及海量数据挖掘。信息化是目前各个计量厂家的一个主推方向，信息化的应用使得供热企业甚至城市供热管理部门可以从大量监控的计量数据中分析水力平衡效果、气候补偿效果、系统运行故障问题等内容成为可能性，这方面的研究工作目前仍在起步阶段，但是发展动力很足，未来一段时间将会得到较快发展。

近十年，我国供热计量技术发展较快，标准规范逐步完善、计量技术方法经过大量实践检验、计量装置产品可靠性有了一定提升、计量收费面积有了一定增加。尽管供热计量发展较快，但是计量方法的可靠性和一致性、计量产品质量、供热系统节能技术措施、供热系统运行管理水平、用户行为节能意识等方面仍有相当的提升空间，需要各方面不断努力，共同推动供热计量技术应用效果的提高。

# 第十节 植生混凝土

## 一、植生混凝土的概念及特点

植生混凝土又称植物相容型生态混凝土或植被混凝土，由多孔混凝土、保水材料和营养物质、表层土以及植物组成。植生混凝土以多孔混凝土为粗骨料，多孔混凝土的孔隙应是连续型的；在混凝土孔隙中填充保水材料和植物生长所需的营养，上层由表层土覆盖；表层土中所含的水分和营养成分使植物的种子萌发，填充的营养物质和保水材料保证了植物幼苗的生长，根系通过多孔混凝土连续贯通的孔隙到达底层土壤，保证了植物的进一步生长。

由于植物和混凝土能相容，呈现生态特性；其耐久性、耐侵蚀性好，同时具有较高的强度。植生混凝土硬化速度快，方便现场浇筑施工；也可以预制，进行大规模的集中生产。由于植生混凝土具有上述特点，可以被大规模应用于河道护岸、公路护坡等生态修复工程，将生物防护和工程防护有机地结合在一起；也可以用于屋顶绿化、建筑物墙面的绿化、停车场等。进一步开发有望应用于沙漠，发挥固沙作用。

## 二、植生混凝土技术

### （一）降碱技术

水泥在水化时会产生大量的氢氧化钙 Ca（OH）$_2$，由于 Ca（OH）$_2$ 的溶解度很低，通常以固体形式存在，使孔隙内的 pH 值高达 12~13，非常不适宜植物的生长。另外，因在生产水泥的过程中原料黏土和燃料煤将 $Na^+$、$K^+$ 等金属离子的带入，硫酸盐和碳酸盐也会产生一定的碱度。外加剂同样会产生一定的碱度，如减水剂、防冻剂、早强剂等。

根据目前的研究，降碱技术主要有：

#### 1. 调整所用水泥

可以选用低碱度的胶凝材料来代替普通水泥。日本多采用高炉 B、C 型水泥作凝胶材料，配制出的多孔混凝土的 pH 值为 8~9，适宜植物生长。2007 年王智等采用磷酸盐水泥配制出多孔混凝土的 pH 值为 7~8，非常适宜植物生长。Chen 等以绊根草为对象，在不同水泥含量下研究了种子的萌发和幼苗的生长过程，试验表明水泥含量小于 8% 时有助于绊根草的发芽和幼苗的成长。

#### 2. 进行表面处理

一般可以采用环氧树脂、乳化沥青等材料对植生混凝土进行表面处理，处理后在混凝土的表面形成一层保护膜，减少或减缓碱性物质渗入到孔隙内和表层土中。廖文宇等将植生混凝土试块置于快速碳化箱进行表面处理，使试块表面形成一层碳化层。结果表明，碳化混凝土基本为中性，可以很好地改善碱性环境。

### 3. 加入酸性物质

加入酸性物质，与部分碱反应，从而消耗掉部分 $Ca(OH)_2$。比如加入矿渣、粉煤灰、硅粉等外加剂，其主要成分 $SiO_2$ 与 $Ca(OH)_2$ 发生反应，生成水化 $CaSiO_3$，进而降低碱度。但由于不能过多地加入外加剂，所以外加剂降碱效果有限，应与其他方法结合使用；也可以喷入 $FeSO_4$ 溶液、草酸溶液等，使其与 $Ca(OH)_2$ 发生反应，降低碱度。研究表明多孔混凝土的释碱是一个动态、持续的过程，当加入的 $FeSO_4$ 溶液、草酸溶液达到一定量时，才有明显的降碱效果。

## （二）选择最佳孔隙率

一般植生混凝土的孔隙率在 18%～35%。植生混凝土的孔隙率过小，植物的根不能穿透多孔混凝土到达底层土壤，所以一般要求孔隙率在 20%～30%，以保证植物的正常生长。但孔隙率也不宜过大，否则不能抵御降雨的冲刷或河岸的反滤作用，使孔隙中的营养物质和填充的保水材料被冲走。日本生态混凝土护岸工法规定，对植生为主的护坡植生混凝土，孔隙率需在 21%～30% 之间；对于承受水严重冲刷的护岸植。

## （三）填料和营养物质

多孔混凝土孔隙的填充物质必须有足够的营养物质和水分，保证植物的生长直至根部扎入底层土壤。将保水填料和营养物质填入多孔混凝土的方法有多种。国内常用灌注装置，主要是依靠压缩空气为动力，将黏稠的填充材料压入，然后逐渐通过多孔混凝土连续贯通的孔隙直至填满完成。缺点是灌注装置能量消耗比较大，并且不利于大规模的操作。黄建鹏利用填充材料的渗透性来完成填充过程，认为操作的关键是保证填充材料具有良好的流动性。常用的填充物质包括：

### 1. 土壤

天然土壤中本身就具有保水性，并且含有植物生长所必需的各种营养物质。可以将天然材料如树皮、植物叶子、植物的根、木屑等掺入天然土壤，随着时间的累积，这些天然材料会腐烂，使土壤变成腐殖土。腐殖土具有更加丰富的营养和很好的保水性，很适合用作填充材料。

### 2. 粉煤灰

粉煤灰主要由 $SiO_2$、$Al_2O_3$、$FeO$、$Fe_2O_3$、$CaO$、$MgO$、$K_2O$、$Na_2O$ 等氧化物组成，同时含有 $Zn$、$Cu$ 等多种植物生长所必需的微量元素，并且可以吸收游离的水分，有较高的保水性能。另外粉煤灰可以改善多孔混凝土孔隙中的碱性环境，能够使植物在适宜 pH 值下生长。

### 3. 蛭石

蛭石是一种含镁元素的水铝硅酸盐次生变质矿物，它的化学式为 $Mg0.5(H_2O)_4Mg_3[AlSi_3O_{10}](OH)_2$，并且含有一定量的 $Ca$、$K$、$Mn$ 等元素，在自然条件下是由黑云母经过热液风化或者蚀变作用而形成的。蛭石含有丰富的营养物质，并且具有很强的保水性能。蛭石的吸水质量可以是自身质量的 1.5~8 倍。

### 4. 珍珠岩

珍珠岩是火山喷发的一种酸性熔岩。化学成分包括：$SiO_2$、$Al_2O_3$、$Fe_2O_3$、$CaO$、$K_2O$、$Na_2O$、$MgO$ 等。珍珠岩具有丰富的营养物质，并且自身酸性可以中和改善多孔混凝土孔隙内的碱环境。其常常用于农业、改良土壤、园艺等，具有保肥性和保水性。珍珠岩可以将下层土壤中的水分吸收并且通过颗粒间的水分传导作用，逐层的传递到顶层，使水分均匀分布。

### 5. 泥炭

泥炭又被称为草炭或者是泥煤，泥炭含有很高的有机质、营养成分和腐殖酸。按绝对干物质计算，泥炭的有机质达到 50% 以上，是很好的营养成分。其吸水性和持水性很好，具有很好的通气性，保证了植物根系生长时的透气条件。

## （四）强度

一般植生混凝土的强度和孔隙率呈反比关系。影响植生混凝土强度的因素有骨胶比、骨料粒径、水灰比、减水剂使用量、矿物外掺料等。试验证明减水剂使用量和水灰比对植生混凝土的强度影响比较小。主要受骨胶比、骨料粒径和矿物外掺料的影响。

### 1. 骨胶比

骨胶比是影响植生混凝土强度的主要因素。骨胶比愈大，则水泥的用量愈少，骨料之间的接触点上的黏结面积和黏结强度就会愈低，那么骨料之间的接触点的稳定性愈低，植生混凝土的强度就愈低。反之，骨胶比愈小，植生混凝土的强度就愈高。但是如果水泥的用量过大，就会影响植生混凝土孔隙内的碱度，不利于植物的生长，需要采取降碱措施。

### 2. 骨料粒径

即使在植生混凝土孔隙率相同的情况下，植生混凝土的强度也会不同。这是由于所用粗骨料的粒径不同。粗骨料的粒径愈大愈单一，则骨料之间的接触点就愈少，植生混凝土的强度就愈低。反之，骨料的粒径愈小愈多级，则骨料之间的接触点就愈多，植生混凝土的强度就愈高。在骨料粒径和骨胶比合适的情况下，可以满足植生混凝土对孔隙率和强度的要求。

### 3. 矿物外掺料

适当地加入矿物外掺料可以提高植生混凝土的强度。这是由于矿物外掺料一般是超细微粉，可以使多孔混凝土的孔结构细化，增加密实性。同时由于矿物外掺料可以改善水泥水化产物的空间分布，从而加速水化作用，提高植生混凝土的强度。

## （五）施工设备

植生混凝土施工工艺一般采用现场拌和，整体浇筑为主；预制构件为辅。预制构件法通常采用强制式搅拌机将水泥、粗骨料搅拌均匀，使预制多孔混凝土成型。之后，通过振动台或者压实机使预制多孔混凝土达到设计强度，同时将填料和营养物质均匀的填入其中。

现场浇筑法已经比较成熟，一般采用自落式搅拌机对水泥和粗骨料进行裹浆混合，制成多孔混凝土，一般采用人工摊铺。填料和营养物质通过压力机械设备喷注填充到多孔混凝土的孔隙中，工程上常采用水泥枪。最后通过人工播种和定期养护完成植生混凝土施工。近年来，通过喷射法进行现场作业有很大的发展。用喷射机或高压喷浆机将水泥、粗骨料、填料和营养物质、种子等的混合物喷到边坡上。这种方法已经成功在清江站和三峡工程中应用。

### 三、植生混凝土的应用

1993 年，植生混凝土由日本大城建设技术研究所研究成功并推出。

1994 年，在日本茨城县，研究人员在那珂河河岸边坡中的 $82m^2$ 面积上采用植生混凝土护岸，植生植物选取肯塔基和绊根草，并且控制试验环境为不施肥，不浇水，定期地对植生植物进行火烧、收割。试验结果表明：植物萌发和生长状况良好，证明了植生混凝土作为河道护岸材料的可行性。

1995 年，植生混凝土的概念由日本混凝土工学协会正式提出，并且协会专门成立了"植生混凝土研究委员会"，研究出了大规模生产和施工工艺，为植生混凝土在河道护岸，公路护坡的应用中做了铺垫。

1997 年，植生混凝土应用于天神川的支流的河道护岸工程，施工面积为 $550m^2$。之后日本先端建设技术中心为了更好地指导植生混凝土的应用，出台了植生混凝土河川护岸工法。现在植生混凝土已经广泛地应用于日本河道护岸、公路护坡的工程中。韩国在植生混凝土方面也有深入的研究。

1998 年 Choi 在文献中介绍了植生混凝土的特性和相关的建筑应用。

2008 年 JO 研究了植生混凝土对水质的净化作用。同年，Ahn 研究了多孔混凝土的降碱技术，试验表明通过碳化技术可以将多孔混凝土孔隙内的 pH 值降至 9.0 以下，可以满足植物的生长要求，高炉矿渣、粉煤灰等外加剂的降碱作用比较小，可以与碳化技术结合使用。欧美等国家从日本引进植生混凝土的相关技术，并且已广泛应用到河岸护坡等工程。

1998 年，吉林省水利实业公司从日本引进了植生混凝土技术，并且对碱性环境的改善、植物的营养供给、生态效应等方面进行了大量的研究。

2002 年三峡工程、清江电站应用植生混凝土作为河岸护坡。

2004 年高建明等对植生混凝土进行了一系列的研究，涉及内容包括植生混凝土的耐久性、强度的影响因素、抗冻性、配合比、水质净化作用等方面。

2007 年苏丹对植生混凝土的公路护边作用进行工程实践性研究，将植生混凝土作为公路护边的材料，实验面积为 $180m^2$，种植的植物选择高羊茅、绊根草、黑麦草、百喜草、白三叶等植物的混合种子。采取自然生长的方法，经过长期观察，在高温、暴雨的自然环境条件，坡面结构稳定，植物生长状况良好。

2010 年，江苏大学研究和推广了植生混凝土，并在深圳的坂澜大道、新洲河等地带进行示范推广。

### 四、未来的研究方向

植生混凝土的研究和应用涉及材料工程、水质工程、岩土工程、生态、植物、化学等多个学科和领域，我国在植生混凝土的研究及应用方面还处于初级阶段，有很多问题有待解决。（1）在不降低强度的条件下能有效地控制孔隙内的碱性环境。针对我国资源的现状，在高炉 B、C 水泥稀缺的情况下，适合大规模的用于工程实践、价格比较低廉的降碱材料有待研发。（2）提高植生混凝土的力学性能和耐久性，使强度和孔隙率达到平衡，更好地满足工程应用。（3）根据不同地域环境特点，选出适合的优势植物品种，并进行驯化，开展更加适合坡面的商业化育种。（4）目前植生混凝土的施工主要依靠经验，应制定出系统的施工工艺和技术规范来指导实践，有利于大规模的实践应用。（5）在施工设备方面，自动化机械化水平有待提高，减少劳动力，提高工程效率。目前使用的喷射机、喷浆机、压力机械设备等动力消耗大，成本高，节能高效设备是日后研发方向之一。

近年来，国内外在植生混凝土的研究及应用方面均加大了力度，特别是植生混凝土用于河岸护坡的研究及硬化绿化工程应用越来越普遍。植生混凝土的植物和混凝土相容的特点，不仅满足了实际工程应用对强度的要求，并且可以降低地表径流量、净化水质、生态修复及补充地下水。还可以提高绿化面积，使视觉上更加舒适。目前植生混凝土的研究及应用中也存在一些问题，比如强度与孔隙率的平衡、孔隙内碱度的控制、植物的选择以及具体的施工技术规范缺乏等等。在今后的研究中，不仅应在植生混凝土的碱度控制与强度提高方面有所深入，在制定系统的施工工艺和技术规范方面也应有进一步的探索。随着研究的深入，植生混凝土的应用前景会更为广阔。

# 第十一节 透水混凝土

透水混凝土（Pervious Concrete 或 Porous Asphalt）也被称作多孔混凝土、间断级配混凝土、开放孔隙混凝土或过滤混凝土，是指在制备过程中，通过减少或避免使用细集料，形成具有内部连通孔隙微观结构的一种混凝土，是一种具有高渗水功能的工程材料。

当今，透水混凝土应用的主要目的是水资源、环境保护和防止城市降雨期间的洪涝灾害，其作用方式是将其表面的水分通过自身和基层原地渗透或就近渗透至土壤中，从而维护局部地区的地下水位、净化水质、减小城市排水系统的排水负荷和低洼地区的雨水聚集。当前，透水混凝土主要用于建造停车场、人行道和低交通负荷要求的行车路面（如公园、小区或停车库至主干道的道路），用于收集降雨期间降落在其表面的雨水，同时，还可收集附近普通混凝土制备的路面和停车场、草坪和屋面等排放的雨水。

除了具有渗水功能外，透水混凝土还具有增大摩擦力和吸声性能的特点。透水混凝土的优点可总结如下：

1）在城市地区的降雨期间，通过分散雨水的流向，减小城市排水管道的工作负荷并有效避免局部区域的积水，这对于人口众多、交通和地形状况复杂的大都市具有重要意义；

2）雨水通过透水混凝土向基层和土壤中渗透，可补充所在地区的地下水位，具有环境保护和调节水资源可持续发展的作用；

3）透水混凝土对雨水的就地渗透，一方面可在渗透的过程中对雨水产生净化效应，另一方面还可有效避免雨水与可污染物或被污染水体的接触，避免了雨水的二次污染；

4）降雨过程中渗透至透水混凝土基层和土壤中的水分，在晴天的时候可以部分蒸发出来，会降低城市的热岛效应；

5）透水混凝土路面可降低并吸收行车噪音、减小声污染，这对于交通流量较大、空间狭小的城市内街道周边的工作和居住环境具有重要意义；

6）相对于普通混凝土，透水混凝土与车辆轮胎之间的摩擦力增大且摩擦力衰减梯度减小，同时，通过及时排放道路表面的积水，可有效减少车辆在行驶过程中的侧滑现象；此外，对道路表面雨水的及时排放，还可避免车辆在行驶过程中的泼溅现象和夜晚灯光下产生的眩光现象，提高了行车安全。

透水混凝土并不是当代新科技，早在大约150年前，欧洲就开始使用多孔水泥混凝土来制备预制混凝土构件并进行房屋的建造。尤其在二战期间，因为经济的匮乏，多孔水泥混凝土由于高经济性而获得了广泛的应用。出于水资源和水质保护的目的，1972年，美国通过了清洁水资源法案（Clean Water Act），法案中规定，各州和各大城市有义务保障被收集降雨的清洁程度。透水混凝土由于可对降雨进行就地渗透且在渗透的过程中产生过滤和净化的功能，获得了广泛的关注和应用。同时，认识到透水混凝土的抗滑、吸声和防眩光功能后，进一步加速了透水混凝土在路面建设中的应用。自1970年开始，美国的俄勒冈州、加利福尼亚州、内华达州、亚利桑那州和佛罗里达州建造了大量的透水沥青混凝土路面，例如：俄勒冈州建造了3000公里的透水混凝土路面。透水混凝土在美国得到应用后，欧洲各国也开始建造透水沥青混凝土路面，包括德国、英国、法国、意大利和西班牙等。到1992年，德国已经建造了40万平方米的透水混凝土路面，由于独特的降噪和吸声效果，德国称之为"耳语道路"。

虽然透水沥青混凝土已成功应用于高速公路的建造，但透水水泥混凝土在高速或高荷载能力路面的应用较少。这是由于透水水泥混凝土为半脆性材料，含有较大尺寸的孔隙，在荷载的作用下，由于孔隙尖端的应力集中，易于产生裂纹的扩展和破坏，从而导致路面开裂。同时，在透水水泥混凝土中使用钢筋容易产生锈蚀问题，所以其通常以素混凝土的形式出现。因此，相对于使用传力杆或连续配筋的普通水泥混凝土路面，透水水泥混凝土路面的抗荷载能力较差，如果用于制备高速或高荷载能力的路面，会导致维护工作量大、服役寿命短、经济性差。不过，随着混凝土制备技术的发展，通过增强骨料颗粒之间的结合强度、完善钢筋的保护措施以及使用纤维增韧等手段，透水水泥混凝土必然会越来越多地应用于高速和高荷载能力路面的建造。

综上所述，透水混凝土的使用和技术的发展主要是满足当前对水资源和环境保护、降雨排放过程中的水质维护和防止降雨产生的城市内涝现象的需求，其次是行车安全和路面噪声的控制。透水混凝土的应用应综合考虑孔隙率—孔隙连通程度、强度、抗磨损能力、抗车辙能力、抗开裂能力之间的关系，合理的设计、制备、施工和维护是透水混凝土工作能力和服役寿命的保障。本节就透水混凝土的配合比设计、排水处理方式、维护方法和实际应用效果进行论述，旨在为透水混凝土的发展和应用提供借鉴和指导。

# 一、透水混凝土的制备

## （一）透水水泥混凝土的制备

美国混凝土协会（ACI，American Concrete Institute）的 522 委员会制定了透水水泥混凝土标准 ACI 522R—10（Report on Pervious Concrete）。美国 ASTM 组织中编号为 C09.49 的委员会负责透水水泥混凝土性能测试相关标准的制定，现在已在执行的标准为 ASTMC1688/C1688M、ASTMC1701/C1701M、ASTMC1747/C1747M 和 ASTMC1754/C1754M，分别用于测试新拌透水水泥混凝土密度和孔隙率、现场透水水泥混凝土的渗透率（Infiltration Rate）、使用冲击和磨损的方法评价混凝土的抗破坏能力（Resistance to degradation），以及硬化混凝土密度和孔隙率，现在正在制定过程中的标准是关于透水水泥混凝土抗压强度的测试方法。在美国，透水混凝土的质量由美国绿色建筑委员会（USGBC，United States Green Building Council）进行认证，该委员会使用 LEED（The Leadership in Energy and Environmental Design）程序对混凝土建筑的绿色程度进行分级和评价。

透水水泥混凝土的制备通常采用波特兰水泥、矿物掺和料、升级配的集料（通常只包含粗集料、少或无细集料）和水来进行，同时还可掺入化学外加剂来提高透水混凝土的强度、调节凝结历程、降低干燥收缩和提高混凝土的抗冻融能力等。透水水泥混凝土配合比设计的目的是在保障最小浆体用量的基础上，使得制备的混凝土具有良好的新拌工作性、孔隙结构和强度。透水混凝土的配合比设计首先从浆体的用量和孔隙率开始，然后依据水胶比计算得出用水量和胶凝材料用量；再根据粗集料的粒径、粗集料的体积分数和捣实密度来计算粗集料的用量。具体计算方法可参见 ACI522R—10 标准。

需要注意的是，普通水泥混凝土的水胶比和强度关系通常不完全适用于透水水泥混凝土。这是由于虽然水胶比可以影响混凝土中净浆的强度和界面过渡区的品质，但在透水水泥混凝土中，水胶比还会产生另一种不可忽视的影响：净浆的流动性能对孔隙率的影响。在透水水泥混凝土中，如果净浆的流动性能过大，则会产生孔隙堵塞现象，同时使得孔隙堵塞处的强度增大；如果净浆的流动性不足，加上透水水泥混凝土在初始水化期间较高的蒸发速率（相对于普通水泥混凝土而言），会使得骨料颗粒之间胶结不充分而阻碍强度的发展。因此，对于透水水泥混凝土，要综合协调水胶比—流变性—强度—孔隙率之间的关系，这样才能使所制备的透水水泥混凝土一方面具有所需要的透水能力，另一方面具有良好的强度。

## （二）透水沥青混凝土的制备

美国沥青路面协会（NAPA，National Asphalt Pavement Association）颁布了透水沥青混凝土的设计方法，设计、建造和维护升级配沥青混凝土道路，其中对透水沥青混凝土的原材料选择和力学性能提出了具体的要求。透水沥青混凝土的原材料包括集料、沥青、沥青改性剂和纤维，其中后两者可依据实际情况选择使用。透水沥青混凝土的配合比设计包括四个步骤：

（1）选择原材料；

（2）确定集料的级配；

（3）确定最优沥青用量；

（4）考察透水沥青混凝土的抗冻融能力。

具体的计算方法和步骤可参见 NAPA 颁布的透水沥青混凝土设计方法。对于透水沥青混凝土，由于其中大量孔隙的存在，为提高其抗荷载变形能力，应使用高刚度的沥青，推荐使用的沥青标号要比当地用于制备普通沥青混凝土的沥青高两级。

## 二、透水混凝土的破坏形式

透水混凝土的破坏形式通常包括：开裂、沉降和表面磨损。开裂通常是由于超重的车辆荷载、排水过程中底基层局部冲刷导致的基层和面层支撑不足、气温变化产生的面层涨缩等；沉降通常是由于排水过程中对底基层的冲刷或底基层周围的侧压力损失所致；表面磨损通常是由于局部摩擦力过大（如车辆急刹车）或面层的粗集料颗粒之间结合强度太低所致。

透水混凝土的另一种破坏形式是冻融破坏，这是由于透水混凝土中含有大量的孔隙，在水饱和的状态下，在冻融过程中，液态水至固态水的相变过程中产生的体积膨胀可产生破坏作用。但对于透水混凝土面层而言，由于其本身和下方基层、底基层的高透水能力，透水混凝土路面很难处于水饱和状态，因此，通常不需要担心抗冻融问题。对于透水水泥混凝土，在制备过程中使用引气剂，在粗集料表面的水泥净浆覆盖层中引入均匀分布的一些小气泡，可有助于提高其抗冻融能力。

## 三、透水混凝土的维护

透水混凝土的维护包括两个方面：

（1）对透水混凝土破坏区域的维护。由于施工缺陷和车辆荷载等原因，会产生透水混凝土的面层开裂和剥离现象。对于该种形式的破坏，可采取局部修复或拆除重建的方法进行维护；

（2）对透水混凝土透水能力的维护。在排水过程中，水流中所携带的细小颗粒会使透水混凝土的孔隙产生堵塞，导致其排水能力逐渐下降。通常，需要以一定的时间间隔，对透水混凝土孔隙的通透性进行维护，维护周期随透水混凝土应用环境的不同而有差异。

维护透水混凝土透水能力的措施主要有两种：高压水冲洗和大功率真空吸尘。高压冲洗可将透水混凝土表面孔隙中的大颗粒冲洗出，但会驱使小颗粒进一步向内部迁移，同时过高的冲洗压力也可能损害透水混凝土本身；真空吸尘可将透水混凝土表面孔隙中的颗粒以负压的方式吸出。当前，理想的维护手段应该是两种方法的结合，一套设备既能实现冲洗又实现真空吸尘。

其实，防止透水混凝土发生堵塞现象应在透水混凝土的设计阶段开始，通常采用提升透水混凝土面层的高度、在透水混凝土面层周边建造路沿、对透水混凝土面层周围的土壤进行植被维护等措施，可有效地防止外来水流所携带的细碎颗粒造成的孔隙堵塞现象。

# 第六章 绿色施工组织与管理

## 第一节 国内外研究现状综述

### 一、国外研究现状

绿色施工是绿色建筑的重要组成部分，是绿色建筑得以实现的关键环节。如何控制建筑建造过程中的资源、能源消耗，减小施工工程对环境的污染成为绿色施工解决的主要问题。1993 年，Charles J. Kibert 教授提出了可持续施工的概念，并介绍了建筑工程施工过程在环境保护和节约资源方面的巨大潜力。1994 年，在美国召开了首届可持续施工国际会议，将可持续施工定义为："在有效利用资源和遵守生态原则的基础上，创造一个健康的施工环境，并进行维护"。1998 年，George Ofori 建议与建筑施工可持续性相关的所有主题都应该得到关注和重视，尤其要得到发展中国家的认可。随着可持续施工理念的日趋成熟，许多国家开始实施可持续施工、清洁生产、环保施工或绿色施工（称呼有所不同）。与此同时，一些发达国家率先制定了相关法律与政策，通过建筑协会、建筑研究所和一些有实力的公司共同协作，出版了《绿色建筑技术手册（设计·施工·运行）》《绿色建筑设计和建造参考指南》等书籍，它们具有较好的指导性和实践性，促进了绿色施工的发展和推广。近些年来，由于环境问题的日益严重，多数学者呼吁加强建筑行业与学术界的密切合作，来促进绿色施工更快、更好的发展和普及。目前，在国外绿色施工的理念已经融入了建筑行业各个部门，并同时受到最高领导层和消费者的关注。2009 年 3 月，国际标准委员会首次发起为新建与现有商业建筑编写《国际绿色施工标准》（IGCC），届时IGCC 将被作为一个绿色施工模版以供参考使用。2011 年，第三版 IGCC 由 29 名可持续建筑技术委员编写并修改。

### 二、国内研究现状

我国绿色施工的研究和发展是从 2008 年北京奥运会场馆建设开始的，并通过这些场馆的建设和绿色施工的管理积累了经验和教训，为我国绿色施工的发展奠定了基础。2006年，住建部颁布了《绿色建筑评价标准》（GB/T50378—2006），标志着我国绿色建筑发展进入全新阶段；2007 年，住建部出台了《绿色建筑评价标识管理办法》和《绿色建筑评价技术细则》；2009 年开始，住建部组织专家开始编写并陆续出台了《绿色工业建筑评价标准》《绿色医院建筑评价标准》《绿色办公建筑评价标准》等各类绿色建筑评价标准，基本上建立起来了我国绿色建筑发展的评价体系。为与绿色建筑发展相适应，住建部于 2007 年出台了《绿色施工导则》和《全国建筑业绿色施工示范工程申报与验收指南》，导则中明确绿色施工和绿色建筑相同采用"四节一环保"的指导思想，并明确指出我国将开始绿色施工示范工程的创建活动；2010 年，为进一步规范绿色施工评价工作，国家住建部和国家质量检验检疫总局联合颁布了《建筑工程绿色施工评价标准》（GB/T50640—2010），该标准对建筑工程绿色施工管理、绿色施工评价、绿色施工评价方法等做出了明确规定，尤其对"四节一环保"中的具体条款进行了细化，对绿色施工的开展和评价起到了至关重要的作用；2014 年，为进一步规范绿色施工行为，指导建筑企业开展绿色施工活动，国家住建部颁布了《建筑工程绿色施工规范》（GB/T50905—2014）。至此，建筑工程绿色施工政策性文件体系基本形成。

为促进绿色施工的推广应用，我国于 2010 年、2011 年、2013 年分别开展了三个批次的绿色施工示范工程创建工作，并将绿色施工示范工程确立为"鲁班奖"的优选目标工程，对于促进绿色施工广泛开展起到了促进作用。除全国范围的评选外，国家各省市也组织了绿色施工工程的评选活动。这些绿色施工示范工程的开展起到了许多积极作用，主要表现在：

（1）宣传推广了绿色施工的理念，形成了行业开展绿色施工的风气；

（2）为绿色施工技术的应用提供了条件，对绿色施工技术进行了完善，许多建筑企业自主创新研发了绿色施工技术或工艺工法；

（3）通过工程实践，总结了绿色施工组织管理过程中的经验教训，对于普遍性工程项目绿色施工形成了成套经验；

（4）实践并完善了绿色施工评价标准和评价方法，促进了绿色施工科学、合理发展。除政府行政主管部门开展的工作外，国内许多专家学者也针对绿色施工开展大量的研究和实践，其中以绿色施工评价方法和绿色施工技术为研究主要内容，对于绿色施工组织管理研究相对较少。2002 年，潘祥武等人在分析生态管理内涵和国外实践的基础上，将生态管理理念引入到项目管理中来，并分析了其对传统项目管理构成的挑战；竹隰生等人认为实施绿色施工应遵循减少场地干扰、尊重基地环境、施工结合气候、节约资源（能源）、减少环境污染、实施科学管理、保证施工质量等原则。2005 年，申琪玉等人指出进行绿色施工是建筑企业与国际市场接轨的保障，也是 ISO14000 认证的具体实施，它不但可以节约资源和能源、降低成本，提高企业竞争能力，而且有利于可持续发展和环境保护。2008 年，竹隰生深入探讨了在推进绿色施工时的注意事项，他强调加强绿色施工意识的同时应该加强整个社会环保意识，绿色施工目标需要紧密联系企业／项目的各项目标，只有综合利用法规、标准、政策等多种手段以及各方的共同努力才能更好地促进绿色施工。2009 年，为实现绿色施工与环境效益、经济效益和社会效益可持续发展，王占军等人把绿色施工过程划分为原材料开采生产、材料运输、施工生产过程、施工废料回收等阶段，构建基于 LCA 的绿色施工管理模式，该模式由系统分析模块、集成化管理模块、各阶段的控制模块、实施模块以及管理优化模块等五个模块构成。2010 年，为了寻求绿色施工的出路，社会各界人士各出其招。鲁荣利从组织管理、规划管理、实施管理、人员安全和健康管理、评价管理等方面探讨了绿色施工管理。王强认为住宅产业化才是实现绿色施工管理的有效途径。

### 三、绿色施工组织与管理存在的主要问题

虽然我国在绿色施工方面做了大量的研究和实践工作，特别是一些大的国有企业通过绿色施工示范工程的创建总结了一些经验。但我国绿色施工才刚刚起步，在绿色施工技术研发、绿色施工专门人才培训、绿色施工科学评价和绿色施工组织管理等方面还有许多工作要做。通过对我国绿色施工发展情况的简要分析，绿色施工组织与管理存在的主要问题如下：

（1）我国对于绿色施工的研究多集中在绿色施工评价体系构建和绿色施工技术应用，对绿色施工的组织管理研究有待深入，尚未形成科学有效的绿色施工组织管理体系；

（2）建筑企业对绿色施工的认识有待加强，尤其是一些中小型建筑施工企业对绿色施工特点认识不足。除需要创建绿色施工示范工程的项目外，绿色施工措施并未落实或停留于形式；

（3）施工管理方式还沿用传统施工管理模式，未将绿色施工特点融入管理过程，导致管理难度增加或出现管理漏洞；

（4）从工程施工组织设计的层面看，绿色施工内容一般作为施工组织设计中的一个章节出现，更像是对传统施工组织设计的补充，没有得到应有的重视，绿色施工理念并未贯穿施工组织全过程，严重阻碍了绿色施工的推广和发展。

# 第二节　绿色施工环境影响因素识别与分析

### 一、绿色施工概述

绿色施工是指：在保证质量、安全等基本要求的前提下，通过科学管理和技术进步，最大限度地节约资源，减少对环境负面影响，实现节能、节材、节水、节地和环境保护（"四节一环保"）的建筑工程施工活动。与传统施工管理相比，绿色施工除注重工程的质量、进度、成本、安全等之外，更加强调减少施工活动对环境的负面影响，即施工过程中尽量节约能源资源和环境保护。工程施工活动的目的不单单是完成工程建设，而更加注重经济发展与环境保护的和谐、人与自然的和谐，充分体现了可持续发展的基本理念。因此，在进行施工活动的过程中，参与各方应始终将如何实现"四节一环保"作为施工组织和管理中的主线，从材料的选用、机械设备选取、施工工艺、施工现场管理等各个方面入手，在成本、工期等合理的浮动范围内，尽量采用更为节约、更为环保的施工方案。

我国2007年9月出台的《绿色施工导则》中明确指出，绿色施工由施工管理、环境保护、

节材与材料资源利用、节水与水资源利用、节能与能源利用、节地与施工用地保护等六个方面组成。各部分主要内容如下：

（1）施工管理。包括组织管理、规划管理、实施管理、评价管理、人员安全与健康管理；

（2）环境保护。包括噪声振动控制、光污染控制、扬尘控制、水污染控制、土壤保护、建筑垃圾控制、地下设施文物保护和资源保护；

（3）节材与材料资源利用。装饰装修材料、周转材料、围护材料、结构材料、节材措施；

（4）节水与水资源利用。提高用水效率、非传统水源利用、用水安全；

（5）节能与能源利用。节能措施、机械设备与机具、生产生活及办公临时设施、施工用电及照明；

（6）节地与施工用地保护。临时用地指标、临时用地保护、施工总平面布置。

## 二、施工过程环境影响因素识别

建筑工程施工是一项复杂的系统工程，施工过程中所投入的材料、制品、机械设备、施工工具等数量巨大，且施工过程受工程项目所在地区气候、环境、文化等外界因素影响，因此，施工过程对环境造成的负面影响呈现出多样化、复杂化的特点。为便于施工过程的"绿色管理"，以普遍性施工过程为分析对象，从建筑工程施工的分部分项工程出发，以绿色施工所提出的"四节一环保"为基本标准，通过对各分部分项工程的施工方法、施工工艺、施工机械设备、建筑材料等方面的分析，对施工中的"非绿色"因素进行识别，并提出改进和控制环境负面影响的针对性措施，以为施工组织与管理提供参考，为绿色施工标准化管理方法制定提供依据。

### 1. 地基与基础工程

地基与基础工程是单位工程的重要组成部分，对于一般性工程地基与基础工程主要包括地基处理、基坑支护、土方工程、基础工程等几个部分。地基处理是天然地基的承载能力不满足要求或天然地基的压缩模量较小时，对地基进行处置的地基加固方法，一般情况下地基处理方法包括：换填、夯实、各类桩置换、真空、土工织物等。土方工程一般包括土体的开挖、压实、回填等。基坑支护指在基坑开挖过程中采取的防止基坑边坡塌方的措施，一般有土钉支护、各类混凝土桩支护、钢板桩支护、喷锚支护等。基础工程指各类基础的施工，对于一般性（除逆作法）的基础工程主要包括桩基础和其他混凝土基础两大类，桩基础又可根据施工方法分为挖孔桩、钻孔桩、静压桩、沉管灌注桩等。根据地基与基础工程所含工程特点、施工方法、施工机具等不同，总结了一般性工程的地基与基础工程部分非绿色因素及其治理方法，为便于绿色施工组织与管理参考，将各工程对环境影响按照"四节一环保"的分类进行整理。

（1）地基处理与土方工程

非绿色因素分析：

1）未对施工现场地下情况进行勘察，施工造成地下设施、文物、生态环境破坏；

2）未对施工车辆及机械进行检验，机械尾气及噪音超限；

3）现场发生扬尘；

4）施工车辆造成现场污染；

5）洒水降尘时用水过多导致污水污染或泥泞；

6）爆破施工、硬（冻）土开挖、压实等噪音污染；

7）作业时间安排不合理，噪音和强光对附近居民生活造成声光污染。

绿色施工技术和管理措施：

1）对施工影响范围内的文物古木等制定施工预案；

2）对施工车辆及机械进行尾气排放和噪音的专项审查，确保施工车辆和机械达到环保要求；

3）施工现场进行洒水、配备遮盖设施，减少扬尘；

4）施工现场出入口处设置使用冲洗设备，保证车辆不沾泥，不污损道路；

5）降尘时少洒、勤洒，避免洒水过多导致污染；对施工车辆及其他机械进行定期检查、保养，以减少磨损、降低噪音，避免机器漏油等污染事故的发生；

6）设置隔声布围挡、施工过程采取技术措施减少噪音污染；

7）施工时避开夜间、中高考等敏感时间。

（2）地基处理与土方工程（节水与水资源利用）

非绿色因素分析：

1）未对现场进行降水施工组织方案设计；

2）未对现场能进行再次利用的水进行回用而直接排放；

3）未对现场产生的水进行处理而直接排放，达不到相关环保标准。

绿色施工技术和管理措施：

1）施工前应做降水专项施工组织方案设计，并对作业人员进行专项交底，交代施工的非绿色因素并采取相应的绿色施工措施；

2）降水产生的水优先考虑进行利用，如现场设置集水池、沉淀池设施，并设置在混凝土搅拌区、生活区、出入口区等用水较多的位置，产生的再生水可用于拌制混凝土、养护、绿化、车辆清洗、卫生间冲洗等。

3）可再生利用的水体要经过净化处理（如沉淀、过滤等）并达到排放标准要求后方可排放。现场不能处理水应进行汇集并交具有相应资质的单位处理。

（3）地基处理与土方工程（节材与材料资源利用）

非绿色因素分析：

1）未对施工现场产生的渣土、建筑拆除废弃物进行利用；

2）未对渣土、建筑垃圾等再生材料作为回填材料使用。

绿色施工技术和管理措施：

1）土方回填宜优先考虑施工时产生的渣土、建筑拆除废弃物进行利用。如基础施工开挖产生的土体应作为基础完成后回填使用；

2）对现场产生建筑拆除废弃物进行测试后能达到要求的土体应优先考虑进行利用，或者是进行处理后加以利用，如与原生材料按照一定比例混合后使用；

3）对现场产生建筑拆除废弃物不能完全消化的情况下，应妥善将材料转运至专门场地存储备用，避免直接抛弃处理；

（4）地基处理与土方工程（节能与能源利用）

非绿色因素分析：

1）未能依据施工现场作业强度和作业条件，未能考虑施工机具的功率和工况负荷情况而选用不恰当的施工机械；

2）施工机械搭配不合理，施工现场规划不严密，进而造成机械长时间空载等现象；

3）土方的开挖和回填施工计划不合理，造成大量土方二次搬运。

绿色施工技术和管理措施：

1）施工前应对工程实际情况进行施工机械的选择和论证，依据施工现场作业强度和作业条件，考虑施工机具的功率和工况负荷情况，确定施工机械的种类、型号及数量，力求所选用施工机具都在经济能效内；

2）制定合理紧凑的施工进度计划，提高施工效率。根据施工进度计划确定施工机械设备的进场时间、顺序，确保施工机械较高的使用效率；

3）建立施工机械的高效节能作业制度；

4）施工机械搭配选择合理，避免长时间的空载。施工现场应根据运距等因素，确定运输时间，结合机械设备功率，确定挖土机搭配运土机数量，保证各种机械协调工作，运作流畅；

5）规划土方开挖和土方回填的工程量和取弃地点，需回填使用部分的土体应尽量就近堆放，以减少运土工程量。

（5）地基处理与土方工程（节地与施工用地保护）

非绿色因素分析：

1）施工过程造成了对原有场地地形地貌的破坏，甚至对设施、文物的损毁；

2）土方施工过程机械运行路线未能与后期施工路线、永久道路进行结合，造成道路重复建设；

3）因土方堆场未做好土方转运后的场地利用计划；

4）因土方开挖造成堆放和运输占用了大量土地。

绿色施工技术和管理措施：

1）施工前应对施工影响范围内的地下设施、管道进行充分的调查，制定保护方案。并在施工过程中进行即时动态监测；

2）对施工现场地下的文物当会同当地文物保护部门制定文物保护方案，采取保护性发掘或者采取临时保留以备将来开发；

3）对土方施工过程机械运行路线、后期施工路线、永久道路宜优先进行结合共线，以避免重复建设和占用土地；

4）做好场地开挖回填土体的周转利用计划，提高施工现场场地的利用率。在条件允许情况下，宜分段开挖、分段回填，以便回填后的场地作为后序开挖土体的堆场；

5）回填土在施工现场采取就近堆放原则，以减少对土地占用量。

（6）基坑支护工程（环境保护）

非绿色因素分析：

1）打桩过程产生噪音及振动；

2）支撑体系拆除过程产生噪音及振动；

3）支撑体系拆除过程产生扬尘；

4）支撑体系安装、拆除时间未能避开居民休息时间；

5）钢支撑体系安装、拆除产生噪音及光污染；

6）基础施工（如打桩等）产生噪音及振动和现场污染；

7）基础及维护结构施工过程产生泥浆污染施工现场；

8）使用空压机作业进行泥浆置换产生空压机噪音；

9）边坡防护措施不当造成现场污染；

10）施工用乙炔、氧气、油料等材料保管和使用不当造成污染；

11）施工过程废弃的土工布、木块等随意丢弃；

12）施工现场焚烧土工布及水泥、钢构件包装等。

绿色施工技术和管理措施：

1）优先采用静压桩，避免采用震动、锤击桩；

2）支撑体系优先采用膨胀材料拆除，避免采用爆破法和风镐作业；

3）支撑体系拆除时采取浇水、遮挡措施避免扬尘；

4）施工时避开夜间、中高考等敏感时间；

5）钢支撑体系安装、拆除过程采取围挡等措施，防止噪音和电弧光影响附近居民生活；

6）打桩等大噪音施工阶段应及时向附近居民做出解释说明，及时处理投诉和抱怨；

7）泥浆优先采用场外制备，现场应建立泥浆池、沉淀池，对泥浆集中收集和处理；

8）应用空压机泵送泥浆进行作业，空压机应封闭，防止噪音过大；

9）边坡防护应采用低噪音、低能耗的混凝土喷射机以及环保性能好的薄膜作为覆盖物；

10）施工时配备的乙炔、氧气、油料等材料在指定地点存放和保管，并采取防火、防爆、防热措施；

11）施工过程废弃的土工布废弃土工布、木块等及时清理收集，交给相应部门处理，严禁现场焚烧；

（7）基坑支护工程（节水与水资源利用）

非绿色因素分析：

1）制备泥浆时未采用降水产生的体进行再利用而直接排放；

2）未对现场产生的水进行处理而直接排放，达不到相关环保标准。

绿色施工技术和管理措施：

1）制备泥浆时，优先采用降水过程中的水体，降水产生的水优先考虑进行利用，如现场设置集水池、沉淀池设施，并设置在混凝土搅拌区、生活区、出入口区等用水较多的位置，产生的再生水可用于拌制混凝土、养护、绿化、车辆清洗、卫生间冲洗等。

2）再生利用的水体要经过净化处理（如沉淀、过滤等）并达到排放标准要求后方可排放。现场不能处理水应进行汇集并交具有相应资质的单位处理。

（8）基坑支护工程（节材与材料资源利用）

非绿色因素分析：

1）未对可以利用的泥浆通过沉淀过滤等简单处理进行再利用；

2）钢支撑结构现场加工；

3）大体量钢支撑体系未应用预应力结构；

4）施工时专门为格构柱设置基础；

5）混凝土支撑体系选用低强度大体积混凝土；

6）混凝土支撑体系拆除后作为建筑垃圾抛弃；

7）钢板桩或钢管桩在使用前后未进行修整、涂油保养等；

8）未对 SMW 工法进行支护施工的型钢进行回收；

绿色施工技术和管理措施：

1）对泥浆要求不高的施工项目，将使用过的泥浆进行沉淀过滤等简单处理进行再利用；

2）钢支撑结构宜在工厂预制后现场拼装；

3）为减少材料用量，大体量钢支撑体系宜采用预应力结构；

4）为避免再次设置基础，格构柱基础宜利用工程桩作为基础；；

5）混凝土支撑体系，宜采用早强、高强混凝土；

6）混凝土支撑体系在拆除后可粉碎后作为回填材料再利用；

7）钢板桩或钢管桩在使用前后分别进行修整、涂油保养，提高材料的使用次数；

8）SMW 工法进行支护施工时，在型钢插入前对其表面涂隔离剂，以利于施工后拔出型钢进行再利用；

（9）基坑支护工程（节能与能源利用）

非绿色因素分析：

1）施工机械作业不连续；

2）由于人、机数量不匹配、施工作业面受限等问题导致施工机械长时间空载运行；

3）施工机械的负荷、工况与现场情况不符。

绿色施工技术和管理措施：

1）施工机械搭配选择合理，避免长时间的空载。如打桩机械到位前要求钢板桩、吊车要提前或同时到场；

2）施工机械合理匹配，人员到位，分部施工，防止不必要的误工和窝工；

3）钻机、静压桩机等施工机械合理选用，确保现场工作强度、工况、构件尺寸等在相应的施工机械负荷和工况内。

（10）基坑支护工程（节地与施工用地保护）

非绿色因素分析：

1）泥浆浸入土壤造成土体的性能下降或破坏；

2）未能合理布置机械进场顺序和运行路线，造成施工现场道路重复建设；

3）施工材料及机具远离塔吊作业范围，造成二次搬运；

4）未对施工材料按照进出场先后顺序和使用时间进行场地堆放，场地不能进行周转利用。

绿色施工技术和管理措施：

1）对一定深度范围内的土壤进行勘探和鉴别，做好施工现场土壤保护、利用和改良；

2）合理布置施工机械进场顺序和运行路线，避免施工现场道路重复建设；

3）施工材料及机具靠近塔吊作业范围，且靠近施工道路，以减少二次搬运；

4）钢支撑、混凝土支撑制作加工材料按照施工进度计划分批安排进场，便于施工场地周转利用。

## 2. 结构工程

结构工程即指建筑主体结构部分，对于一般性建筑工程主体结构部分施工主要包括：

钢筋混凝土工程、钢结构工程、砌筑工程、脚手架工程等，主体结构工程是建筑工程施工中最重要的分部工程，在我国现行的绿色施工评价体系中，主体结构工程所占的评分权重也是最高的。

钢筋混凝土工程是建筑工程中最为普遍的施工分项工程，一般情况下钢筋混凝土工程主要由模板工程、钢筋工程、混凝土工程等；按照钢筋混凝土中钢筋的作用又可分为普通钢筋混凝土工程和预应力钢筋混凝土工程。因此，钢筋混凝土工程的环境影响因素识别和分析按照上述分类进行。

（1）模板工程（环境保护）

非绿色因素分析：

1）现场模板加工产生噪音；

2）模板支设、拆除产生噪音；

3）异型结构模板未采用专用模板，环境影响大；

4）木模板浸润造成水体及土壤污染；

5）涂刷隔离剂时候洒漏，污染附近水体以及土壤；

6）模板施工造成光污染；

7）模板内部清理不当造成扬尘及污水；

8）脱模剂、油漆等保管不当造成污染及火灾。

绿色施工技术和管理措施：

1）优先采用工厂化模板，避免现场加工模板。采用木模板施工时，对电锯、刨床等进行围挡，在封闭空间内施工；

2）模板支设、拆除规范操作，施工时避开夜间、中高考等敏感时间；

3）异型结构施工时优先采用成品模板；

4）木模板浸润在硬化场地进行，污水进行集中收集和处理；

5）脱模剂涂刷在堆放点地面硬化区域集中进行；

6）夜间施工采用定向集中照明在施工区域，并注意减少噪音；

7）清理模板内部时，尽量采用吸尘器，不应采用吹风或水冲方式；

8）模板工程所使用的脱模剂、油漆等放置在隔离、通风、应远离人群处，且有明显禁火标志，并设置消防器材。

（2）模板工程（节材与材料资源利用）

非绿色因素分析：

1）模板类型多，周转次数少；

2）模板随用随配，缺乏总使用量和周转使用计划；

3）模板保存不当，造成损耗；

4）模板加工下料产生边角料多，材料利用率低；

5）因施工不当造成火灾事故；

6）拆模后随意丢弃模板到地面，造成模板损坏，未做可重复利用处理；

7）模板使用前后未进行检验维护，导致使用状况差，可周转次数低。

绿色施工技术和管理措施：

1）优先选择组合钢模板，大模板等周转次数多的模板类型。模板选型应优先考虑模数、通用性、可周转性；

2）依据施工方案，结合施工区段、施工工期、流水段等明确需要配置模板的层数和数量；

3）模板堆放场地应硬化、平整、无积水，配备防雨、防雪材料，模板堆放下部设置垫木；

4）进行下料方案专项设计和优化后进行模板加工下料，充分再利用边角料；

5）模板堆放场地及周边不得进行明火切割、焊接作业，并配备可靠的消防用具，以防火灾发生；

6）拆模后严禁抛掷模板，防止碰撞损坏，并及时进行清理和维护使用后的模板，延长模板的周转次数，减少损耗；

7）设立模板扣件等日常保管定期维护制度，提高模板周转次数。

（3）模板工程（节水与水资源利用）

非绿色因素分析：

1）在水资源缺乏地区选用木模板进行施工；

2）木模板润湿用水过多，用水过多造成浪费；

3）木模板浇水后未及时使用，造成重复浇水。

绿色施工技术和管理措施：

1）在缺水地区施工，优先采用木模板以外的模板类型，减少对水的消耗；

2）木模板浸润用水强度合理，防止用水过多造成浪费；

3）对模板使用进行周密规划，防止重复浸润。

（4）模板工程（节能与能源利用）

非绿色因素分析：

1）模板加工人、机、料搭配不合理，造成设备长时间空载；

2）模板堆放位置不合理，造成现场二次搬运；

3）模板运输过程中机械利用效率低。

绿色施工技术和管理措施：

1）合理组织人、机、料搭配，避免机器空载；

2）合理选择模板堆放位置，避免二次搬运；

3）模板运输应相对集中，避免塔吊长时间空载。

（5）模板工程（节地与施工用地保护）

非绿色因素分析：

1）现场加工模板，机械和原料占用场地；

2）施工组织不合理，材料在现场闲置时间长，占用场地；

3）现场模板堆放凌乱无序，场地利用率低。

绿色施工技术和管理措施：

1）优先采用成品模板，避免现场加工占用场地；

2）合理安排模板分批进场，堆放场地周转使用；

3）模板进场后分批、按型号、规格、挂牌标识归

类堆放有序，提高场地利用率。

（6）钢筋工程（环境保护）

非绿色因素分析：

1）钢筋采用现场加工；

2）钢材装卸过程产生噪音污染；

3）钢筋除锈造成粉尘及噪音污染；

4）钢筋焊接、机械连接过程中造成光污染和空气污染；

5）夜间施工造成光污染及噪音污染；

6）钢筋套丝加工用润滑液污染现场；

7）植筋作业因钻孔、清孔、剔凿造成粉尘污染；

8）对已浇筑混凝土剔凿，造成粉尘或水污染；

9）钢筋焊接切割产生熔渣、焊条头造成环境污染

绿色施工技术和管理措施：

1）钢筋采用工厂加工，集中配送，现场安装；

2）钢筋装卸避免野蛮作业，尽量采用吊车装卸，以减少噪音；

3）现场除锈优先采用调直机，避免采用抛丸机等引起粉尘、噪音的机械；

4）钢筋焊接、机械连接应集中进行，采取遮光、降噪措施，在封闭空间内施工；

5）施工时避开夜间、中高考等敏感时间；

6）套丝机加工过程在其下部设接油盘，润滑液经过滤可再次利用；

7）钢筋植筋时，在封闭空间内施工，采用围挡等覆盖，润湿需钻孔的混凝土表面，减小噪音。采用工业吸尘器对植筋孔进行清渣；

8）柱、墙混凝土施工缝浮浆剔除时，洒水湿润，以防止扬尘。避免洒水过多，以防污水及泥泞；

9）焊接、切割产生的钢渣、焊条头收集处理，避免污染。

（7）钢筋工程（节能与能源利用）

非绿色因素分析:

1）钢筋加工人、机、料搭配不合理，造成设备长时间空载;

2）未采用机械连接经济施工方法。

绿色施工技术和管理措施:

1）合理组织规划人、机、料搭配，提高机械的使用效率，避免机器空载;

2）在经济合理范围内，优先采用机械连接。

（8）钢筋工程（节材与材料资源利用）

非绿色因素分析:

1）钢筋堆放保管不利造成损耗;

2）设计未采用高强度钢筋;

3）未结合钢筋长度、下料长度进行钢筋下料优化;

4）加工地点分散，边角料的收集和再利用不到位;

5）施工放样不准确造成返工浪费;

6）钢筋因堆放杂乱造成误用;

7）绑扎用铁丝以及垫块损耗量大;

8）钢筋焊接不合理，造成流坠;

9）植筋时钻孔部位钻孔过深。

绿色施工技术和管理措施:

1）钢筋堆放场地应硬化、平整、设置排水设施，配备防雨雪设施。钢筋堆放采取支垫措施，以减少锈蚀等损耗;

2）优先采用高强度钢筋，在允许条件下，以高强钢筋代替低强度钢筋;

3）施工放样准确，并进行校核，避免返工浪费;

4）编制钢筋配料单，根据配料单进行下料优化，最大限度减少短头及余料产生;

5）钢筋加工集中在一定区域内且场地应平整硬化，设立不同规格钢筋的再利用标准，设置剩料收容器，分类收集;

6）成品钢筋严格按分先后、分流水段、分构件名称的原则分类挂牌堆放，标明钢筋规格尺寸和使用部位，避免产生误用现象;

7）绑扎用钢筋和垫块设置前对工人进行技术交底，施工时应防止垫块破坏或已完成部分变形;

8）钢筋焊接作业，防止接头部位过烧造成坠流产生;

9）施工前在钻杆上按设计钻孔深度做出标记，防止钻孔过度。

（9）钢筋工程（节地与施工用地保护）

非绿色因素分析:

1）现场加工钢筋，占用场地;

2）材料进场计划不严密，部分材料长时间闲置，占用场地;

3）现场堆放散乱，场地利用效率低

绿色施工技术和管理措施:

1）钢筋加工采用工厂化方式，现场作为临时周转拼装场地，减少用地；

2）做好钢筋进场和使用规划，保证存放场地周转使用，提高场地利用率；

3）半成品、成品钢筋为提高场地利用效率应合理有序堆放。

（10）混凝土工程（环境保护）

非绿色因素分析：

1）混凝土现场制备，造成粉尘、泥泞等污染；

2）运输车辆、施工机械尾气排放和噪音污染；

3）夜间施工造成污染；

4）运输混凝土及制备材料撒漏；

5）材料存放造成扬尘；

6）现场制备和养护过程产生污水；

7）必须进行连续浇筑施工时，未办理相关手续，造成与附近居民纠纷；

8）采用喷涂薄膜进行养护，涂料对施工现场及附近环境造成污染；

9）现场破损、废弃的草栅等随意丢弃，污染环境；

10）冬期施工时，采用燃烧加热方式，造成空气污染和安全隐患。

绿色施工技术和管理措施：

1）优先采用预制商品混凝土；

2）对施工车辆及机械进行尾气排放和噪音的专项审查，确保施工车辆和机械达到环保要求；

3）施工时避开夜间、中高考等敏感时间；

4）运输散体材料时，车辆应覆盖，车辆出场前进行检查、清洗，确保不造成撒漏；

5）现场砂石等采用封闭存放，配备相应的覆盖设施，如防雨布、草栅等；

6）混凝土的制备、养护等施工过程产生的污水，需通过集水沟汇集到沉淀池和储水池，经检测达到排放标准后进行排放或再利用；

7）在混凝土连续施工作业时，需提前办理相关手续，并向现场附近居民进行解释，以此减少与附近居民不必要的纠纷。并通过压缩夜间作业时间和降低夜间作业强度等方式减弱噪音，现场应采用定向照明在施工区域，避免产生光污染；

8）混凝土养护采用喷涂薄膜时，需对喷涂材料的化学成分和环境影响进行评估，达到环境影响在可控范围内方可采用；

9）废弃的试块、破损的草栅等，需进行集中收集后，由相应职能部门处理，严禁随意丢弃或现场焚烧；

10）冬期施工时，优先采用蓄热法施工。当采用加热法施工时，优先采用电加热，避免采用燃烧方式，防止造成空气污染。

（11）混凝土工程（节水与水资源利用）

非绿色因素分析：

1）使用远距离的采水点；

2）混凝土采用现场加工；

3）现场输水管道渗漏；

4）现场混凝土制备用水无计量设备；

5）现场存在施工降水等可利用水体，采用自来水作为制备用水；

6）混凝土有抗渗要求时，未使用减水剂；

7）现场养护采用直接浇水方式。

绿色施工技术和管理措施：

1）施工就近取用采水点，避免长距离输水；

2）优先采用预制商品混凝土；

3）输水线路定期维护，避免渗漏；

4）设置阀门和水表，计量用水量，避免浪费；

5）优先使用施工降水等可利用水体；

6）在水资源缺乏地区使用减水剂等节水措施，混凝土有抗渗要求时，首选减水添加剂；

7）养护时采用覆盖草栅养护、涂料覆膜养护。对于立面墙体养护，宜采用覆膜养护、喷雾器洒水养护、养护液养护等，养护用水优先采用沉淀池的可利用水。

（12）混凝土工程（节材与材料资源利用）

非绿色因素分析：

1）混凝土进场后未能及时浇筑或浇筑后有剩余，造成凝固浪费；

2）未采用较经济的再生骨料；

3）砂石材料存放过程中造成污染；

4）水泥存放不当，造成凝固变质；

5）混凝土材料撒漏且未及时进行收集；

6）水泥袋未进行收集和再利用；

7）当浇筑大体积混凝土时，采用手推车等损耗率高的施工方式；

8）恶劣天气下施工材料保护不当造成浪费；

9）混凝土用量估算不准确，大量余料未被使用；

10）泵送施工后的管道清洗用海绵球未进行回收利用。

绿色施工技术和管理措施：

1）做好混凝土材料订购计划、进场时间计划、使用量计划，保证混凝土得到充分使用；

2）混凝土制备优先采用废弃的合格的混凝土等再生骨料进行；

3）防止与其他材料混杂造成浪费，设立专门场所进行砂石材料堆放保存；

4）水泥材料采取防潮、封闭库存措施，受潮的水泥材料可降级使用或作为临时设施材料使用；

5）对撒漏的混凝土采取收集和再利用措施，保证混凝土的回收利用；

6）注意保护袋装水泥袋子的完整性，及时对水泥袋进行收集，为装扣件、锯末等使用；

7）优先采用泵送运输，提高输送效率，减少撒漏损耗。当必须采用手推车运输时，装料量应低于最大容量1/4，以防撒漏；

8）遇大风、降雨等天气施工时，及时采取措施，准备塑料布以备覆盖使用，防止材料被冲走及变质；

9）现场应预留多余混凝土的临时浇筑点，用于混凝土余料临时浇筑施工；

10）泵送结束后，对管道进行清洗，清洗用的海绵球重复利用。

（13）混凝土工程（节能与能源利用）

非绿色因素分析：

1）远距离采购施工材料；

2）混凝土在现场进行二次搬运；

3）施工工况、施工机械搭配不合理导致施工不连续，机械空载运行；

4）人工振捣不经济的情况下，未采用自密实性混凝土；

5）在大规模混凝土运输过程中，采用手推车等高损耗低效设备；

6）浇筑大体积混凝土时，采用手推车等损耗率高的施工机械；

7）冬期施工，采用设置加热设备、搭设暖棚等高能耗施工工艺。

绿色施工技术和管理措施：

1）在满足施工要求的前提下，优先近距离采购建筑材料；

2）混凝土现场制备点应靠近施工道路，采用泵送施工时，可从加工点一次泵送至浇筑点；

3）根据浇筑强度、浇筑距离、运输车数量、搅拌站到施工现场距离、路况、载重量等选择施工机具，以保证施工连续，避免机械空载运行现象；

4）对混凝土振捣能源消耗量大、经济性差的施工项目，如对平整度要求高的飞机场建设，优先采用自密实混凝土；

5）当长距离运输混凝土时，可将混凝土干料装入桶内，在运输途中加水搅拌，以减少由于长途运输引起的混凝土坍落度损失，且减少能源消耗；

6）大体积大规模混凝土施工中，优先采用泵送混凝土施工，提高输送效率，减少撒漏损耗；

7）冬期施工，优先采用添加抗冻剂、减水剂、早强剂，保证混凝土的浇筑质量。如采用加热蓄热施工，将加热的部位进行封闭保温，减少热量损失。

（14）混凝土工程（节地与施工用地保护）

非绿色因素分析：

1）混凝土采用现场制备；

2）未设置专门的材料堆放设施，造成土地利用率低；

3）因施工失误造成非规划区域土地硬化；

4）材料因周转次数多，场地设置不合理，占用大量用地；

5）使用固定式泵送设备造成大量场地被占用；

6）混凝土制备地点、浇筑地点未在塔吊的覆盖范围内。

绿色施工技术和管理措施：

1）优先选用预制商品混凝土；

2）现场散装材料设立专门的堆放维护设施，以提高场地的利用率；

3）做好凝结材料运输防撒漏控制，防止非规划硬化区域受到污染硬化；

4）做好材料进场规划、施工机具使用规划、土地使用时间、土地使用地点规划，材料存放位置规划，力求提高场地利用率；

5）优先选用移动式泵送设备，避免使用固定式泵送设备，减少场地占用量；

6）尽量使塔吊工作范围覆盖整个浇筑地点和混凝土制备地点，避免因材料搬运造成施工场地拥挤。

（15）钢结构工程（环境保护）

非绿色因素分析：

1）构件采用现场加工；

2）构件装卸过程产生噪音污染；

3）构件除锈造成粉尘及噪音污染；

4）构件焊接、机械连接过程中造成光污染和空气污染；

5）构件夜间施工造成光污染及噪音污染；

6）探伤仪等辐射机械使用保管不当，对人员造成伤害。

绿色施工技术和管理措施：

1）构件采用工厂加工，集中配送，现场安装；

2）构件装卸避免野蛮作业，尽量采用吊车装卸，以减少噪音；

3）现场除锈优先采用调直机，避免采用抛丸机等引起粉尘、噪音的机械；

4）构件焊接、机械连接应集中进行，采取遮光、降噪措施，在封闭空间内施工；

5）构件施工时避开夜间、中高考等敏感时间；

6）对探伤仪等辐射机械建立严格的使用和保管制度，避免辐射对人员造成伤害。

（16）钢结构工程（节材与材料资源利用）

非绿色因素分析：

1）下料不合理，材料的利用率低；

2）钢结构材料及构件由于保管不当造成锈蚀、变形等；

3）边角料及余料未得到有效利用；

4）施工过程焊条损耗大，利用率低；

5）构件现场拼装时误差过大；

6）构件在加工及矫正过程中造成损伤；

7）外界环境、施工不规范造成因素成涂装、防锈作业质量达不到要求；

8）力矩螺栓在紧固后断下的卡头部分未得到有效收集和处理。

绿色施工技术和管理措施：

1）编制配料单，根据配料单进行下料优化，最大限度减少余料产生；

2）材料及构件堆放优先使用库房或工棚，堆放地面进行硬化，做好支垫，避免造成腐蚀、变形；

3）设立相应的再利用制度，如规定最小规格，对短料进行分类收集和处理；

4）设立焊条领取和使用制度，规定废弃的焊条头长度，提高焊条利用率；

5）构件在工厂进行预拼装，防止运抵现场后再发现质量问题，避免运回工厂返修；

6）钢结构构件优先采用工厂预制，现场拼装方式。设立构件加工奖惩制度，减少构件损耗率，加热矫正后不能立即进行水冷，以防造成损伤；

7）涂装作业，严格遵照施工对温度、湿度的要求进行。

（17）钢结构工程（节能与能源利用）

非绿色因素分析：

1）未就近采购材料和机具设备；

2）现场施工机械，经济运行负荷与现场施工强度不符；

3）人、机、料搭配不合理，导致施工机械空载；

4）焊条烘焙时操作不规范，导致重复烘焙现象；

5）使用电弧切割及气割作业；

6）构件采用加热纠正。

绿色施工技术和管理措施：

1）近距离材料和机具设备可以满足施工要求条件下，应优先采购；

2）选择功率合理的施工机械，如根据施工方法、材料类型、施工强度等确定焊机种类及功率；

3）施工计划周密，人、机、料及时到场，避免造成机械长时间空载；

4）焊条烘焙应符合规定温度和时间，开关烘箱动作应迅速，避免热量流失；

5）在施工条件允许情况下，优先采用机械切割方式进行作业；

6）构件纠正优先采用机械方式，构件纠正避免采用加热矫正。

（18）钢结构工程（节地与施工用地保护）

非绿色因素分析：

1）钢结构构件采用现场加工；

2）材料、构件一次入场，占地多，部分材料或构件长时间闲置；

3）构件吊装时底部拖地，造成地面破坏；

4）喷涂造成地形地貌污染。

绿色施工技术和管理措施：

1）钢结构构件采用工厂预制，现场拼装生产方式；

2）依据施工顺序，构件分批进场，堆放场地周转使用，提高土地利用率；

3）钢结构吊装时，尽量做到根部不拖地，防止构件损伤和地面破坏；

4）喷涂采用集中、隔离、封闭施工，对可能污染区域进行覆盖，防止污染施工现场。

（19）砌筑工程（环境保护）

非绿色因素分析：

1）砂浆采用现场制备，造成扬尘污染；

2）材料运输过程造成材料撒漏及路面污染；

3）现场砂浆及石灰膏保管不当造成污染；

4）施工用毛石、料石等材料放射性超标；

5）灰浆槽使用后未及时清理干净，后期清理产生扬尘；

6）冬期施工时采用原材料蓄热等施工方法。

绿色施工技术和管理措施：

1）优先选用预制商品砂浆，采用现场制备时，水泥采用封闭存放，砂子、石子进入现场后堆放在三面围成的材料池内，现场储备防雨雪、大风的覆盖设施；

2）运输车辆采取防遗洒措施，车辆进行车身及轮胎冲洗，避免造成材料撒漏及路面污染；

3）石灰膏优先采用成品，运输及存储尽量采用封闭，覆盖措施以防止撒漏扬尘；

4）对毛石、料石进行放射性检测，确保进场石材符合环保和放射性要求；

5）灰浆槽使用完后及时清理干净，以防后期清理产生扬尘；

6）冬期施工，应优先采用外加剂方法，避免采用外部加热等施工方法。

（20）砌筑工程（节水与水资源利用）

非绿色因素分析：

1）施工用砂浆随用随制，零散进行，缺乏规划；

2）现场砌块的洒水浸润作业与施工作业不协调，造成重复洒水；

3）输水管道渗漏；

4）在现场有再生水源情况下，未进行利用

绿色施工技术和管理措施：

1）砂浆优先选用预制商品砂浆；

2）依据使用时间，按时洒水浸润，严禁大水漫灌，并避免重复作业；

3）输水管线采用节水型阀门，定期检验维修输水管线，保证其状态良好；

4）制备砂浆用水、砌体浸润用水、基层清理用水，优先采用再生水、雨水、河水和施工降水等。

（21）脚手架工程（环境保护）

非绿色因素分析：

1）脚手架装卸、搭设、拆除过程产生噪音污染；

2）脚手架因清扫造成扬尘；

3）维护用油漆、稀料等材料保管不当造成污染；

4）对损坏的脚手网管理无序，影响现场环境。

绿色施工技术和管理措施：

1）脚手架采用吊装机械进行装卸，避免单个构件人工搬运。脚手架装卸、搭设、拆除过程严禁随意摔打和敲击；

2）不得从架子上直接抛掷或清扫物品，应将垃圾清扫装袋运下；

3)脚手架维护用的油漆、稀料应在仓库内存放，空气流通，防火设施完备，派专人看管；

4）及时修补损坏的脚手网，并对损耗的材料及时收集和处理。

（22）脚手架工程（节水与水资源利用）

非绿色因素分析：

1）采用自来水清洗脚手网。

绿色施工技术和管理措施：

1）优先采用再生水源清洗脚手网，如施工降水、经沉淀处理的洗车水等。

（23）脚手架工程（节材与材料资源利用）

非绿色因素分析：

1）落地式脚手架应用在高层施工，造成材料用量大，周转利用率低；

2）施工用脚手架用料缺乏设计，存在长管截短使用现象；

3）施工用脚手架未涂防锈漆；

4）施工用脚手架未做好保养工作，破损和生锈现象严重；

5）损坏的脚手架未进行分类处理，直接报废处理

绿色施工技术和管理措施：

1）高层结构施工，采用悬挑脚手架，提高材料周转利用率；

2）搭设前脚手架合理配置，长短搭配，避免将长管截短使用；

3）钢管脚手架应除锈，刷防锈漆；

4）及时维修、清理拆下后的脚手架，及时补喷、涂刷，保持脚手架较好的状态；

5）设立脚手架再利用制度，如规定长度大于 50cm 的进行再利用。

（24）脚手架工程（节能与能源利用）

非绿色因素分析：

1）脚手架随用随运，运输设备利用效率低。

绿色施工技术和管理措施：

1）分批集中进行脚手架运输，提高塔吊的利用率。

（25）脚手架工程（节地与施工用地保护）

非绿色因素分析：

1）脚手架次运至施工现场，占用场地多；

2）脚手架堆放无序，场地利用率低；

3）堆放场地闲置，未进行利用。

绿色施工技术和管理措施：

1）结合施工组织计划脚手架分批进场，提高场地利用率；

2）脚手架堆放有序，提高场地的利用效率；

3）做好场地周转利用规划，如脚手架施工结束后可用于装饰工程材料堆场或则基础工程材料堆场。

### 3. 装饰装修与机电安装工程

装饰装修工程主要包括地面工程、墙面抹灰工程、墙体饰面工程、幕墙工程、吊顶工程等；机电安装工程主要包括电梯工程、智能设备安装、给排水工程、供热空调工程、建筑电气、通风工程等。装饰装修与机电安装工程中与前述结构工程重复部分不再赘述，这里只对其中差异之处进行分析。

（1）建筑装饰装修工程（环境保护）

非绿色因素分析：

1）装饰材料放射性、甲醛含量指标，达不到环保要求；

2）淋灰作业、砂浆制备、水磨石面层、水刷石面层施工造成污染；

3）自行熬制底板蜡时由于加热造成空气污染；

4）幕墙等饰面材料大量采用现场加工；

5）剔凿、打磨、射钉时产生噪音及扬尘污染；

6）饰面工程在墙面干燥后进行斩毛、拉毛等作业；

7）由于化学材料泄露及火灾造成污染。

绿色施工技术和管理措施：

1）装饰用材料进场检查其合格证、放射性指标、甲醛含量等，确保其满足环保要求；

2）淋灰作业、砂浆制备、水磨石面层、水刷石面层施工，注意污水的处理，避免污染。

3）煤油、底扳蜡等均为易燃品，应做好防火、防污染措施。优先采用内燃式加热炉施工设备，避免采用敞开式加热炉；

4）幕墙等饰面材料采用工厂加工、现场拼装施工方式，现场只做深加工和修整工作；

5）优先选择低噪音、高能效的施工机械，确保施工机械状态良好。打磨地面面层可关闭门窗施工；

6）斩假石、拉毛等饰面工程，应在面层尚湿润情况下施工，避免发生扬尘；

7）做好化学材料污染事故的应急预防预案，配备防火器材，具有通风措施，防止煤气中毒。

（2）建筑装饰装修工程（节水与水资源利用）

非绿色因素分析：

1）现场淋灰作业，存在输水管线渗漏；

2）淋灰、水磨石、水刷石等施工未采用再生水源；

3）面层养护采用直接浇水方式；

4）其余同混凝土工程施工及砌筑工程砂浆施工部分。

绿色施工技术和管理措施：

1）淋灰作业用输水管线应严格定期检查、定期维护；

3）淋灰、水磨石、水刷石等施工优先采用现场再生水、雨水、河水等非市政水源；

4）面层养护采用草栅覆盖洒水养护，避免直接浇水养护；

5）其余同混凝土工程施工及砌筑工程砂浆施工。

（3）建筑装饰装修工程（节材与材料资源利用）

非绿色因素分析：

1）装饰材料由于保管不当造成损耗；

2）抹灰过程因质量问题导致返工；

3）砂浆、腻子膏等制备过多，未在初凝前使用完毕；

4）饰面抹灰中的分隔条未进行回收和再利用；

5）抹灰时未对落地灰采取收集和再利用措施；

6）刮腻子时厚薄不均，打磨量大，造成扬尘；

7）裱糊工程施工时，下料尺寸不准确造成搭接困难、材料浪费。

绿色施工技术和管理措施：

1）装饰材料采取覆盖、室内保存等措施，防止材料损耗；

2）施工前进行试抹灰，防止由于砂浆黏结性不满足要求造成砂浆撒落；

3）砂浆、腻子膏等材料做好使用规划，避免制备过多，在初凝前不能使用完，造成浪费；

4）饰面抹灰分隔条优先采用塑料材质，避免使用木质材料。分隔条使用完毕后及时清理、收集，以备利用；

5）收集到的洒落砂浆在初凝之前，达到使用要求的情况下再次搅拌利用；

6）刮腻子时优先采用胶皮刮板，做到薄厚均匀，以减少打磨量；

7）裱糊工程施工确保下料尺寸准确。按基层实际尺寸计算，每边增加 2~3cm 作为裁纸量，避免造成浪费材料。

（4）建筑装饰装修工程（节能与能源利用）

非绿色因素分析：

1）机械作业内容与其适用范围不符；

2）施工机械的经济功率与现场工况、作业强度不符，设备利用率低；

3）人、机、料搭配不合理，施工不流畅，造成施工机械空载。

绿色施工技术和管理措施：

1）切割机、喷涂机合理选用，确保各种机械均在其适用范围内；

2）在机械经济负荷范围内机械功率满足施工要求；

3）施工计划合理，人、机、料搭配合理，配合流畅，避免造成机械空载。

（5）建筑装饰装修工程（节地与施工用地保护）

非绿色因素分析：

1）饰面材料一次进场，场地不能周转利用；

2）材料及机具堆放无序，场地利用率低；

3）材料堆放点与加工机械点衔接不紧密，运输道路占用场地多。

绿色施工技术和管理措施：

1）材料分批进场，堆场周转利用，减少一次占地量；

2）现场材料及相应机具堆放有序，提高场地利用率；

3）堆放点与加工机械点衔接紧密，减少运输占地量。

（6）机电安装工程（环境保护）

非绿色因素分析：

1）管道、连接件、固定架构件现场加工作业多；

2）设备安装设备技术落后，噪音大，能耗高；

3）材料切割作业产生噪音污染；

4）焊接及夜间施工造成光污染；

5）剔凿、钻孔、清孔作业造成粉尘、噪音污染；

6）管道的下料、焊前预热、焊接、铅熔化、防腐、保温、浇灌施工时造成人员伤害；

7）用石棉水泥随地搅拌固定管道连接口，造成污染；

8）管道回填后试水试验，因不合格造成现场重新挖掘；

9）风机、水泵设备未安装减震设施造成噪音及振动；

10）电气设备注油时由于管道密封性不好造成渗油、漏油污染；

11）电梯导轨擦洗、涂油时造成油污染。

绿色施工技术和管理措施：

1）管道、连接件、固定架构件在工厂进行下料、套丝，运至施工现场进行拼装，避免在现场大规模加工作业；

2）选择噪音低、高能效的吊车、卷扬机、链式起重机、磨光机、滑车以及钻孔等设备，定期保养，施工机械工作状态良好；

3）现场下料切割采用砂轮锯等大噪音设备宜采取降噪措施，如设置隔音棚，对作业区围挡；

4）焊接及夜间照明施工，采用定向照明灯具，并采取遮光措施，以避免光污染；

5）剔凿、钻孔、清孔作业时采取遮挡、洒水湿润等措施减少粉尘、噪音污染；

6）管道的下料、焊前预热、焊接、铅熔化、防腐、保温、浇灌施工时，施工人员戴防护工具防止伤害事故发生；

7）管道连接口用石棉水泥等在铁槽内拌和，防止污染；

8）管道在隐蔽前进行试水试验，防止导致重新挖掘；

9）安装风机及水泵采用橡胶或其他减震器，减弱运转时的噪音及振动；

10）需注油设备在注油前进行密封性试验，密封性良好后方可注油；

11）擦洗、涂油时，勤沾少沾，在下方设接油盘，避免洒漏造成油污染。

（7）机电安装工程（节水与水资源利用）

非绿色因素分析：

1）施工现场未采用再生水源；

2）试压、冲洗管道、调试用水使用后直接排放；

3）管道消毒水直接排入天然水源，造成污染。

绿色施工技术和管理措施：

1）试水试压用水优先采用经处理符合使用要求的再生水源；

2）试压、冲洗管道、调试用水使用后进行回收，作为冲洗、绿化用水；

3）消毒水宜处理后排放，或排入污水管道中，避免直接排出造成污染。

（8）机电安装工程（节材与材料资源利用）

非绿色因素分析：

1）管道和构件进行大规模的现场加工作业；

2）起吊、运输、铺设有外防腐层的管道时，施工不当造成保护层损坏；

3）预留孔洞、预埋件位置和尺寸不准确导致返工；

4）返工时拆下的预埋件及其他构件未进行再利用；

5）系统调试、试运行因单个构件问题造成其他部分的破坏。

绿色施工技术和管理措施：

1）管道合构件优先采用工厂化预制加工，现场只做简单深加工，避免大规模现场加工作业；

2）避免起吊、运输、铺设涂有保护层的管道，施工时必须采取对管道的包裹防护措施；

3）预留孔洞、预埋件设置进行仔细校核，及时修正，避免返工；

4）对于矫正或返工时拆下的预埋件及其他构件，尽量进行再利用；

5）系统安装完毕，先分子系统进行调试，而后进行体系的联动调试。

（9）机电安装工程（节能与能源利用）

非绿色因素分析：

1）人、机、料搭配不合理，配合不默契，造成设备利用效率低、施工机械长时间空载；

2）熬制的熔化铅在凝固前未使用完毕；

3）系统测试后未及时关闭，造成能源浪费；

4）系统调试规划不准确，导致调试时间长，能源消耗大。

绿色施工技术和管理措施：

1）做好施工组织计划，充分考虑人、机、料的合理比例，提高机械利用率，避免机械设备长时间空载；

2）施工前做好封口用铅使用量和使用时间计划，避免在凝固前使用完毕；

3）系统调试完毕后应及时关闭，避免浪费；

4）合理规划调试过程，短时间高效率完成调试。

（10）机电安装工程（节地与施工用地保护）

非绿色因素分析：

1）管道分散堆放，占用场地多；

2）管道单层放置，材料和机具堆放无序，场地利用效率低；

3）原材料进场缺乏规划，一次进场，场地不能周转使用；

4）施工现场未及时清理，建筑废弃物占用场地。

绿色施工技术和管理措施：

1）在可用场地内管道优先采用集中堆放方式；

2）管道宜多层堆放，材料和机具堆放整齐，提高场地利用效率；

3）原材料依据施工组织设计分批进场，提高场地周转使用率；

4）及时清理施工现场，避免废弃物占用场地。

# 第三节　绿色施工"非绿色"因素治理措施

从施工过程对环境影响的识别情况来看，各主要分部分项工程中均存在诸多影响环境的"非绿色"因素，杜绝或减小这些环境不利因素的影响是绿色施工的根本目的。只有摸清了施工过程的"非绿色"因素，才能有的放矢的采取措施。从治理"非绿色"因素的措施来看，包含种类多种多样，但大体上可以分为两大类：

第一类措施是通过规范施工现场管理即可以实现的措施，特点是对技术和物资要求不高，但必须通过科学严格的规划、管理、监督才能达到，这类措施可统称为管理措施。例如：从施工现场的环境保护出发进行的防尘控制，一般通过覆盖、围挡、洒水、清扫等措施即可实现，而这些措施并不需要太多的物资和技术支撑，但对施工现场的管理和计划执行要求较高。

在这类措施中最为关键的是施工人员管理。在施工组织实施过程中，应时刻"以人为本"，不但要从思想到行动上将绿色施工的理念进行宣传和贯彻，而且要保证工程施工人员的身体、心理健康，为他们提供良好舒适的工作环境。项目部成员和生产工人是绿色施工实施的关键，因此必须加强对施工技术人员的相关培训，扭转工程技术人员传统施工的观念。进行人员培训时，一般可根据施工人员的不同职责进行培训，培训分为总体观念培训和项目专项培训。总体观念培训主要包括绿色施工相关的基本概念、基础知识、基本理念以及国家、地方、企业针对绿色施工出台的各类管理和技术性文件，如"建筑工程绿色施工评价标准""绿色建筑评价标准等"；项目专项培训主要应向工程技术人员宣讲项目的绿色施工目标、管理、措施等内容，对于不同岗位的工程技术人员应突出各自重点，例如对混凝土工佣进行混凝土浇筑、养护等方面的专项培训。此外，人员培训应制定人员培训计划，明确培训的时间、地点、参加人员、培训内容等。

第二类措施是必须通过采用必要的绿色施工技术或其他技术才能实现的措施，特点是对技术方案要进行精心论证，技术实施过程要严格把关，这类措施可统称为技术措施。例如：在地基与基础工程中，为防止地基开挖对周边地面和建筑产生不利影响，保护周边地下水位稳定变化，可以采取基坑封闭降水措施，而基坑封闭降水必须采用相关技术设置止水帷幕，这不是通过管理和简单地技术措施就可实现的，必须对基坑周边的支护结构和止水帷幕设置进行周密设计、精心安排，才能保证基坑封闭降水的实现。在这类措施中最重要的是施工技术方案的选择。在施工方案选择时，应注意到绿色施工技术的采用，结合总体创优目标和"四节一环保"的要求，合理筛选施工方案，采用科学方法比对方案，使施工方案在质量、经济、环保、工期等方面寻找到最优结合点。

绿色施工技术是保证绿色施工目标实现不可或缺的条件。自我国开始发展绿色建筑以来，国家对绿色技术的发展就十分重视。2005 年，住建部就评选了我国首批"绿色建筑创新奖"；2010 年，住建部下发了《关于做好建筑业 10 项新技术（2010）推广应用的通知》，在 2010 版建筑业 10 项新技术中，在 2005 版的"建筑节能与环保应用技术"基础上，增加了最新技术发展成果，尤其增加了绿色施工方面的相关前沿技术，且"绿色施工技术"作为一大类技术首次在我国建筑业 10 项新技术中体现，其集中体现了绿色建筑和绿色施工中"四节一环保"的核心。在绿色施工组织与管理的过程中，要注意绿色建筑技术的采用和管理，应从设计阶段开始就注重绿色施工技术的引入，通过科学的方案对比分析，明确绿色施工技术的实施效果和控制指标，在进行工程施工过程中，应设立专门的绿色施工技术小组，对绿色建筑技术实施过程严格控制，及时总结绿色施工技术应用经验，积极开展各种技术创新活动，保证绿色建筑技术的实施效果。

绿色施工是可持续发展理念在建筑工程建设过程中的具体体现，绿色施工是实现绿色建筑的重要途径，绿色建筑只能在绿色施工的建造过程中完成，才能综合体现建筑业的"绿色"发展之路。绿色施工中强调的"四节一环保"是实现绿色施工的关键，详细进行建筑工程施工过程的环境影响因素识别和分析，是做好绿色施工组织与管理的前提，只有在摸清绿色施工具体措施的基础上，针对绿色施工中的关键问题，制定绿色施工组织与管理方案才能够保证绿色施工的顺利实施，达到预期的环境保护效果。

# 第四节　绿色施工组织与管理标准化方法

## 一、绿色施工组织与管理的基本概念

### 1. 施工组织与管理基本理论

施工组织一般通过工程施工组织设计进行体现；施工管理则是解决和协调施工组织设计和现场关系的一种管理。施工组织设计是施工管理的核心内容、是施工管理的重要组成部分。施工组织设计是用来指导施工项目全过程各项活动的技术、经济和组织的综合性文件，是施工技术与施工项目管理有机结合的产物，它能保证工程开工后施工活动有序、高效、科学合理地进行。因施工组织设计的复杂程度根据工程具体的情况差异可以不同，其所考虑的主要因素包括工程规模、工程结构特点、工程技术复杂程度、工程所处环境差异、工程施工技术特点、工程施工工艺要求和其他特殊问题等。一般情况下，施工组织设计的内容主要包括施工组织机构的建立、施工方案、施工平面图的现场布置、施工进度计划和保障工期措施、施工所需劳动力及材料物资供应计划、施工所需机具设备的确定和计划等，对于复杂的工程项目或有特殊要求及专业要求的工程项目，施工组织设计一般制定的应尽量详尽；小型的普通工程项目因为可参考借鉴的工程施工组织管理经验较多，施工组织设计可以略简略。施工组织设计可根据工程规模和对象不同分为施工组织总设计和单位工程施工组织设计，施工组织总设计要解决工程项目施工的全局性问题，编写时应尽量简明扼要、突出重点，要组织好主体结构工程、辅助工程和配套工程等之间的衔接和协调问题；单位工程施工组织设计主要针对单体建筑工程编写，其目的是具体指导工程施工过程，要求明确施工方案各工序工种之间的协同，根据工程项目建设的质量、工期和成本控制等要求，合理组织和安排施工作业，提高施工效率。

**2. 绿色施工组织与管理的内涵**

（1）绿色施工管理参与各方的职责

绿色施工管理的参与方主要包括建设单位、设计单位、监理单位和施工单位，由于各参与单位角色不同，在绿色施工管理过程中的职责各异，具体如下：

1）建设单位编写工程概算和招标文件时，应明确绿色施工的要求，并提供包括场地、环境、工期、资金等方面的条件保障；向施工单位提供建设工程绿色施工的设计文件、产品要求等相关资料，保证真实性和完整性；建立工程项目绿色施工协调机制。

2）设计单位

按国家现行有关标准和建设单位的要求进行工程绿色设计；协助、支持、配合施工单位做好建筑工程绿色施工的有关设计工作。

3）监理单位

对建筑工程绿色施工承担监理责任；审查绿色施工组织设计、绿色施工方案或绿色施工专项方案，并在实施过程中做好监督检查工作。

4）施工单位

施工单位是绿色施工实施的主体，应组织绿色施工的全面实施；实行总承包管理的建设工程，总承包单位应对绿色施工负总责；总承包单位应对专业承包单位的绿色施工实施管理，专业承包单位应对工程承包范围的绿色施工负责；施工单位应建立以项目经理为第一责任人的绿色施工管理体系，并制定绿色施工管理制度，保障负责绿色施工的组织实施，及时进行绿色施工教育培训，定期开展自检、联检和评价工作。

（2）绿色施工管理主要内容

绿色施工管理主要包括组织管理、规划管理、实施管理、评价管理、人员安全与健康管理等五个方面。

1）组织管理

绿色施工组织管理主要包括：绿色施工管理目标的制定；绿色施工管理体系的建立；绿色施工管理制度的编制。

2）规划管理

规划管理主要是指绿色施工方案的编写。绿色施工方案是绿色施工的指导性文件，绿色施工方案在施工组织设计中应单独编写一章。在绿色施工方案中应对绿色施工所要求的"四节一环保"内容提出控制目标和具体控制措施。

3）实施管理

绿色施工实施管理是指对绿色施工方案实施过程中的动态管理，重点在于强化绿色施工措施的落实，对工程技术人员进行绿色施工方面的思想意识教育，结合工程项目绿色施工的实际情况开展各类宣传，促进绿色施工方案各项任务的顺利完成。

4）评价管理

绿色施工的评价管理是指对绿色施工的效果进行评价的措施。按照绿色施工评价的基本要求，评价管理包括自评和专家评价。自评管理要注重绿色施工相关数据、图片、影像等资料的制作、收集和整理。

5）人员安全与健康管理

人员安全与健康管理是绿色施工管理的重要组成部分，其主要包括工程技术人员的安全、健康、饮食、卫生等方面，旨在为相关人员提供良好的工作和生活环境。从绿色施工管理的以上五个方面来看：组织管理是绿色施工实施的机制保证；规划管理和实施管理是绿色施工管理的核心内容，关系到绿色施工的成败；评价管理是绿色施工不断持续改进的措施和手段；人员安全与健康管理则是绿色施工的基础和前提。

**3. 绿色施工组织与管理标准化的基本概念**

标准化管理是指为在企业的生产经营、管理范围内获得最佳秩序，对实际或潜在的问题制定规则的活动。标准化是制度化的最高形式，可运用到生产、开发设计、管理等方面，是一种非常有效的工作方法。

建筑工程施工具备实行标准化管理的基本条件，主要体现在以下两个方面：国家建筑行业各类规范标准对建筑产品的生产流程和质量提出了较为明确的要求；对于普遍性建筑，施工方法、工艺、材料等相对固定，结构形式种类也相对固定。与传统施工相比较，绿色建筑施工更加适合标准化的管理模式，更能够体现绿色施工的基本特点，绿色施工所提倡的可持续发展正是标准化管理的核心内容之一。

绿色建筑施工采用标准化管理的意义主要在于：

（1）通过制定标准化管理流程和管理措施，减小建筑工程施工管理过程中的操作流程，减小施工技术人员开展绿色施工管理和技术措施的难度，保证绿色施工措施保质保量落实，实现施工过程中的能源资源节约；

（2）通过统一施工临建设施和规范绿色施工技术措施，可以实现施工设施、机具等物资的循环利用，提高材料利用率，提升企业和项目的整体效益和效率；

（3）通过标准化管理方法的实施，有利于绿色施工管理过程的数据收集和量化评价，有利于绿色施工的信息化管理，进而简化绿色施工评价过程；

（4）绿色施工标准化管理的实施和推广，有利于建立现代建筑企业管理制度，提升企业的整体实力和形象。

# 二、绿色施工组织与管理标准化方法

## 1. 绿色施工组织与管理标准化方法建立基本原则

（1）绿色施工组织与管理标准化方法建立应与施工企业现状结合

标准化管理方法的建设基础是施工企业的流程体系。建筑施工企业的流程体系建立是在健全的管理制度、明确的责任分工、严格的执行能力、规范的管理标准、积极的企业文化等基础上形成的，因此，构建标准化的绿色施工组织与管理方法必须依托正规的特大或大型建筑施工企业，这类企业往往具有管理体系明确、管理制度健全、管理机构完善、管理经验丰富等特点，且企业所承揽的工程项目数量较多，实施标准化管理能够产生较大的经济效益。

（2）绿色施工组织与管理标准化方法建立应以企业岗位责任制为基础

绿色施工组织与管理的标准化方法应该是一项重要的企业制度，其形成和运行均依托与企业及项目部的相关管理机构和管理人员，作为制度化的运行模式，标准化管理不会因机构和管理岗位的人员变化而产生变化。因此，绿色施工组织与管理标准化方法应该建立在施工企业管理机构和管理人员的岗位、权限、角色、流程等明晰的基础上，当新员工入职时，与标准化管理配套的岗位手册可以作为员工培训的材料，为员工提供业务执行的具体依据，这也是有效解决企业管理的重要举措。

（3）绿色施工组织与管理标准化方法建立应通过多管理体系融合确保标准落地执行

建筑工程绿色施工组织与管理标准化不但指绿色施工的组织和管理，与传统建筑工程施工相同工程的质量管理、工期管理、成本管理、安全管理也是绿色施工管理的重要组成部分。在制定绿色施工组织与管理标准化方法的同时，应充分考虑质量、安全、工期和成本的要求，将各种目标控制的管理体系和保障体系与绿色施工管理体系相融合，以实现工程项目建设的总体目标。

本节即以以上几点为主要编制原则，根据对绿色施工环境影响因素识别和分析的结果，结合大量绿色施工示范工程实例，进行绿色施工组织与管理标准化方法的构建。按照建筑工程绿色施工组织与管理的一般规律，绿色施工组织与管理应包括组织管理、规划管理、实施管理、评价管理、人员安全与健康管理等几个部分，在这几部分中，绿色施工的组织管理、人员安全与健康管理、评价管理等三个部分具有较强的通用性，对于不同工程项目的施工差异化较小，至少从制度层面是可以形成通用标准的，而在这其中绿色施工的评价管理又因为其特殊性可以自成体系，因此组织管理体系构建时评价管理单独考虑。绿色施工的规划管理和实施管理是绿色施工的核心内容，两者实际上集中体现了绿色施工组织设计或绿色施工方案的核心内容，是保证绿色施工实施效果的关键所在，随不同工程项目实际情况不尽相同，但考虑到绿色施工主要解决的是"四节一环保"问题，因此，在组织与管理标准化体系构建时主要根据第二章中环境影响因素识别的结果，针对"四节一环保"的共性问题开展，给出各环节的主要措施和操作标准，以供参考。

### 2. 绿色施工组织与管理一般规定

（1）组织机构

在施工组织管理机构设置时，应充分考虑绿色施工与传统施工的组织管理差异，结合工程质量创优的总体目标，进行组织管理机构设置，要针对"四节一环保"设置专门的管理机构，责任到人。绿色施工组织管理机构设置一般实行三级管理，成立相应的领导小组和工作小组，领导小组一般有公司领导组成，其职责主要是从宏观上对绿色施工进行策划、协调、评估；工作小组一般由分公司领导组成，其主要职责是组织实施绿色施工、保证绿色施工各项措施的落实、进行日常的检查考核等；操作层则是项目管理人员和生产工人，主要职责是落实绿色施工的具体措施。

组织机构的设置可因工程而异。

（2）目标管理

建筑工程施工目标的确定是指导工程施工全过程的重要环节。在我国不同的历史发展时期，由于社会经济发展的客观条件不同对建筑工程施工目标提出的要求也存在差异。在建国初期，由于国家百废待兴，且投资主要以国家为主，因此当时的建筑工程施工目标主要从质量、安全、工期三个方面出发；在改革开放初期，随着商品经济和市场经济的发展，建筑工程施工目标在质量、安全、工期三者的基础上增加了成本控制，且随着市场经济的深入发展，成本目标成为最为主要的目标之一；绿色建筑出现至今，我国的建筑工程施工目标也随之发生了变化，环境保护目标成为绿色施工最重要的目标之一，尤其是随着2009年哥本哈根会议的召开和党的十八大提出生态文明建设，环境保护目标依然超过成本控制目标，在"全国绿色施工示范工程"评选时，明确规定可以牺牲少部分经济效益而换取更好的环境保护效益，且采用绿色施工技术的工程优先入选。建筑工程绿色施工目标制定时，要制定绿色施工即"四节一环保"方面的具体目标，并结合工程创优制定工程总体目标。"四节一环保"方面的具体目标主要体现在施工工程中的资源能源消耗方面，一般主要包括：建设项目能源总消耗量或节约百分比、主要建筑材料损耗率或比定额损耗率节约百分比、施工用水量或比总消耗量的节约百分比、临时设施占地面积有效利用率、固体废弃物总量及固体废弃物回收再利用百分比等，这些具体目标往往采用量化方式进行衡量，当百分比计算时可根据施工单位之前类似工程的情况来确定基数。施工具体目标确定后，应根据工程实际情况，按照"四节一环保"进行施工具体目标的分解，以便与过程控制，操作工程中，可根据工程实际情况的不同对分解目标进行调整。

建设工程的总体目标一般指各级各类工程创优，确定工程创优为总体目标不仅是绿色施工项目自身的客观要求，而且其与建筑施工企业的整体发展也是密切相关的。绿色施工工程创优目标设定应根据工程实际情况进行设定，一般可为企业行业的绿色施工工程、省市级绿色施工工程乃至国家级绿色施工工程等，对于工程规模较大、工程结构较为复杂的建筑工程，也可制定创建"全国新技术应用示范工程"、各级优质工程等目标，这些目标的确立有助于统一思想、鼓舞干劲，对建筑工程绿色施工的组织实施和管理均将产生积极影响。

（4）绿色施工信息管理

绿色施工的信息管理是绿色施工工程的重点内容，实现信息化施工是推进绿色施工的重要措施。除传统施工中的文件和信息管理内容之外，绿色施工更为重视施工过程中各类信息、数据、图片、影像等的收集整理，这是与绿色施工示范工程的评选办法密切相关的。我国"全国建筑业绿色施工示范工程申报与验收指南"中明确规定：绿色施工示范工程在进行验收时，施工单位应提交绿色施工综合性总结报告，报告中应针对绿色施工组织与管理措施进行阐述，应综合分析关键技术、方法、创新点等在施工过程中的应用情况，详细阐述"四节一环保"的实施成效和体会建议，并提交绿色施工过程相关证明材料，其中证明材料中应包括反映绿色施工的文件、措施图片、绿色技术应用材料等。除评审的外部要求之外，企业在绿色施工实施过程中做好相关信息的收集整理和分析工作也是促进企业绿色施工组织与管理经验积累的过程。例如：通过对施工过程中产生的固体废弃物的相关数据收集，可以量化固体废弃物的回收情况，通过计算分析能够比对设置的绿色施工具体目标是否实现，另外也可为今后其他同类工程绿色施工提供参考借鉴。

绿色施工资料一般可根据类别进行划分，大体可分为以下几类：

1）技术类：示范工程申报表；示范工程的立项批文；工程的施工组织设计；绿色施工方案、绿色施工的方案交底。

2）综合类：工程施工许可证；示范工程立项批文。

3）施工管理类：地基与基础阶段；主体施工阶段企业自评报告；绿色施工阶段性汇报材料；绿色施工示范工程启动会资料；绿色施工示范工程推进会资料；绿色施工示范工程外宣资料；绿色施工示范工程培训记录。

4）环保类：粉尘检测数据台账，按月绘成曲线图，进行分析；噪音监控数据台账，按施工阶段；时间绘成曲线图，分析；水质（分现场养护水、排放水）监测记录台账；安全密目网进场台账，产品合格证等；废弃物技术服务合同（区环保），化粪池、隔油池清掏记录；水质（分现场养护水、排放水）检测合同及抽检报告（区环保）；基坑支护设计方案及施工方案。

5）节材类：与劳务队伍签订的料具使用协议、钢筋使用协议；料具进出场台账以及现阶段料具报损情况分析；钢材进场台账；废品处理台账，以及废品率统计分析；砼浇筑台账，对比分析；现场施工新技术应用总结，新技术材料检测报告。

6）节水类：现场临时用水平面布置图及水表安装示意图；现场各水表用水按月统计台账，并按地基与基础、主体结构、装修三个阶段进行分析；砼养护用品（养护棉、养护薄膜）进场台账。

7）节能类：现场临时用电平面布置图及电表安装示意图；现场各电表用水按月统计台账，并按地基与基础、主体结构两个阶段进行分析；塔吊、施工电梯等大型设备保养记录；节能灯具合格证（说明书）等资料、节能灯具进场使用台账；食堂煤气使用台账，并按月进行统计、分析。

8）节地类：现场各阶段施工平面布置图，含化粪池、隔油池、沉淀池等设施的做法详图，分类形成施工图并完善审批手续；现场活动板房进出场台账；现场用房、硬化、植草砖铺装等各临建建设面积（按各施工阶段平面布置图）。

（5）绿色施工管理流程

管理流程是绿色施工规范化管理的前提和保障，科学合理地制定管理流程，体现企业或项目各参与方的责任和义务是绿色施工流程管理的核心内容，根据前述的绿色施工组织机构设置情况，对工程项目绿色施工管理、工程项目绿色施工策划、分包单位绿色施工管理、项目绿色施工监督检查等方面的工作制定了建议性管理流程。在具体管理流程采用时，可根据工程项目和企业机构设置不同对流程进行调整。

## 3. 绿色施工"四节一环保"标准化措施

（1）环境保护

绿色施工中环境保护包括现场的噪声控制、光污染控制、水污染控制、扬尘控制、土壤保护、建筑垃圾控制等内容。

1）扬尘控制

①现场形成环形道路，面路宽≥4m；

②场区车辆限速25公里/小时；

③安排专人负责现场临时道路的清扫和维护，自制洒水车降尘或喷淋降尘；

④场区大门处设置冲洗槽；

⑤每周对场区大气总悬浮颗粒物浓度进行测量；

⑥土石方运输车辆采用带液压升降板可自行封闭的重型卡车，配备帆布作为车厢体的第二道封闭措施；现场木工房、搅拌房采取密封措施。

⑦随主体结构施工进度，在建筑物四周采用密目安全网全封闭。

⑧建筑垃圾采用袋装密封，防止运输过程中扬尘。模板等清理时采用吸尘器等抑尘措施。

⑨袋装水泥、腻子粉、石膏粉等袋装粉质原材料，设密闭库房，下车、入库时轻拿轻放，避免扬尘。

⑩零星使用的砂、碎石等原材堆场，采用废旧密目安全网或混凝土养护棉等覆盖，避免起风扬尘。现场筛砂场地采用密目安全网半封闭，尽可能避免起风扬尘。

2）噪声控制

①合理选用推土机、挖土机、自卸汽车等内燃机机械，保证机械既不超负荷运转又不空转加油，平稳高效运行。采用低噪音设备。

②场区禁止车辆鸣笛。

③每天三个时间点对场区噪音量进行测量。

④现场木工房采用双层木板封闭，砂浆搅拌棚设置隔音板。

⑤混凝土浇筑时，禁止震动棒空振、卡钢筋振动或贴模板外侧振动。

⑥混凝土后浇带、施工缝、结构胀模等剔凿尽量使用人工，减少风镐的使用。

3）光污染控制

①夜间照明灯具设置遮光罩；

②现场焊接施工四周设置专用遮光布，下部设置接火斗；

③办公区、生活区夜间室外照明全部采用节能灯具；

④现场闪光对焊机除人工操作一侧外，其余四个侧面采用废旧模板封闭。

4）水污染控制

①场区设置化粪池、隔油池，化粪池每月由区环保部门清掏一次，隔油池每半月由区环保部门清掏一次；

②每月请区环保部门对现场排放水水质一次检测；

③现场亚硝酸盐防冻剂、设备润滑油均放置在库房专用货架上，避免撒漏污染。

④基坑采用粉喷桩和挂网混凝土浆隔水性能好的方式进行边坡支护。

5）土壤保护

Ⅰ类民用建筑工程地点土壤中的氡浓度高于周围非地质构造断裂区域 5 倍及以上时，应对工程地点土壤中的镭 -226、钍 -232、钾 -40 的比活度测定。内照射指数（IRa）大于 1.0 或外照射指数（Iγ）大于 1.3 时，所在工程地点的土壤不得作为工程回填土使用。

6）建筑垃圾控制

①现场设置建筑垃圾分类处理场，除将有毒有害的垃圾密闭存放外，还将对砼碎渣、砌块边角料等固体垃圾回收分类处理后再次利用。

②加强模板工程的质量控制，避免拼缝过大漏浆、加固不牢胀模产生混凝土固体建筑垃圾。

③提前做好精装修深化设计工作，避免墙体偏位拆除，尽量减少墙、地砖以及吊顶板材非整块的使用。

④在现场建筑垃圾回收站旁，建简易的固体垃圾加工处理车间，对固体垃圾进行除有机质、破碎处理，然后归堆放置，以备使用。

（2）节材与材料资源利用措施

1）结构材料：优化钢筋配料方案，采用闪光对焊、直螺纹连接形式，利用钢筋尾料制作马凳、土支撑、筐子等；密肋梁箍筋在场外由专业厂商统一加工配送；加强模板工程的质量控制，避免拼缝过大产生漏浆、加固不牢产生胀模，浪费混凝土，加强废旧模板再利用；加强混凝土供应计划和过程动态控制，余料制作成垫块和过梁。

2）围护材料：加强砌块的运输、转运管理，轻拿轻放，减少损失；墙体砌筑前，先摆干砖确定砌块的排版和砖缝，避免出现小于 1/3 整砖和在砌筑过程中随意裁砖，产生浪费；加气混凝土砌块必须采用手锯开砖，减少剩余部分砖的破坏。

3）装饰材料：施工前应做好总体策划工作，通过排版来尽可能减少非整块材的数量；严格按照先天面、再墙面、最后地面的施工顺序组织施工，避免由于工序颠倒造成的饰面污染或破坏；根据每班施工用量和施工面实际用量，采用分装桶取用油漆、乳胶漆等液态装饰材料，避免开盖后变质或交叉污染；工程使用的石材、玻璃以及木装饰用料，项目提供具体尺寸，由供货厂家加工供货。

4）周转材料：充分利用现场废旧模板、木枋，用于楼层洞口硬质封闭、钢管爬梯踏步铺设，多余废料由专业回收单位回收；结构满堂架支撑体系采用管件合一的碗扣式脚手架；对于密肋梁板结构体系，采用不可拆除的一次性 GRC 模壳代替木模板进行施工，减少施工中对木材的使用；地下室外剪力墙施工中，采用可拆卸的三节式止水螺杆代替普通的对拉止水螺杆；室外电梯门及临时性挡板等设施实现工具化标准化，以便周转使用。

（3）节水与水资源利用措施

1）用水管理：现场按生活区、生产区分别布置给水系统：生活区用水管网为 PPR 管热熔连接，主管直径 50mm、支管直径 25mm，各支管末端设置半球阀龙头；生产用水管网为无缝钢管焊接连接，主管直径 50mm、支管直径 25mm，各支管末端设置旋转球阀。

2）循环用水：利用消防水池或沉淀池，收集雨水及地表水，用于施工生产用水，回收水可用于混凝土养护、洒水降尘等；

3）节水系统与节水器具：采用节水器具，进行节水宣传；现场按照"分区计量、分类汇总"的原则布置水表；现场水平结构混凝土采取覆盖薄膜的养护措施，竖向结构采取刷养护液养护，杜绝了无措施浇水养护；对已安装完毕的管道进行打压调试，采取从高到低、分段打压，利用管道内已有水循环调试。

（4）节能与能源利用措施

1）机械设备与机具：应及时做好施工机械设备维修保养工作，使机械设备保持低耗高效的状态；选择功率与负载相匹配施工机械设备；机电安装采用逆变式电焊机和低能耗高效率的手持电动工具等节电型机械设备；现场对已有塔吊、施工电梯、物料提升机、探照灯及零星作业电焊机的用电计量分别挂表计量用电量，进行统计、分析。

2）生产、生活及办公临时设施：现场生活及办公临时设施布置以为南北朝向为主，一字型体形，以获得良好的日照、采光和通风；临时设施应采用节能材料，墙体和屋面使用隔热性能好的材料，对办公室进行合理化布置，两间办公室设成通间，减少夏天空调、冬天取暖设备的使用数量、时间及能量消耗；在现场办公区、生活区开展广泛的节电评比，强化职工节约用电意识；在民工生活区进行每栋楼单独挂表计量，以分别进行单位时间内的用电统计，并对比分析。对大食堂和两个小食堂分别挂表计量，对食堂用电量专项统计。

3）施工用电及照明：办公区、生活区临建照明采用日光灯节，室内醒目位置设置"节约用电"提示牌；室内灯具按每个开关控制不超过2盏灯设置；合理安排施工流程，避免大功率用电设备同时使用，降低用电负荷峰值。

（5）节地与土地资源利用

1）根据工程特点和现场场地条件等因素合理布置临建，各类临建的占地面积应按用地指标所需的最低面积设计；

2）对深基坑施工方案进行优化，减少土方开挖和回填量，保护周边自然生态环境；

3）施工现场材料仓库、材料堆场、钢筋加工厂和作业棚等布置应靠近现场临时交通线路，缩短运输距离；

4）临时办公和生活用房采用双层轻钢活动板房标准化装配式结构；

5）项目部用绿化代替场地硬化，减少场地硬化面积。

绿色施工组织与管理标准化方法是推进绿色施工的重要举措，标准化绿色施工管理体系和相应绿色施工管理措施的形成，能够为不同工程项目、不同施工企业、不同地区施工项目提供绿色施工组织与管理的参考，能够形成企业的标准化管理模式，从而在实现"四节一环保"的同时，最大限度地减小企业或项目管理负担、控制管理成本、实现多种材料或物资重复循环使用的局面，真正实现绿色施工。

# 第七章　绿色建筑施工控制

## 第一节　绿色建筑施工质量控制

### 一、绿色建筑质量理论知识

### （一）全面质量管理

#### 1. 传统的节能质量管理

传统的节能质量管理，它重视对质量的检验过程和验收结果，对节能质量控制仅仅在对质量的管理方面有所应用，如 ISO16949，节能质量管控主要有选材的达标检验，建设过程对质量的实时监测，建筑完工后的检验三个步骤。在节能质量检验方面，中国有着很雄厚的基础和丰富的经验，但在 20 世纪八十年代以后，随着美国、法国等国家先进节能质量管理方法和技术的引进，中国才追赶世界先进技术的步伐，节能方法思维从检验性质量管理向全面质量管理的理念转变。

传统节能质量管理主要有以下几个方面的缺陷，一是注重产品质量，不注重形成产品的工作质量；二是没有全程监控，不能建筑前期、中期、后期所用到的技术方法进行全程监控；三是不注重全员参与，包括企业全体员工，施工人员，管理人员，工程技术人员等都参与到节能质量的管理工作中来，并按照各自的行业类别，各负其责。

#### 2. 全面质量管理

在 20 世纪 60 年代，"全面质量管理"的概念被美国的著名专家费根堡姆提出，是在传统质量管理理论基础之上，结合经济学手段和科学技术手段，逐渐发展出现的一门现代化的管理方法，经过了几十年的发展和深化，全面质量管理已成了一门综合性很强的学科。全面质量管理主要思路是以质量为核心，管理为手段，构建的一套质量管理方法，来对各类产品进行管控。

施工质量控制是指在建设过程中，各项目各阶段展开质量监督管理，由此确保工程质量。在施工时，建设单位是委托有资质的质量监督机构负责施工质量管理工作，在建筑物施工过程中进行监督，主要工作有以下几个方面：第一，对建筑项目的定位以及建设标准的核对；第二，按照建筑设计和建筑项目实施规范的要求，对建筑材料等进行质量监督，抽样检查；第三，验收各隐蔽工程时积极参与；第四，结合施工单位提交的技术以及材料方面的档案，全面验收施工质量；第五，签发合格凭证。

**3. 全面质量管理的基本观点**

全面质量管理主要有全过程质量管理、全员质量管理、全组织质量管理和多方法质量管理等几种手段：

（1）全过程质量管理。与传统管理方法有显著的不同点，全过程质量管理不仅仅局限于建筑产品的建造过程中，而是贯穿于建筑产品的开始和终结的整个过程中，该管理体系主要涵盖了初期的市场调研、建筑产品的自主开发设计、建材的准备、制造加工、销售及售后服务各阶段的质量管理。由于这一体系中各个环节环环相扣、紧密联系，所以在各个环节中都注重质量管理，做到环节之间的紧密配合、信息共享是非常重要的。

（2）全员质量管理。全员质量管理是指从一线员工到高层管理者，都要积极参与到质量管理中，提高全员的质量管理意识，在实际工作过程中，把全面质量管理应用到实践中。尤其在建筑这一行业，每一个参与人员的工作环节，可能直接或间接的影响工程质量，所以，只有从业人员严把质量这一关口，才能建造出合格满意的建筑产品。

（3）全组织质量管理。全组织质量管理是通过纵向和横向两个方向来对质量进行管理的方法。从横向来看，主要是各部门之间的协作，使各职能部门职责明确，联系紧密，包括规划部、技术部、物资部、生产部、机械部、后勤部等构成一个质量管理的整体，共同对质量负责；从纵向来看，主要是上级部门和领导展开对产品的规划和质量决策，制定相关管控方针和目标。中层部门和管理人员侧重质量决策的执行监督，坚决有效的做到上下沟通和反馈，确保质量信息畅通。下层人员及一线员工主要是按照质量要求实施具体操作，共同完成优秀产品的质量管理工作。

（4）多方法的质量管理。因其各种新技术、新工艺、新设备被运用到建筑行业当中，因此影响产品质量和服务质量的因素就越来越复杂多变，尤其人为、管理、技术、组织等因素相互交织。要想全面系统的掌控这些因素。

# （二）全面造价管理

## 1. 全面造价管理概念

1991年，美国理查德·威斯特尼在美国开展的全美工程师年会上，提出了"全面造价管理"的概念，全面造价管理是指通过相关专业知识，专门的技术手段去超前控制造价、资源、盈利和风险的一种造价管理方法，经过多年的发展，全面造价管理基本形成了统一的概念，即"利用现代化管理技术和原理，以优化资源配置率为出发点，来实现成本的持续控制，对生产活动进行全方位成本管理的一套新方法。

## 2. 全面造价管理的构成

全面造价管理应用到建筑产品当中，其主要有造价、工期和质量三个要素构成。全过程造价管理主要有以下几种形式，一是全过程造价管理，二是全要素造价管理，三是全风险造价管理，四是全团队造价管理。这里主要介绍全过程造价管理。全过程造价管理是从工程开始到结束的所有过程中，通过科学方法计价和对过程的实时管控，来降低工程造价的一种方法。它主要分析项目的具体活动过程，采用经济技术等手段控制项目建设的全过程。

### （三）循环经济

#### 1. 循环经济的内涵

循环经济是根据环境生态学原理和经济学原理，从人类社会经济发展的实际情况出发，针对资源紧缺，环境恶化，而提出的一种经济发展模式，它的理论来源是大自然物质循环方式，利用生态学中的循环规律来指导人们日常的经济活动。也就是说，在人类社会的进程中，按照大自然生态系统中的能量流动、物质循环等自然界规律来重建我们的社会经济发展体系，主要是将生态设计、生产效率、利用效率和可持续发展等理论和设计融合一体，使自然生态系统与经济系统相互协调发展，从而实现"产品再生资源，资源再生产品"的形式循环，力求废弃物减量化、无害化、资源化，使得生态再平衡。因此，循环经济追求物质循环、追求资源高效利用、追求环境保护，这些都是绿色建筑所追求的。

#### 2. 循环经济的原则

循环经济一般要遵循 3R（Reduce、Reuse、Recycle）原则，即资源的减量化、再利用、再循环原则。

首先，减量化原则。减量化实质是一种从源头控制对物质的浪费，减少对污染物的排放，也是预防和减少废弃物的产生；其次，再使用原则。它是一种过程控制的方法，要求延长产品的保质期和使用期限，逐渐形成多次利用和重复利用的利用方式，减速产品成为废弃物的速度，减少一次性产品的生产和泛滥，从而可以提高资源的利用效率。最后，再循环原则是一种末端控制方法，把使用完成后的产品回收再利用，形成循环经济实用的模式。

## 二、全面绿色施工质量管理

### （一）全过程绿色施工管理

绿色施工管理是绿色建筑全生命周期内，一个必须经历的，也是非常重要的过程，将作为独立一个章节来研究分析。要达到绿色施工要求，并且兑现绿色施工在质量管理中的要求，就应该在工程项目开始市场调研阶段融入绿色施工理念，为后期的施工阶段做好绿色保障，将工程项目的所有阶段，如施工策划、施工运行、完工验收等拉入全面质量管理，以便实现绿色施工的管理要求。

#### （1）决策阶段

与传统建筑项目相比，项目建设在决策阶段往往不会把决策手段延伸到后续施工管理工作中来，但是，为了实现全过程绿色建筑施工的目标，就要提前规划部署，为后期施工活动中的绿色施工提供绿色施工方案，通过专业、详细的地质勘查，获取建筑周围包括地上和地下的有关资料，确保真实、准确、完整，然后从整体上评估决策设计的可行性。总之，在全面考察的条件下，要满足绿色发展的要求。决策阶段考察施工场地附近文物、水源、建筑设施，做好危险点分析，评估自然灾害，以及施工对环境的影响程度。

（2）设计阶段

在工程项目设计阶段，全过程绿色施工管理的要求是，所有管理小组都要参与到工程的设计团队中来，通过建筑师、工程师、业主方的集中分析讨论，和各阶段不同专业的紧密配合，将所有管理小组的绿色施工管理理念融入设计理念中来，为今后的施工阶段打下基础。在设计过程中，主要依据绿色建筑标注体系，舍弃不合理非绿色的构想方案，结合当地气候特点，合理利用阳光、雨水、风等可再生资源，在施工设计阶段，要考虑尽可能减少施工对周围环境造成的影响，包括采用环保、低能耗的设备和材料。

（3）施工策划

采用绿色施工的项目工程，施工策划在整个施工阶段是否融入绿色元素，是非常关键的策划工作。全过程绿色施工要求，是将总目标分解在施工过程中的各项目各个阶段，分成诸多个分目标，如技术目标、施工方案目标、施工管理目标等。在确定施工方案前后，有必要进行定性和定量分析，确保工程质量达到设计之初的要求。

（4）施工准备

施工准备主要包括物资准备、劳动组织准备和现场准备三个阶段。

第一，在物资准备方面，要以绿色建筑理念为指引，完成对物资材料的准备工作，有三个方面的准备，其一是项目建设过程中使用材料的准备、二是施工过程中机械器具的准备、三是对机械器具运输的准备。准备的建材一般使用地方材料和绿色建材、环保和节能材料，如不使用有机溶剂作为稀释剂等；施工机具的准备要满足绿色施工过程中的各项要求，在选择采用对周边环境影响较小的机具，如低噪音的钢筋锻轧机等；运输机械同样要采用安全性高、废气排放少、噪音较小的机械，如考虑运输机械对周边路面的影响程度等。

第二，劳动组织准备，也就是人员准备，一方面要选派高水平的管理者作为项目经理，另一方面要有一支专业性强的施工队伍，提供培训机会，让一线工人把绿色概念植入整个施工过程。

第三，现场准备是在施工前清扫阻碍施工工地的障碍物，平整施工场地，合理规划物资存放区域，合理布局施工用水用电设施，运输通道等。减少因随着工程施工进度而反复多次移动现场设施。

（5）施工运行

施工运行是指对建筑工程的具体实施阶段，也是整个建筑工程体现绿色施工最直接的过程，是各种绿色技术应用的最直接体现。

第一，在施工运行阶段确定其施工过程中对绿色的控制要点，熟悉关键操作环节和掌握技术关键点，同时，要深刻理解前期拟定好的绿色施工方案和管理方案纲要，不论是从总体绿色管理，还是从各分级绿色管理，都要深入理解，才能将绿色设计和绿色理念贯穿于整个施工运行的阶段之中。

第二，跟随施工进度，进行动态管理，不定期收集实测数据，对比分析相应的数据，寻找问题，对现有的技术措施、管理措施以及经济措施进行完善和优化这种动态管理有利于纠偏，实现最终设计目标。

第三，加强绿色宣传和教育。绿色宣传要求全方位展开，设置绿色标示，打出绿色口号，对企业内既可以增强一线操作人员的绿色施工理念，对外可以增强周边群众的绿色环保意识，提高对工程项目的接纳度和满意度，同时又能进一步提升建筑企业的知名度和社会影响力。此外，针对关键岗位的人员展开绿色施工教育和培训，以便将绿色施工的原则、四节一环保等绿色施工措施和方法切实应用到实践中去，确保绿色施工的效果。

第四，创新绿色施工技术。在施工运行中积极引进国内外先进技术，推动建筑业向绿色建筑、绿色施工方向发展。

静压法沉桩技术：借助压桩机的配重和自身重力，使桩压入土中，它不但没有冲击力，而且不会产生噪音和粉尘污染。

新型模板技术：滑升模板、液压爬升模板、全钢大模板等有利于减少传统中木模板周转的材料损耗、多次拆装造成的噪音。

新型墙体技术：小型混凝土空心砌块、加气混凝土砌块、新型隔墙板等，它们不改善建筑功能，只改变砖墙结构和施工方法，就能节约能源和资源，既有利于施工，还可以减少作业量。

新型钢筋连接技术：滚轧、镦粗、剥筋滚轧等直螺纹钢筋连接技术，可以节约材料，提高质量，加快进度。

新型防水卷材技术：新型自粘型防水卷材施工技术等，采用冷黏结法，避免热熔带来的空气污染。

逆作法施工技术：由于地下结构自身具备水平支撑结构的特性，同时向上和向下相"逆"的施工，既加快施工进度，又降低噪音，减少粉尘污染。

（6）后期评估

全过程绿色施工是不以建筑工程项目的竣工而结束自己的使命，而是要进行项目后期的评估和进一步管理工作。工程项目竣工后，按照工程自身的特点，对该项目绿色要点进行评估，总结分析，吸取好的经验，做好总结工作。

## （二）绿色建筑施工质量控制

绿色建筑更注重工程质量，所以在建设初期，就必须拥有一套绿色建筑的施工准备工作质量评价标准体系，以此来确定绿色施工准备工作的各项内容，以防施工准备工作出现丢项现象，在绿色施工过程中，利用灰色关联度、模糊因果分析、排列图等统计学方法查找和分析影响工程的主要因素，解决主要矛盾。从源头上提升对绿色工程的监督和管理水平。

### 1. 建立绿色建筑施工准备工作质量评价体系

通过核查有关技术文件、报告，现场核查材料、施工机械质量水平，勘察施工现场水电通信设施保障情况，保证施工图技术交底流程，确保图纸会审工作的质量，确定项目工程是否具备施工条件。

### 2. 施工过程工序质量控制

工序质量控制就是在工序质量工作的过程中，利用灰色关联度或者排列图法，查找影响工程质量的根本性问题和影响因素。以便采取有效管控手段，保证工程质量完美。施工过程是由一系列复杂的工序构成，它包括材料、人员、机械、施工环境和施工技术方法等。

工序质量控制，一是要控制工序活动中每一道工序的投入是否符合设计质量要求，二是要控制每道工序所完成的产品能否达到要求的标准。

### 3. 竣工验收工程质量控制

竣工验收工程质量控制主要是建立完善的工程质量评价体系，竣工验收主要检查建筑产品是否符合设计要求，是否满足客户需求。施工材料是否合格完整，建筑工程质量评定是否合格，交付使用是否能够达到设计之初的要求。建筑工程质量评价体系主要有四个要素构成，包括工程质量检查、工程质量评定、竣工资料审核、交付使用验收，通过以上四个要素的评定审核，来判断建筑工程质量能否满足工程质量，达到设计要求。

## 三、绿色建筑工程质量问题及发展策略

### （一）分析建筑工程质量问题根源所在

从上文中的计算结果可知，各因素间具有显著的关联因素，具体表现在以下几个方面：

（1）复杂性。从上文的分析情况得知，并非为单一的因素影响建筑工程质量，影响因素包含多个方面，在建筑工程全周期中都会隐藏相应的影响因素。任何工程的质量管理是通过很多个质量管理环节构成，任何一个质量环节都存在多种影响因素，因此，具有复杂的影响因素可反映出问题根源也存在极大的复杂性。

（2）倍效性。通过前面影响因素灰色关联分析的结果可知，之所以这些因素会影响工程质量，关键在于各因素之间或者不同因素组合的结果效应，这种组合将对工程质量产生重大影响。假如改变其中一些因素，有可能对建筑工程质量产生积极效果，而其他因素则可能产生坏的影响，这些正面、反面因素形成的综合影响力，对工程质量的变化起着关键性的作用，所以，建筑工程产生的一系列工程质量问题，一般均是因素之间相互作用而引起的倍效效应。

（3）关联性。建筑工程质量管理是一系列小质量管理合成的大质量管理，经常会出现在相关质量问题处理时，会形成相应的新问题。在某个质量问题处理过程中，要弄清楚与质量问题相关的影响因素。

（4）动态性。建筑工程质量问题，是随着建筑产品建造过程不断变化，如建筑初期的小问题小偏差，随着建筑进度的推进，可能会演化为重大质量问题。所以，在实际的质量管理过程中，及时分析质量问题的可变性，对可能形成的问题进行分析及控制，控制问题的进一步发展和扩大。就现代建筑业而言，新工艺、新技术、新设备、新材料被广泛使用，这些能够弥补传统建筑的很多不足和漏洞，但同时会产生不可预见性的突发问题，也会给工程管理增加很大的难度，与此同时，对质量的管理提出了更加严格的要求。

上述分析表明，建筑质量问题的出现是由很多因素导致的，其建筑工程质量问题的复

杂性就在于影响因素的复杂性、可变性、倍效性、动态性，所以需要对每一个影响因素进行全面的管控，从源头上消除多影响因素相互作用给工程质量带来潜在隐患和质量问题。

## （二）优化绿色建筑发展的有效策略

### 1. 政府部门引导效用

地方政府部门在实施绿色工程过程中占据极为重要的地位，尤其是相关政策的制定以及减免税负的策略，对于推动工程实施的效用极为显著，如此一来，企业的升级与转型都可更为顺利，企业的发展带动市场的发展，形成良性循环。节能减排的实施，不仅要确保拥有可靠的技术，还需要保障有一定的经济效益及社会效益，才可实现资源的回收利用。要切实推动我国的绿色经济发展，就应当全面推动绿色施工、绿色建筑理念的发展，理念的推广从内部员工开始实施。政府在调控方面，首先要能够从大方向去引导建筑企业向绿色建筑经济转型；其次要积极倡导，大力宣传绿色材料、绿色施工，绿色技术在建筑业领域的引进和应用，引导产业升级；第三，政府应该增加绿色产品技术开发的资金投入，鼓励企业去应用绿色产品，制定政策，奖罚分明；第四，加强政府在建筑工程项目施工阶段的全程监督作用，杜绝因政府管理漏洞造成的绿色施工假象。第五，政府优先扶持绿色施工和绿色建筑做得好的企业，通过示范指导，使政府鼓励房地产商提高建筑节能的信号加强、加大，再回过头来促进建筑节能活动的广泛开展，引领企业走向绿色环保道路。

### 2. 转变建筑企业传统观念

绿色经济的发展，它是未来经济发展的方向所在，与传统经济发展模式有很大的差别，对很多建筑企业来说充满着机遇和挑战。要想占领建筑行业发展的制高点，企业就应该提前部署，企业领导必须将低碳理念放置到战略高度，并全面落实该工作，引领企业快速发展。绿色建筑与传统建筑相比，其投资决策更加复杂，建设成本也相应增多，因此，推动绿色建筑业的发展，任重而道远，需要建筑企业转变运营方式，树立持久的绿色发展理念。

第一，建筑企业要转变传统观念，带动企业走向绿色发展道路，抛弃传统建筑行业粗放式管理模式，精细建筑工程施工管理办法。第二，改变对产品价值的观念，不能仅仅考虑企业利润，还要考虑产品的使用性能。例如国外建筑可达到100年的使用期，而我国只有30年左右的使用期限。绿色理念的提出和绿色经济的发展，是人们开始尊重自然、保护自然的观念变化，只有全面落实该理念，将理念灌输到企业的所有工作人员中，切实落实到工程项目全周期，才可保障绿色工程的实施，才可享受节能环保所产生的好处，将绿色环保理念全面贯彻到位。

### 3. 转变购房理念

推广绿色建筑是国家实行可持续发展、绿色发展的内在需求，是社会健康发展，人民生活更加美好，建筑业稳步发展必经的趋势，对国家建筑安全、人民生活居住水平都具有重大意义。在今后的生活中，随着大力推广和开发绿色建筑，绿色建筑观念深入人心，在市民买房时，将首先考虑的是绿色住宅。

### 4. 推广绿色建筑工程的管理模式

所有建筑行业都必须实施绿色管理，且在所有建筑项目中都贯彻"四节一环保"的控制指标和措施，才能为项目节省资金，为环境提供保护，才能将绿色施工管理办法应用到实处。具体主要有最小用地原则、施工工艺选择、环保型机械设备选择、建筑废弃物再生利用等几个方面来推广实施。

（1）用地最小的原则。在设计方案时，就应当融入低碳绿色理念，使使用面积减到最小，如尽可能采用自然通风系统、自然采光系统、减少设备采购，减少建筑占用面积，以实现节约能源节约土地的目标。

（2）施工工艺选择。保温隔热技术工艺相对其他国家比较落后，在相同条件下，我国的采暖能耗是世界平均值的 3 倍左右。因此采用最新的环保工艺和环保设计，使用最少的资源来实现最优环境的施工工艺。例如城市过街隧道，安装了大量的照明灯，浪费电力资源，增加设备成本，如果在设计之初，就考虑运用新工艺技术和设备，设计成透明隧道，这样既能防止雨水，又能节约部分能源，对改善城市设施，保护城市环境，塑造美丽中国均具有重要意义。

（3）机械设备都尽可能选择环保型的。建筑施工时，机器噪音投诉是最多的，占到总投诉的二分之一以上，还有大部分的老旧机器排放的诸多超标尾气，空气中融合了过多的超标尾气，给周边环境带来极大影响，数据统计显示，老旧机械对燃油的使用比环保机械高 30% 以上。从中可知，假如环保型设备引入到工程当中，那么噪音、尾气排放等方面的投诉都可大幅减少，对环境的伤害也可降至最低，从而切实实现节能减排。

（4）废弃物重复利用

随着建筑工程项目施工阶段的推进，大量的废弃物会产生，如果在工程项目设计之初就使用大量的低碳环保材料，可以回收利用，那么大量的废弃物就能重复利用，既避免了对环境的污染，又减少了清理垃圾产生的费用。例如废弃的建筑材料，可将其用来作为铺设道路的物品，环保型木材可以直接回收做百分百原木浆的纸张，减少清理成本，收回部分建筑材料的成本。

### 5. 推进可再生能源建筑和节能建筑

随着经济的快速发展，也大幅提升资源能源的需求量，普通的资源能源已经不能满足社会经济发展的实际需求，为了适应社会经济的发展，对新能源的需求也就更为紧迫，所以，面对这样的发展环境，我们要积极主动的研发清洁能源，使用可再生清洁能源，还可促进绿色建筑业的发展，促进我国的可持续健康发展。本章主要介绍了灰色关联度的计算方法，以及在建筑工程中的应用，通过分析影响建筑工程质量的影响因素集，来研究各影响因素间的关系，分析形成建筑质量问题的原因，主要从复杂性、倍效性、关联性和动态性进行了分析；文章的最后提出了绿色建筑发展的几点优化策略，包括充分发挥政府部门的引导作用、努力转变建筑企业的传统观念、引领市民转变购房理念、大力推广绿色建筑工程管理模式和积极推进可再生能源建筑和节能等绿色建筑。

# 第二节　绿色建筑施工成本控制

## 一、绿色施工成本控制理论

### （一）绿色施工成本控制的概念

传统施工模式下的成本控制，就是为了确保成本目标的实现，在项目施工成本的形成过程中，对施工生产必须消耗的人工、物质资源和其他各项费用的开支进行指导、监督、调节，在计划成本范围内对各项施工生产费用进行严格控制，避免超支现象发生。

建筑工程绿色施工的成本控制是指在对绿色施工进行整体规划的阶段，依据同类工程的资料，确定各个成本的投入量，重点寻找影响建筑工程绿色施工成本的各项因素，加强对这些影响因素的管理，并针对重要因素制定专门的控制措施，在实施过程中把建筑工程绿色施工中实际发生的各种成本控制在预算之内，经常检查并及时反馈绿色施工实际成本和计划成本的偏差，严格审核各项绿色施工措施费用是否符合标准，尽量避免建筑工程绿色施工中的损失浪费现象，最后对成本进行核算分析，发现并总结有效的成本管理方法。建筑工程绿色施工的成本控制不仅将成本控制在目标之内，甚至要实现优于预期的目标。绿色施工成本控制是施工企业经济效益的关键内容，对提高企业竞争能力至关重要，也对绿色施工的普及实施起到极其重要的作用。

### （二）影响绿色施工成本控制的因素

一般来讲，建筑工程绿色施工成本控制的影响因素比制造业产品成本控制的影响因素更多、更复杂。首先，建筑工程绿色施工成本受到劳动力价格、材料价格和通货膨胀率等宏观经济的影响；其次，受到设计参数、业主的诚信等工程自身条件的影响；再次，受到绿色施工方法、工程质量监管力度等成本管理组织的影响；最后，还受到施工天气、施工所处的环境和意外事故等不确定因素的影响。绿色施工成本的影响因素如此之多，正确把握施工成本产生的影响因素对成本控制具有指导性意义。对绿色施工进行成本控制时，找出可控与不可控因素，重点针对可控因素进行控制管理，

（1）可控因素

在影响建筑工程绿色施工成本的可控因素中，首要的是人的因素，因为人是工程项目建设的主体，建筑施工企业自身的管理水平及内部操作人员对绿色施工的认识程度是影响建筑工程绿色施工成本的主要可控因素。包括所有参加工程项目施工的工作人员，如工程技术人员、施工人员等。人员自身认识及能力有限，不容易真正做到绿色施工，甚至为日后总成本的增加留下安全隐患。其次是设计阶段的因素，设计水平影响着绿色材料的选择，绿色施工材料价格的差异对成本也会产生较大影响。再次，施工技术是核心影响因素，特别是建筑工程的绿色施工，需要编制很多有针对性的专项施工方案，合理的施工组织设计

的编制能够有效降低成本。此外，安全文明施工是也是一个重要的但是容易被忽视的影响因素，往往只流于形式化，而安全事故的发生会直接导致巨大的经济损失，安全保障措施的好坏对施工人员的工作效率有重要影响，从而间接影响着施工成本。此外，资金的使用也是影响施工成本的关键因素，流畅的资金周转是降低总成本的有效方法，资金的投入要恰到好处。总之，需要关注每一个影响因素，任何变动都可能会引起连锁反应。

（2）不可控因素

对建筑工程绿色施工来说，最主要的不可控因素包括宏观经济政策和施工合同的变更，国家相关税率的调整、市场上绿色施工材料价格的变动等都会直接或间接的影响施工成本；工程设计变更、施工方法变化、工程量的调整等施工特点决定了施工合同变更的客观性，带来施工成本的变化。另外还有一些其他因素，比如意外事故、突发特大暴雨等也会导致工期的延误，导致成本增加。不可控因素具有不可预测性，但是利用科学方法和实践经验相结合的手段对不可控因素进行识别与处理，也能预测不可控因素可能导致的种种结果，积极预设应对方案，可有效降低不可控因素对成本影响。

## （三）绿色施工成本控制的对象

根据影响绿色施工成本控制的因素确定成本控制的对象，主要分为以下几个方面：

（1）以建筑工程绿色施工的生产班组作为控制对象

这是最直接有效的控制对象。从各项费用支出的主体入手，对建筑工程绿色施工成本进行有效控制，应该严格控制实施建筑工程绿色施工的各专业施工队和生产班组的施工成本，相关主管部门应对他们进行经常性指导、监督、检查和考评；同时，各专业施工队和生产班组负责人也应加强成本控制意识，提高成本的自我控制能力，实施以自控、他控和专控为基础的"成本三控"制度。

（2）以建筑工程绿色施工措施作为重点的控制对象

这是最直接具体的控制对象。项目的最终完成，是由绿色施工措施的逐步完成实现的，绿色施工措施繁多，绿色施工技术水平差异较大，耗费的成本不同，对施工过程中的各项措施费用进行控制，也就是对绿色施工的直接成本进行控制。可以通过专项绿色施工方案，编制控制目标，确定控制措施，然后实施。

（3）以建筑工程绿色施工的合同作为控制对象

建筑工程绿色施工中的合同较多，与施工总成本关系密切。尤其是绿色施工过程中要购买大量的绿色建筑材料，一定要做好这些购买合同的管理工作，确保所有绿色材料的总费用在计划范围内。同时，还要加强资金的流通管理，保障资金的流畅周转。此外，对建筑工程绿色施工的承发包合同，劳务合同等，也需要进行严格管理以有效地控制施工总成本。

## （四）绿色施工成本控制的方法

随着工程建设步伐的加快，建筑行业对工程成本管理的研究日趋成熟，目前，常用的施工成本控制方法主要有以下几种：

（1）工程成本因素分析法

工程成本因素分析法可分析出各种因素对成本的影响程度，主要用于分析已经发生的成本的节约或超支原因，提高控制水平。但连环计算时，会因替代顺序的不同而有差别，即其计算结果是在某种假定前提下的结果，假定要是不符合逻辑，就会妨碍分析的有效性。

（2）价值工程法

价值工程法旨在用最低的成本实现建筑产品或劳务的必需功能，重点在于进行建筑产品或施工作业有组织的功能分析活动，价值工程分析法无法对项目状况进行监控，不能发现并分析的原因，也无法针对偏差原因提出具体的控制措施，无法对项目成本进行控制。

（3）责任成本法

责任成本法是根据工作内容划分具体的责任单位，一般以个人、部门或者单位为对象，归集其工作责任范围内应该承担的成本进行对应的成本控制，此方法能划分责任层次、落实责任预算。

（4）挣值法

挣值法关注的是计划中各个项目的任务，通过比较项目实际与计划的差异，根据在内容、时间、质量、成本等方面与计划的差异情况，对项目中有待完成的任务进行预测和调整，不足是不能确定当前施工方案是否最优以及如何对其进行改善。

（5）目标成本法

目标成本法是将目标管理的原则和方法应用在施工成本控制中，首先制定最终目标，然后根据制定的目标对成本进行控制，是成本控制的一种有效方法。工程项目目标成本控制是从工程项目开工时便锁定目标，以目标为方向进行施工的一切活动，以完成目标的程度来评价工程项目的结果。但目标成本法并不一定适合在施工中进行过程控制。贺晓飞提出了基于目标规划的建筑工程绿色施工成本控制方法，就是一种改进的目标规划法，是在目标成本法基础上加入目标规划原理后得出一种"倒推"的管理方法，即在施工成本发生前，综合考虑各种因素，预测一个合理的成本目标，并把这个目标进行层层分解，直至每个分项工程的子项工程，然后以市场为导向，在绿色施工过程中以目标成本为依据对所耗费的各种资源进行监督、指导和控制，把目标成本深入到每一个施工生产过程中。

对建筑工程绿色施工进行成本控制，需要根据绿色施工本身的特点，即在保护环境的前提下使用绿色施工措施，因此本节运用价值工程的方法对绿色施工措施进行价值分析，再结合改进的目标规划法，对绿色施工措施进行事前控制，运用价值工程法和目标成本法，二者有效地补充各自的不足，使得绿色施工的成本控制更加有效。同时，所有方法的应用都建立在施工成本数据能够有效收集的基础上，现阶段，各种管理软件的应用有效地提高了成本控制的效率，例如 BIM 技术，已经成功应用到建设领域，大大提高了成本控制的有效性。

## 二、绿色施工成本控制体系

### （一）绿色施工成本控制体系

建筑工程施工成本控制的一般步骤是成本预测→成本制定→成本分解→成本监控→成本核算分析，根据绿色施工成本控制基础理论及施工成本控制的一般步骤，对绿色施工成本建立事前、事中、事后的控制体系。建筑工程绿色施工的成本控制，首先要根据以往的绿色施工经验数据，对绿色施工成本进行预测，根据预测数据编制施工总成本计划以及各项绿色施工措施的成本计划，作为控制成本的依据；然后还需要对施工总成本计划进行分解，有利于成本责任的落实和检查，在实施过程中相关负责人应该对各项绿色施工成本的控制过程和情况实施动态监督；最后核算建筑工程绿色施工的实际费用和计划成本，并在此基础上对绿色施工措施成本的形成过程和影响成本变动的因素进行分析，深入揭示成本变化的规律，找到进一步降低成本的有效方法。

### （二）事前控制

事前控制主要包括绿色施工的成本预测及计划，在确定成本计划的基础上进行施工方案的优化。施工成本预测是成本计划的前提，主要是根据相关经济指标、类似工程实际完成情况的分析资料、本工程的施工条件、机械设备、人员素质等情况，结合中标价，利用科学的方法对项目的各个成本目标进行预测，主要包括所需用工、材料、使用机械等各种费用的预测。成本计划是根据预测值编制的施工组织设计，项目经理组织有关技术人员在充分理解施工项目的特点、重点、难点后，优化设计方案，制定各项合理可行的降低施工阶段成本的具体措施。

事前控制是绿色施工成本控制的第一步，预测和计划的合理与否关系着绿色施工执行过程中的难易程度以及执行效果，成功预测及计划施工成本能够有效降低成本、提高经济效益。加强绿色施工成本控制，首先要做好施工成本预测及计划，因此本节重点对绿色施工成本的事前控制方法进行研究，为达到双重保障的效果，从宏观和微观角度出发，主要分两步走：

1）从全局把握。根据之前提出的绿色施工质量与环境成本的特性曲线，对绿色施工过程中的最佳质量与环境点进行预测，从而确定各项成本的投入量，尽量将质量与环境成本控制在最低点或者合理的范围内，以便实现绿色施工的总成本最低。

2）从绿色施工措施角度考虑。对绿色施工措施投入成本及环境损失成本进行比较研究，采用价值工程的手段，分析绿色施工投入成本的价值系数，确定重点需要加强的控制措施，根据以往的经验数据对这些措施进行成本预测，再利用目标规划法控制绿色施工投入成本，旨在以较小的绿色施工投入成本取得较大的环境效益。需要注意的是，为了环保效益而增加的绿色施工投入是绿色施工中不可避免的，当然采取一定的手段能够减少成本的投入量，但是减少程度有限，而利用先进施工技术从而减少成本的绿色施工措施，对成本的影响程度较大，因此这里重点研究这类绿色施工措施。

## （三）事中控制

### 1. 事中控制概述

事中控制主要针对项目施工阶段，根据事前控制中计划的成本目标，从工程项目开工到竣工的全过程，依据成本计划，采用科学的管理方法进行施工过程的动态监控，时刻关注实际成本与计划成本的比对情况，如果偏差较大，找出原因，采取纠偏措施。主要从以下几个方面进行控制：

（1）对人工成本的控制

根据之前的分析，以成产班组作为对象进行成本控制是最直接有效的，对人工成本的控制，首先要做到与劳务队和生产班组签订详细、全面、奖罚分明的合同，良好的合同可以对人工形成强有力的约束作用，能够调动全员的劳动积极性，提高劳动生产率；同时也应该开展培训活动，学习国内外建筑工程绿色施工的先进技术；鼓励技术革新与改造，提高施工全员的科学文化水平及技术操作水平，对人工成本进行全面控制。

（2）对生产资料耗费的控制

在建设工程项目施工过程中，材料成本和机械设备费是最主要的支出，尤其对绿色施工而言，采用的材料，新技术的要求更高，往往需要投入更多的材料费，因此需要严格把控，有效地控制能够带来巨大的节约效果。重点从现场管理角度入手，需要合理堆放材料，减少二次搬运；严格收发料制度，认证清点验收、按计划发放材料；加强余料回收，实现废物利用，这也是绿色施工大力倡导的重要措施；综合考虑工程质量、施工进度和设备使用能力，优化设计方案、合理分配使用施工机具，定期检查机械设备，杜绝危险事故的发展，降低机械使用成本。

（3）对质量、环保、安全、工期的动态管理

质量、环保、安全、工期都对绿色施工的成本具有一定的影响，需要发现他们之间的联系，综合考虑各方面的因素，在保证安全、质量和工期的前提下，加强环保、资源的有效利用。质量可以比喻为企业的生命，建筑产品质量的好坏对企业业务量的影响至关重要，管理者要在保证施工质量的基础上，尽量减少工程成本；环保是绿色施工必须把握的精髓要求，也是绿色最直接的体现，加强绿色施工带来的是隐性的效益，必须为确保绿色施工增加必要投入；安全是为了保障职工的生命安全、项目生产活动的顺利进行；加强工期管理，绝不是盲目抢工期，而是处理好工期与成本的关系，在合同工期范围内，保证质量安全的前提下，尽可能的降低成本。

（4）其他方面的控制与管理

在建筑工程绿色施工过程中，强化施工人员的经济责任意识，加强廉政思想建设十分必要。可以从项目组织机构入手，精简管理机构，提高工作质量和效率，减少现场管理费用；另外索赔也是相对降低成本的措施之一，因此要强化索赔意识，管理好索赔工作，提高索赔效果。

## 2. 基于 BIM 技术的事中控制

绿色施工是精神文明与物质文明同时高度发展的产物，相对于传统施工而言，其要求更高，涉及的面更宽、更广，可以利用施工中先进有效的信息技术为其提供技术支撑，例如 BIM 技术，现阶段 BIM 技术正在为建设行业带来一场新的革命，BIM 是一种技术、一种方法、一种过程，无论是建筑设计、施工，还是运营阶段，BIM 技术对其发展都起到了积极的作用，如今，随着对绿色施工的研究的深入，人们也探索着将 BIM 技术引入对绿色施工成本的控制之中。

（1）BIM 技术概述

BIM 是伴随着计算机的应用及发展的一种信息化手段，是近年来在计算机辅助设计（简称 CAD）技术的基础上发展起来的一种多维模型信息集成技术，包括三维空间、四维时间、五维成本、N 维更多应用等，可以使建设项目的多方参与者，在项目全生命周期内实现信息和模型操作的互换，改变建设领域从业人员传统过程中依靠符号文字图纸形式进行施工和管理的工作方式，提高建设项目的工作效率，并且减少错误和风险。在项目施工阶段，BIM 技术主要有以下特点：

1）可视化：传统施工过程都是利用图纸将线条式构件展示在人们面前，不直观明了，而 BIM 技术能够以三维的立体图形将模拟建造的实物展示出来，增加了视觉的直观效果，提供了可视化的思路，不仅能够将构件之间形成互动性和反馈性的可视，也能展示效果图和生成报表。

2）协调性：设计阶段，由于各专业设计师之间缺乏有效的沟通，或者由于能力欠缺，导致各种专业问题，影响到施工过程的进行，BIM 建筑信息模型可以协调在建筑物建造前期各专业的碰撞问题，为施工或者管理人员提供协调数据，使施工过程更加便利。

3）模拟性：BIM 技术不仅能够模拟设计出的建筑物模型，还能模拟超越真实世界进行操作的事物。在施工阶段，可以进行 5D 模拟，是一种基于 3D 模型的造价控制，从而实现对成本的控制。

4）优化性：由于建设项目的复杂性，使得任何一个施工过程都是在不断调整中进行的，BIM 技术能够提供准确的反馈信息，反应建筑物的实时存在的几何状态、规则状态和物理状态，根据建造过程的信息反馈资料进行及时调整，还提供了建筑物调整变化以后的实际存在，能够确保调整的合理性。在施工过程中可以将实际情况与设计情况进行比对分析，将施工情况控制在预期的计划范围内，一旦出现偏差，或者施工方案不可实施，BIM 可以对方案进行优化改进。

（2）BIM 技术在工程成本控制中的优势

在传统的成本管理过程中，数据计算使成本管理人员的工作重点放在工程信息的整理上，大量的纸质文件和数据信息在统计过程中极易出错，而且费时长见效慢，阶段成本与计划成本对比结论出来后，后续工程已经在进行中，成本调控措施无法得到良好实施。BIM 信息集成平台下的成本管理，在现代化信息处理技术的基础上，将建筑工程生命周期内产生的各种信息融入特有的数据存储处理平台，并通过预设的多种程序，进行分类、统计、运算、对比等后台操作得出相应结论。BIM 技术能够第一时间呈现成本汇总、统计的结果，解放了成本管理人员的埋头苦算，更好地指导后续成本控制的有效进行。基于 BIM 的成本控制的优势主要体现在以下几个方面：

1）快速：BIM 技术的 5D 施工成本数据库，能够减少工作人员的工作量，有效提高工作效率，使得汇总分析能力大大加强，实现了速度快、周期短的成本分析。

2）准确：数据资源库定期进行动态的维护，不断更新，使得数据资源全面准确，可以消除对收集的数据进行总量统计时的误差，从而提高成本数据进展的精确度，同时利用实际成本 BIM 模型，可以盘点各成本的实时情况，为施工企业提供精准的数据。

3）高效的分析能力：根据 BIM 技术的 N 维性，能够从时间、空间等多方面综合对不同种类、不同条件的成本统计报表进行有效分析。

4）成本控制能力强：BIM 技术利用互联网实现了实际成本在企业总部服务器的集中，每个工程项目的实际成本数据可以与总部的成本管理部门以及财务部门实现共享，便于总部成本管理部门对各项目成本进行综合协调管控。

BIM 技术在发达国家较成功的使用案例表明，合理地使用 BIM 技术能够使项目节约高达 10% 的成本，因此，绿色施工过程中引入 BIM 技术无疑是将世界前沿技术与先进理念的结合，能够大大促进绿色施工技术的发展。

## （四）事后控制

事后控制主要是进行成本及技术资料的及时交付和归档管理，同时也要对管理及施工人员进行考核，根据实际情况进行奖惩，提高全员的节约意识。通过对绿色施工成本的核算，可以分析出绿色施工成本的影响因素，有利于企业找到降低成本的途径，明确未来成本管理工作的方向。总结成本实施的情况，重视项目成本的事后核算、分析工作，找到不足或者成功之处，发掘能够有效控制成本、节约成本的潜在措施，可以为企业下一次或者类似工程项目的成本制定提供支撑数据，成为成本计划的有效决策依据，企业只有利用每一次的项目经验一步步建立信息资源优势，才能实现企业成本战略的推进，促进今后的项目管理的良性发展，实现企业的整体进步。

本章对绿色施工成本控制体系进行研究，从事前控制、事中控制以及事后控制三个方面建立对绿色施工成本控制体系。事前控制是绿色施工成本控制的第一步，预测和计划的合理与否关系着绿色施工执行过程中的难易程度以及执行效果，有着极其重要的作用，因此本章重点分析了绿色施工事前控制方法，基于质量与环境成本理论的成本控制及基于目标规划法的绿色施工措施成本控制，根据以往的绿色施工的成功案例以及经验数据，对绿色施工成本进行预测，确定各项成本的投入值以及绿色施工措施的投入成本；事中控制是最直接的控制手段，需要在日常过程中进行动态监控，根据成本控制理论的分析，对绿色施工过程中的生产资料、人工、经济合同进行成本动态控制，防止出现偏差，同时介绍了BIM 技术，引进 BIM 技术对绿色施工成本进行事中控制具有极大的优势；事后控制主要是成本及技术资料的归档，并进行成本核算、分析，为成本控制提供数据和依据，为成本预测和计划提供信息。

# 第三节 绿色建筑施工造价控制

## 一、绿色施工造价管理原则

### （一）寿命周期原则

绿色施工造价的控制考量，首先要基于整个建设项目的全生命周期轨迹进行分析。建筑的造价囊括了其从可行性研究开始的建设前期设计、施工及使用，到最后拆除或改建的全过程。在分析绿色施工可行性控制造价方案时，要综合考虑所采用的施工方式方法或材料使用对于建筑的整个使用年限上投入与产出的经济效益比。若绿色施工中经济投入较大，但是在后续运营管理与拆除过程中所带来的附加值较高，则属于采用发展的思路来进行造价的统筹考量。

### （二）优化高效原则

在绿色施工组织过程中，应当优化施工现场的资源配置。在施工管理中，依照施工团队的自身条件，协调各工种间的有序衔接。施工技术方面，不断学习前沿的绿色施工技术方法，提高技能水平，通过技术来植入更多的建筑节能做法。对于施工机械的选用与操作上，本着节约能源、节约材料、节约施工时间等多个关键点的成本。高效的施工组织匹配优良的绿色施工方案与技术，必将在节约造价的同时为客户带来最佳的使用与居住体验。

## 二、绿色施工造价管理

### （一）以寿命周期管控

建筑的全生命周期内涉及的各环节从来都不是独立存在的，前期的设计与施工对于后期的使用与管理具有直接影响。绿色施工过程中的造价控制最直接的表达是施工环节每一次的建造投入，都获得其后续所有环节涉及此项投入的最大化收益或最小化再投入，这就要求不仅要衡量施工环节的经济成本，更要基于建筑生命周期内的全面造价进行管控，实现环境资源的最小化影响，每笔投资都发挥最大效力，获得最优的经济评估。

### （二）设计阶段成本管理需加强

在绿色建筑设计阶段，对于建筑所选择的建造材料以及建造方式甚至建筑的施工步骤及施工节奏都进行了框定。要实现绿色施工，并且达到最优的造价管控范围，这就需要施工造价核算的相关工作要提前参与到项目的设计环节。在设计的每个细节都进行绿色节能理念的注入，深化图纸中绿色施工方面的细部构造，这些不仅能够催生出更为低廉的成本，也直接提升绿色建筑的星级标准。

### （三）利用好政策支持

有关部门所出台的政策，是绿色建筑各环节优化选择执行的最佳引导，其中包括了利好政策的激励效用，也包括强制执行政策的绝对调控。其具体的执行方法包括绿色建筑施工的相关法律法规的更新与要求提升，施工现场材料与机械的强制推行，建造方式的严格控制等。这些环节上的具体政策布局，能够促使绿色建筑在施工环节的节约与环保实行起来更为便利与顺畅，在绿色建筑施工推广方面属于较快的途径，实现造价管理科学规范化的有效措施。

### （四）消费者，设计机构，建设机构三方关系分析

建筑项目建设涉及多个环节的合作，绿色建筑的造价控制，很多方面需要从建设单位的产品定位及设计方的材料选用，构建方式等方面进行协同配合。甚至在施工过程中，通过负责后期运营的物业等多方参与，对于建筑的施工环节能够选择更为节约后续使用成本的方法。通过建设项目所涉及的各个环节，各个专业之间的全力参与和配合，来打破传统的各环节之间想法不交流的弊端。并且，使消费者和建筑最后的使用者，直接参与到建筑的各个环节，融入其想法在设计及施工环节中，避免建筑交付后的改造而造成的经济与环境以及时间上的多重浪费。

绿色建筑的提出衍生出了绿色施工理念，而绿色施工的组织是绿色建筑造价控制的关键与核心，通过对绿色施工中造价的控制与管理，对于施工过程中的各个环节的节能化细节进行推敲与优化。在未来，通过对绿色施工实践中对造价造成较大压力的环节进行不断的技术提升，结合绿色施工理论的探讨研究，建设项目绿色施工的造价控制与管理方案也将更加完善，实现经济与环境效益的双赢。

# 结　语

　　现阶段，由于我国的经济实力有限，绿色施工理论的发展程度还不够成熟、绿色施工的经济效益不明显、绿色施工技术支撑不完善，因此推行绿色施工有一定的难度，尤其对追求利益最大化的施工企业而言，增加经济效益是关键，因此绿色施工的造价控制问题仍然是今后研究的重点内容。

　　除了需要研究绿色施工成本与造价控制的方法以外，还要探索索赔对绿色施工成本控制的作用，针对政府机制存在的缺陷、施工企业进行绿色施工需要承担的风险等方面探讨绿色施工的困难，提出相应的激励机制，加强绿色施工风险管理的解决对策。虽然绿色施工的应用与推广还有一段漫长的道路要走，但是绿色施工可充分有效利用资源、带来环保效益，满足社会发展的需求，因此一定能够广泛推行。